U0274746

国 家 科 技 重 大 专 项

大型油气田及煤层气开发成果丛书

（2008—2020）

卷50

# 长庆油田低渗透砂岩油藏CO₂驱油技术与实践

郑明科　胡建国　黄　伟　李兆国　王光义　等编著

石油工业出版社

## 内 容 提 要

  本书从理论和基础实验研究出发，突出技术的先进性和适用性，理论与矿场有机结合，对长庆油田低渗透砂岩油藏 $CO_2$ 驱油技术与实践进行了系统论述，内容包括长庆油田低渗透率、高矿化度砂岩油藏特征及沟壑纵横黄土塬地貌条件下的 $CO_2$ 驱油藏工程技术、注采工程技术、地面工程技术及矿场实践等。

  本书适合石油行业、碳减排、新能源等方向从业人员学习使用，也可供其他高等院校、科研院所等广大师生、科技人员查阅参考。

## 图书在版编目（CIP）数据

长庆油田低渗透砂岩油藏 $CO_2$ 驱油技术与实践 / 郑明科等编著 . —北京：石油工业出版社，2023.4

（国家科技重大专项·大型油气田及煤层气开发成果丛书：2008—2020）

ISBN 978-7-5183-5398-9

Ⅰ . ① 长… Ⅱ . ① 郑… Ⅲ . ① 低渗透油气藏—砂岩油气藏—二氧化碳—驱油—研究 Ⅳ . ① TE357.45

中国版本图书馆 CIP 数据核字（2022）第 092936 号


责任编辑：何丽萍 李熹蓉

责任校对：郭京平

装帧设计：李 欣 周 彦


出版发行：石油工业出版社

    （北京安定门外安华里 2 区 1 号  100011）

    网  址：www.petropub.com

    编辑部：(010)64210387  图书营销中心：(010)64523633

经  销：全国新华书店

印  刷：北京中石油彩色印刷有限责任公司

2023 年 4 月第 1 版  2023 年 4 月第 1 次印刷

787×1092 毫米  开本：1/16  印张：17

字数：270 千字

定价：170.00 元

ISBN 978-7-5183-5398-9

# 《国家科技重大专项·大型油气田及煤层气开发成果丛书（2008—2020）》

## ◇◇◇◇◇ 编委会 ◇◇◇◇◇

# 《长庆油田低渗透砂岩油藏 $CO_2$ 驱油技术与实践》

## ◇◇◇◇ 编写组 ◇◇◇◇

组　长：郑明科

副组长：胡建国　黄　伟　李兆国　王光义

成　员：（按姓氏拼音排序）

| | | | | | |
|---|---|---|---|---|---|
| 白剑锋 | 毕卫宇 | 陈兆安 | 樊　晨 | 方国庆 | 甘庆明 |
| 何　淼 | 何治武 | 宏小龙 | 呼苏娟 | 霍富永 | 贾玉琴 |
| 雷欣慧 | 李　星 | 李曼平 | 李琼玮 | 李永长 | 林　亮 |
| 刘　明 | 刘笑春 | 刘忠能 | 陆　梅 | 罗慧娟 | 吕　伟 |
| 马丽萍 | 穆中华 | 郗海霞 | 商永滨 | 石海霞 | 史成恩 |
| 田殿龙 | 王　博 | 王　智 | 王昌尧 | 王石头 | 王在强 |
| 王治国 | 吴志斌 | 杨飞涛 | 杨金峰 | 于　洋 | 余光明 |
| 袁国伟 | 袁颖婕 | 曾　山 | 查广平 | 张　平 | 张　英 |
| 张永强 | 赵大庆 | 周　晋 | 周　佩 | 朱国承 | |

　　能源安全关系国计民生和国家安全。面对世界百年未有之大变局和全球科技革命的新形势，我国石油工业肩负着坚持初心、为国找油、科技创新、再创辉煌的历史使命。国家科技重大专项是立足国家战略需求，通过核心技术突破和资源集成，在一定时限内完成的重大战略产品、关键共性技术或重大工程，是国家科技发展的重中之重。大型油气田及煤层气开发专项，是贯彻落实习近平总书记关于大力提升油气勘探开发力度、能源的饭碗必须端在自己手里等重要指示批示精神的重大实践，是实施我国"深化东部、发展西部、加快海上、拓展海外"油气战略的重大举措，引领了我国油气勘探开发事业跨入向深层、深水和非常规油气进军的新时代，推动了我国油气科技发展从以"跟随"为主向"并跑、领跑"的重大转变。在"十二五"和"十三五"国家科技创新成就展上，习近平总书记两次视察专项展台，充分肯定了油气科技发展取得的重大成就。

　　大型油气田及煤层气开发专项作为《国家中长期科学和技术发展规划纲要（2006—2020年）》确定的10个民口科技重大专项中唯一由企业牵头组织实施的项目，以国家重大需求为导向，积极探索和实践依托行业骨干企业组织实施的科技创新新型举国体制，集中优势力量，调动中国石油、中国石化、中国海油等百余家油气能源企业和70多所高等院校、20多家科研院所及30多家民营企业协同攻关，参与研究的科技人员和推广试验人员超过3万人。围绕专项实施，形成了国家主导、企业主体、市场调节、产学研用一体化的协同创新机制，聚智协力突破关键核心技术，实现了重大关键技术与装备的快速跨越；弘扬伟大建党精神、传承石油精神和大庆精神铁人精神，以及石油会战等优良传统，充分体现了新型举国体制在科技创新领域的巨大优势。

　　经过十三年的持续攻关，全面完成了油气重大专项既定战略目标，攻克了一批制约油气勘探开发的瓶颈技术，解决了一批"卡脖子"问题。在陆上油气勘探、陆上油气开发、工程技术、海洋油气勘探开发、海外油气勘探开发、非常规油气勘探开发领域，形成了 6 大技术系列、26 项重大技术；自主研发 20 项重大工程技术装备；建成 35 项示范工程、26 个国家级重点实验室和研究中心。我国油气科技自主创新能力大幅提升，油气能源企业被卓越赋能，形成产量、储量增长高峰期发展新态势，为落实习近平总书记"四个革命、一个合作"能源安全新战略奠定了坚实的资源基础和技术保障。

《国家科技重大专项·大型油气田及煤层气开发成果丛书（2008—2020）》（62 卷）是专项攻关以来在科学理论和技术创新方面取得的重大进展和标志性成果的系统总结，凝结了数万科研工作者的智慧和心血。他们以"功成不必在我，功成必定有我"的担当，高质量完成了这些重大科技成果的凝练提升与编写工作，为推动科技创新成果转化为现实生产力贡献了力量，给广大石油干部员工奉献了一场科技成果的饕餮盛宴。这套丛书的正式出版，对于加快推进专项理论技术成果的全面推广，提升石油工业上游整体自主创新能力和科技水平，支撑油气勘探开发快速发展，在更大范围内提升国家能源保障能力将发挥重要作用，同时也一定会在中国石油工业科技出版史上留下一座书香四溢的里程碑。

在世界能源行业加快绿色低碳转型的关键时期，广大石油科技工作者要进一步认清面临形势，保持战略定力、志存高远、志创一流，毫不放松加强油气等传统能源科技攻关，大力提升油气勘探开发力度，增强保障国家能源安全能力，努力建设国家战略科技力量和世界能源创新高地；面对资源短缺、环境保护的双重约束，充分发挥自身优势，以技术创新为突破口，加快布局发展新能源新事业，大力推进油气与新能源协调融合发展，加大节能减排降碳力度，努力增加清洁能源供应，在绿色低碳科技革命和能源科技创新上出更多更好的成果，为把我国建设成为世界能源强国、科技强国，实现中华民族伟大复兴的中国梦续写新的华章。

中国石油董事长、党组书记
中国工程院院士　　戴厚良

石油天然气是当今人类社会发展最重要的能源。2020 年全球一次能源消费量为 $134.0 \times 10^8 t$ 油当量，其中石油和天然气占比分别为 30.6% 和 24.2%。展望未来，油气在相当长时间内仍是一次能源消费的主体，全球油气生产将呈长期稳定趋势，天然气产量将保持较高的增长率。

习近平总书记高度重视能源工作，明确指示"要加大油气勘探开发力度，保障我国能源安全"。石油工业的发展是由资源、技术、市场和社会政治经济环境四方面要素决定的，其中油气资源是基础，技术进步是最活跃、最关键的因素，石油工业发展高度依赖科学技术进步。近年来，全球石油工业上游在资源领域和理论技术研发均发生重大变化，非常规油气、海洋深水油气和深层—超深层油气勘探开发获得重大突破，推动石油地质理论与勘探开发技术装备取得革命性进步，引领石油工业上游业务进入新阶段。

中国共有 500 余个沉积盆地，已发现松辽盆地、渤海湾盆地、准噶尔盆地、塔里木盆地、鄂尔多斯盆地、四川盆地、柴达木盆地和南海盆地等大型含油气大盆地，油气资源十分丰富。中国含油气盆地类型多样、油气地质条件复杂，已发现的油气资源以陆相为主，构成独具特色的大油气分布区。历经半个多世纪的艰苦创业，到 20 世纪末，中国已建立完整独立的石油工业体系，基本满足了国家发展对能源的需求，保障了油气供给安全。2000 年以来，随着国内经济高速发展，油气需求快速增长，油气对外依存度逐年攀升。我国石油工业担负着保障国家油气供应安全，壮大国际竞争力的历史使命，然而我国石油工业面临着油气勘探开发对象日趋复杂、难度日益增大、勘探开发理论技术不相适应及先进装备依赖进口的巨大压力，因此急需发展自主科技创新能力，发展新一代油气勘探开发理论技术与先进装备，以大幅提升油气产量，保障国家油气能源安全。一直以来，国家高度重视油气科技进步，支持石油工业建设专业齐全、先进开放和国际化的上游科技研发体系，在中国石油、中国石化和中国海油建立了比较先进和完备的科技队伍和研发平台，在此基础上于 2008 年启动实施国家科技重大专项技术攻关。

国家科技重大专项"大型油气田及煤层气开发"（简称"国家油气重大专项"）是《国家中长期科学和技术发展规划纲要（2006—2020 年）》确定的 16 个重大专项之一，目标是大幅提升石油工业上游整体科技创新能力和科技水平，支撑油气勘探开发快速发展。国家油气重大专项实施周期为 2008—2020 年，按照"十一五""十二五""十三五"3 个阶段实施，是民口科技重大专项中唯一由企业牵头组织实施的专项，由中国石油牵头组织实施。专项立足保障国家能源安全重大战略需求，围绕"6212"科技攻关目标，共部署实施 201 个项目和示范工程。在党中央、国务院的坚强领导下，专项攻关团队积极探索和实践依托行业骨干企业组织实施的科技攻关新型举国体制，加快推进专项实施，攻克一批制约油气勘探开发的瓶颈技术，形成了陆上油气勘探、陆上油气开发、工程技术、海洋油气勘探开发、海外油气勘探开发、非常规油气勘探开发 6 大领域技术系列及 26 项重大技术，自主研发 20 项重大工程技术装备，完成 35 项示范工程建设。近 10 年我国石油年产量稳定在 $2 \times 10^8 t$ 左右，天然气产量取得快速增长，2020 年天然气产量达 $1925 \times 10^8 m^3$，专项全面完成既定战略目标。

通过专项科技攻关，中国油气勘探开发技术整体已经达到国际先进水平，其中陆上油气勘探开发水平位居国际前列，海洋石油勘探开发与装备研发取得巨大进步，非常规油气开发获得重大突破，石油工程服务业的技术装备实现自主化，常规技术装备已全面国产化，并具备部分高端技术装备的研发和生产能力。总体来看，我国石油工业上游科技取得以下七个方面的重大进展：

（1）我国天然气勘探开发理论技术取得重大进展，发现和建成一批大气田，支撑天然气工业实现跨越式发展。围绕我国海相与深层天然气勘探开发技术难题，形成了海相碳酸盐岩、前陆冲断带和低渗—致密等领域天然气成藏理论和勘探开发重大技术，保障了我国天然气产量快速增长。自 2007 年至 2020 年，我国天然气年产量从 $677 \times 10^8 m^3$ 增长到 $1925 \times 10^8 m^3$，探明储量从 $6.1 \times 10^{12} m^3$ 增长到 $14.41 \times 10^{12} m^3$，天然气在一次能源消费结构中的比例从 2.75% 提升到 8.18% 以上，实现了三个翻番，我国已成为全球第四大天然气生产国。

（2）创新发展了石油地质理论与先进勘探技术，陆相油气勘探理论与技术继续保持国际领先水平。创新发展形成了包括岩性地层油气成藏理论与勘探配套技术等新一代石油地质理论与勘探技术，发现了鄂尔多斯湖盆中心岩性地层大油区，支撑了国内长期年新增探明 $10 \times 10^8$ t 以上的石油地质储量。

（3）形成国际领先的高含水油田提高采收率技术，聚合物驱油技术已发展到三元复合驱，并研发先进的低渗透和稠油油田开采技术，支撑我国原油产量长期稳定。

（4）我国石油工业上游工程技术装备（物探、测井、钻井和压裂）基本实现自主化，具备一批高端装备技术研发制造能力。石油企业技术服务保障能力和国际竞争力大幅提升，促进了石油装备产业和工程技术服务产业发展。

（5）我国海洋深水工程技术装备取得重大突破，初步实现自主发展，支持了海洋深水油气勘探开发进展，近海油气勘探与开发能力整体达到国际先进水平，海上稠油开发处于国际领先水平。

（6）形成海外大型油气田勘探开发特色技术，助力"一带一路"国家油气资源开发和利用。形成全球油气资源评价能力，实现了国内成熟勘探开发技术到全球的集成与应用，我国海外权益油气产量大幅度提升。

（7）页岩气、致密气、煤层气与致密油、页岩油勘探开发技术取得重大突破，引领非常规油气开发新兴产业发展。形成页岩气水平井钻完井与储层改造作业技术系列，推动页岩气产业快速发展；页岩油勘探开发理论技术取得重大突破；煤层气开发新兴产业初见成效，形成煤层气与煤炭协调开发技术体系，全国煤炭安全生产形势实现根本性好转。

这些科技成果的取得，是国家实施建设创新型国家战略的成果，是百万石油员工和科技人员发扬艰苦奋斗、为国找油的大庆精神铁人精神的实践结果，是我国科技界以举国之力团结奋斗联合攻关的硕果。国家油气重大专项在实施中立足传统石油工业，探索实践新型举国体制，创建"产学研用"创新团队，创新人才队伍建设，创新科技研发平台基地建设，使我国石油工业科技创新能力得到大幅度提升。

为了系统总结和反映国家油气重大专项在科学理论和技术创新方面取得的重大进展和成果，加快推进专项理论技术成果的推广和提升，专项实施管理办公室与技术总体组规划组织编写了《国家科技重大专项·大型油气田及煤层气开发成果丛书（2008—2020）》。丛书共 62 卷，第 1 卷为专项理论技术成果总论，第 2～9 卷为陆上油气勘探理论技术成果，第 10～14 卷为陆上油气开发理论技术成果，第 15～22 卷为工程技术装备成果，第 23～26 卷为海洋油气理论技术装备成果，第 27～30 卷为海外油气理论技术成果，第 31～43 卷为非常规油气理论技术成果，第44～62卷为油气开发示范工程技术集成与实施成果（包括常规油气开发7卷，煤层气开发5卷，页岩气开发4卷，致密油、页岩油开发3卷）。

各卷均以专项攻关组织实施的项目与示范工程为单元，作者是项目与示范工程的项目长和技术骨干，内容是项目与示范工程在2008—2020年期间的重大科学理论研究、先进勘探开发技术和装备研发成果，代表了当今我国石油工业上游的最新成就和最高水平。丛书内容翔实，资料丰富，是科学研究与现场试验的真实记录，也是科研成果的总结和提升，具有重大的科学意义和资料价值，必将成为石油工业上游科技发展的珍贵记录和未来科技研发的基石和参考资料。衷心希望丛书的出版为中国石油工业的发展发挥重要作用。

国家科技重大专项"大型油气田及煤层气开发"是一项巨大的历史性科技工程，前后历时十三年，跨越三个五年规划，共有数万名科技人员参加，是我国石油工业史上一项壮举。专项的顺利实施和圆满完成是参与专项的全体科技人员奋力攻关、辛勤工作的结果，是我国石油工业界和石油科技教育界通力合作的典范。我有幸作为国家油气重大专项技术总师，全程参加了专项的科研和组织，倍感荣幸和自豪。同时，特别感谢国家科技部、财政部和发改委的规划、组织和支持，感谢中国石油、中国石化、中国海油及中联公司长期对石油科技和油气重大专项的直接领导和经费投入。此次专项成果丛书的编辑出版，还得到了石油工业出版社大力支持，在此一并表示感谢！

中国科学院院士　贾承造

# 《国家科技重大专项·大型油气田及煤层气开发成果丛书（2008—2020）》

## ◇◇◇◇◇ 分卷目录 ◇◇◇◇◇

| 序号 | 分卷名称 |
| --- | --- |
| 卷 29 | 超重油与油砂有效开发理论与技术 |
| 卷 30 | 伊拉克典型复杂碳酸盐岩油藏储层描述 |
| 卷 31 | 中国主要页岩气富集成藏特点与资源潜力 |
| 卷 32 | 四川盆地及周缘页岩气形成富集条件、选区评价技术与应用 |
| 卷 33 | 南方海相页岩气区带目标评价与勘探技术 |
| 卷 34 | 页岩气气藏工程及采气工艺技术进展 |
| 卷 35 | 超高压大功率成套压裂装备技术与应用 |
| 卷 36 | 非常规油气开发环境检测与保护关键技术 |
| 卷 37 | 煤层气勘探地质理论及关键技术 |
| 卷 38 | 煤层气高效增产及排采关键技术 |
| 卷 39 | 新疆准噶尔盆地南缘煤层气资源与勘查开发技术 |
| 卷 40 | 煤矿区煤层气抽采利用关键技术与装备 |
| 卷 41 | 中国陆相致密油勘探开发理论与技术 |
| 卷 42 | 鄂尔多斯盆缘过渡带复杂类型气藏精细描述与开发 |
| 卷 43 | 中国典型盆地陆相页岩油勘探开发选区与目标评价 |
| 卷 44 | 鄂尔多斯盆地大型低渗透岩性地层油气藏勘探开发技术与实践 |
| 卷 45 | 塔里木盆地克拉苏气田超深超高压气藏开发实践 |
| 卷 46 | 安岳特大型深层碳酸盐岩气田高效开发关键技术 |
| 卷 47 | 缝洞型油藏提高采收率工程技术创新与实践 |
| 卷 48 | 大庆长垣油田特高含水期提高采收率技术与示范应用 |
| 卷 49 | 辽河及新疆稠油超稠油高效开发关键技术研究与实践 |
| 卷 50 | 长庆油田低渗透砂岩油藏 $CO_2$ 驱油技术与实践 |
| 卷 51 | 沁水盆地南部高煤阶煤层气开发关键技术 |
| 卷 52 | 涪陵海相页岩气高效开发关键技术 |
| 卷 53 | 渝东南常压页岩气勘探开发关键技术 |
| 卷 54 | 长宁—威远页岩气高效开发理论与技术 |
| 卷 55 | 昭通山地页岩气勘探开发关键技术与实践 |
| 卷 56 | 沁水盆地煤层气水平井开采技术及实践 |
| 卷 57 | 鄂尔多斯盆地东缘煤系非常规气勘探开发技术与实践 |
| 卷 58 | 煤矿区煤层气地面超前预抽理论与技术 |
| 卷 59 | 两淮矿区煤层气开发新技术 |
| 卷 60 | 鄂尔多斯盆地致密油与页岩油规模开发技术 |
| 卷 61 | 准噶尔盆地砂砾岩致密油藏开发理论技术与实践 |
| 卷 62 | 渤海湾盆地济阳坳陷致密油藏开发技术与实践 |

国外研究注 $CO_2$ 提高采收率的方法已有很长的历史，早在 1920 年前后就有人发表文献论述可以通过 $CO_2$ 驱的方法采出原油，直到 1958 年，美国在 Permain 盆地开始矿场应用，充分证明 $CO_2$ 驱油是一种有效的提高油田采收率方法。近年来，随着技术的进步及环境保护的需要，特别是《京都议定书》的生效，$CO_2$ 驱油越来越受到人们的重视，美国、加拿大、法国、英国、巴西、沙特阿拉伯、阿拉伯联合酋长国、特立尼达和多巴哥共和国以及克罗地亚等国家都开展了矿场试验。到 2020 年，开展 $CO_2$ 驱最多的美国共进行了 142 个 $CO_2$ 驱提高采收率项目，其中混相驱项目 128 个。对历年注 $CO_2$ 驱油项目进行分析可以看出，注 $CO_2$ 驱油的项目数和产量都呈现逐年增长的趋势，以其显著的经济效益和社会效益成为具有很大潜力和前景的技术。

我国 $CO_2$ 驱油技术研究起步晚但发展较快，在大庆油田、新疆油田、任丘油田、胜利油田、江苏油田和吉林油田等相继开展了室内研究及现场试验，主要进行了 $CO_2$ 吞吐、$CO_2$ 泡沫压裂增油技术研究与应用，见到了一定的效果。20 世纪 90 年代之后，由于 $CO_2$ 资源的开发及化工废气的利用，$CO_2$ 驱油技术有了进一步发展，并取得了显著开采效果，但目前国内 $CO_2$ 驱油技术整体处于先导性试验阶段。

为探寻长庆油田低渗透砂岩油藏水驱后大幅度提高采收率技术，自 2014 年始，长庆油田在低渗透率、高矿化度油藏特征及沟壑纵横的地貌条件下开展 $CO_2$ 捕集、驱油与埋存技术攻关，并于 2016 年由国家发展和改革委员会（简称国家发改委）、科学技术部（简称国家科技部）和国家能源局联合设立长庆油田"$CO_2$ 捕集、驱油与埋存（CCUS）技术示范工程"国家项目，以探索石油产业可持续发展和 $CO_2$ 减排的新技术模式。

历时 7 年，长庆油田建成了国家级 $CO_2$ 捕集、驱油与埋存（CCUS）示范基地，突破了长庆油田微裂缝发育油藏易气窜影响 $CO_2$ 驱波及体积、高矿化度

下 $CO_2$ 驱腐蚀结垢严重且同时存在、高气液比严重影响举升效率、复杂地表环境带来地面建设高投入和高风险等瓶颈难题，形成了油藏工程、注采工程、地面工程等关键技术，为低渗透油藏探索出一条提高采收率、减排互利共赢新路子。

本书系统总结了长庆油田 $CO_2$ 捕集、驱油与埋存技术进展及矿场实践，力图形成较为完整的 $CO_2$ 捕集、驱油与埋存（CCUS）为一体的技术模式。

郑明科为本书总负责人，负责选题、编写大纲和计划安排，整合各章节完成统稿，同时主要参与编写第一章、第二章、第三章的 $CO_2$ 驱油机理、注驱采防腐防窜、地面工程建设等内容。本书共分 5 章：

第一章由李兆国、张永强、余光明、雷欣慧、袁颖婕等编写。讲述 $CO_2$ 驱油藏工程技术，从国内外 $CO_2$ 驱油技术现状出发，围绕低渗透油藏 $CO_2$ 驱油的油藏特征，分析了低渗透油藏 $CO_2$ 驱油的技术难点和影响因素。在此基础上，开展了低渗透油藏 $CO_2$ 驱油机理、混相能力、注采参数优化设计等研究，明确了低渗透油藏 $CO_2$ 驱油机理，形成了低渗透油藏工程技术，为 $CO_2$ 驱油现场试验的开展奠定了基础。

第二章由黄伟、史成恩、王石头、何淼、王在强、石海霞、樊晨等编写，讲述 $CO_2$ 驱油注采工程技术。针对 $CO_2$ 驱油存在储层微裂缝发育气窜风险大、地层水矿化度高（长庆油田 H3 区块平均 78g/L、吉林油田 H59 区块平均 15g/L、美国 Ward Estes 油田最高 80g/L）腐蚀结垢严重、油藏原始气液比高（$70 \sim 120 m^3/t$）气体影响严重、注入井关键工具及测试技术亟需攻关等重大技术瓶颈，攻关形成了缓解管材腐蚀、气体窜逸、提高举升效率的关键技术及关键工具，为该项技术在油田的成功应用提供了技术保障。

第三章由胡建国、朱国承、白剑锋、穆中华、宏小龙等编写，讲述 $CO_2$ 驱油地面工程技术。结合长庆油田已形成的橇装化、集约化技术优势，针对 $CO_2$ 驱油地面集输工艺的特殊要求，在 $CO_2$ 注入、采出流体油气水分离、采出水处理回注以及腐蚀监、检、控方面形成了适应于长庆油田地形地貌及工艺特点的一体化集成装置。

第四章由王光义、方国庆、李曼平、杨飞涛、杨金峰等编写，讲述长庆低渗透油藏 $CO_2$ 驱油实践。围绕黄 3 区 $CO_2$ 驱油试验区，介绍了试验区地理位置、周边碳源及油藏基本情况，重点阐述了试验区注气井、采出井井筒配套工艺及伴生气中 $CO_2$ 捕集技术，分析了开展试验以来所取得的试验效果，同时提出试验过程不同阶段的气窜治理思路，并简述了试验过程中探索的现场生产及安全管理成果。最后对整个矿场试验进行了系统总结。

长庆油田 CCUS 示范基地建设过程中得到了中国工程院袁士义，中国石油天然气股份有限公司沈平平、钟太贤和宋新民，中国石油大学（北京）岳湘安等的关注和指导，西北大学马劲风对著作的编写提出了很多宝贵的意见和建议，同时，辽河油田李忠兴、长庆油田石道涵、吉林油田王峰和长庆油田朱广社等给予了大力的支持与帮助，在此一并表示感谢。

由于编者水平有限，书中难免有不足之处，敬请读者指正。

# 目 录

# 第一章　$CO_2$ 驱油藏工程技术

国内外已开展了多个 $CO_2$ 驱提高采收率现场试验，在驱油机理、参数设计、配套工艺等方面也开展了大量研究，形成了较为成熟的技术，但对低渗透油藏的 $CO_2$ 驱技术研究相对较少。本章从国内外 $CO_2$ 驱技术现状出发，围绕低渗透油藏 $CO_2$ 驱油藏特征，分析了低渗透油藏 $CO_2$ 驱的技术难点和影响因素。在此基础上，开展了低渗透油藏 $CO_2$ 驱油藏工程技术研究，为低渗透油藏 $CO_2$ 驱现场试验的开展奠定基础。

## 第一节　概　　述

国外从 20 世纪 50 年代开始 $CO_2$ 驱技术研究，也陆续开展了矿场试验，并取得了显著的提高采收率效果。国内大庆油田从 20 世纪 60 年代也开始了 $CO_2$ 驱试验探索和研究，大庆油田、吉林油田和胜利油田等也先后开展了现场试验，均取得了较好的效果。

### 一、国外 $CO_2$ 驱技术现状

世界上许多国家积极开展 $CO_2$ 驱技术研究，将其视为水驱之后重要的三次采油技术。国外项目的 $CO_2$ 捕集规模在 $40×10^4$～$850×10^4$t/a，多数大于 $100×10^4$t/a，运输距离达 0～315km，多数超过 100km。从埋存类型来看，在运行及执行项目中有 62.5% 是提高采收率（EOR）项目；正在计划中的项目，$CO_2$ 驱提高采收率项目比例减少，约占 46%，盐水层埋存项目增多。

美国是 $CO_2$ 驱技术发展最快的国家，自 20 世纪 70 年代，美国注 $CO_2$ 提高原油采收率的工作一直在进行着，该技术已成为继蒸汽驱之后的第二大提高采收率技术。在西得克萨斯州的二叠纪盆地与新墨西哥州东部的应用尤为突出。在美国，$CO_2$ 驱技术应用中所需的大量的 $CO_2$ 来自天然 $CO_2$ 气藏源和天然气处理尾气 $CO_2$ 源，这些天然 $CO_2$ 源主要位于科罗里达州、新墨西哥州及密西西比州。在美国及加拿大等国，$CO_2$ 混相驱技术已经成为一种十分重要并且成熟的提高采收率的方法之一。在 2014 年，在美国实施的 $CO_2$ 混相驱的项目已经达到了 128 个，且由 $CO_2$ 混相驱技术所实现的产量占整体提高采收率产量的 38%。

在俄罗斯，注 $CO_2$ 提高采收率技术的应用所取得的效果也是非常显著的。苏联在 1953 年开始进行了相关的室内实验，在第一阶段的研究中利用 $CO_2$ 与水进行驱油，并于 1963 年在图依马津油田等 5 个油田进行了相关的工业性矿场试验，然后在此基础之上研究并开发了比碳化水的效果还要好的交替注入水与气态 $CO_2$ 段塞的生产工艺（WAG），并将此技术在巴什基里亚等几个油田进行了相关的应用。

以实验研究作为基础，将 $CO_2$ 段塞驱油技术在奥利霍夫油田等的开发中进行了应用，主要包括液态的 $CO_2$ 驱替、$CO_2$ 混相驱替及 $CO_2$ 非混相驱替。$CO_2$ 混相驱的矿场试验研究结果显示，$CO_2$ 混相驱的驱油效率在使用较大体积的 $CO_2$ 段塞时能够达到很高的值，最高能够达到94%～99%（Leena，2008）。

位于加拿大的 Joffre 油田与 Pembina 油田先后开展了 $CO_2$ 驱油试验，均取得了较好的效果；位于克罗地亚的 Ivanic 油田在2001—2006年期间实施了 $CO_2$ 驱先导性试验；位于匈牙利的 Budafa 油田与 Lovvasz 油田都进行了 $CO_2$ 驱油试验，近期又将 $CO_2$ 驱油试验在 Szank 油田进行实施，这次试验所使用的 $CO_2$ 来源为某家主要经营脱硫作业的化工厂；应用 $CO_2$ 驱油提高原油采收率的技术研究在特立尼达和多巴哥已经进行了30多年，对应实施的试验项目已达9项以上。

由于 $CO_2$ 驱提高原油采收率技术在美国越来越成熟，人们已经逐渐意识到应用 $CO_2$ 驱来提高原油采收率是一种十分有效的方法。以 Chevron 公司的 SACROC 区块已经实施的 $CO_2$ 驱的项目为例，该区块从1972年拥有的9个井组拓展到2014年的503个井组，在2014年平均的单井提高采收率的产量达到9.7t/d，年提高采收率的产量达到 $138 \times 10^4t$（Koottungal，2014）。

关于 $CO_2$ 驱的科学理论与已进行的现场试验的结果都表明，应用 $CO_2$ 混相驱技术所提高的采收率的幅度要明显高于应用 $CO_2$ 非混相驱技术所提高的采收率的幅度，美国的 $CO_2$ 驱提高采收率技术也主要以 $CO_2$ 混相驱技术为主，对应的关于 $CO_2$ 混相驱的项目个数及对应的提高采收率的产量也要远远超过 $CO_2$ 非混相驱。参考2014年的有关 $CO_2$ 驱的项目数据（王震，2010），总计的项目数量为137个，而其中有关 $CO_2$ 混相驱的项目为128个，非混相驱项目仅有9个；应用 $CO_2$ 驱总的提高采收率的产量为 $1371 \times 10^4t/a$，而其中有关 $CO_2$ 混相驱的产量为 $1264 \times 10^4t/a$，非混相驱的产量仅为 $107 \times 10^4t/a$，提高采收率达到8%～45%。

## 二、国内 $CO_2$ 驱油技术现状

国内开展了 $CO_2$ 驱油机理的室内实验及先导性矿场试验两个方面的研究，大庆油田在1965年最先开展实施了规模较小的 $CO_2$—水交替注入的先导性矿场试验，采收率提高了7.8%。在1986年，大庆油田最早期开发的几个油田均已经达到了中高含水阶段，谢尚贤针对以上情况对 $CO_2$ 非混相驱油在该油田的可行性与技术界限进行了分析及论证（谢尚贤等，2010）。国家科技部在2006年正式批准了代号为"973"的计划，在该计划中的"温室气体提高石油采收率的资源化利用及其地下埋存"使得 $CO_2$ 驱提高原油采收率与 $CO_2$ 地下埋存的研究进入了一个崭新的阶段（江怀友等，2010）。

吉林油田在国家"十一五"末期建立并形成了中国的第一个含有 $CO_2$ 的天然气藏与 $CO_2$ 驱油及埋存一体化系统，该油田正在以年产油总量大约为 $50 \times 10^4t$ 的规模进行 $CO_2$ 驱项目的工业化推广，预计能够实现提高原油采收率为13.8%，作为国内第一个关于 $CO_2$ 驱的工业化推广项目，这个项目有着非常显著的社会与经济效益（何江川等，2012）。随后长庆油田、新疆油田、胜利油田、辽河油田和江苏油田等开展了 $CO_2$ 捕集、液化、驱

油以及埋存试验研究。

### 1. 低渗透油藏 $CO_2$ 驱

于 2004 年进行的第 3 次国内油气总资源评价结果表明，国内整体石油资源总量是 $1086 \times 10^8t$，其中属于低渗透油藏的资源量将近占总资源量的一半，为 $537 \times 10^8t$（胡文瑞，2009）。由于低渗透油藏基质孔隙比较小，因此这类油藏在注水开发阶段很难得到有效动用，从而导致了原油采收率在注水开发阶段仅仅在 20% 左右，这个数值要比平均的采用水驱技术的原油采收率低 10% 左右，而 $CO_2$ 驱作为一种能够大幅度提高低渗透储层原油采收率的技术，具有十分显著的经济效益与社会价值。

位于吉林地区的新立油田选取 228 区块进行了 $CO_2$ 驱现场试验，此次现场试验是以 54-4 井为中心位置的典型的反九点法井组，作为一个丰度低、渗透率低、产能低的"三低"区块，并于 1992 年开始投入生产，截至 1999 年 6 月，该区块的阶段采出程度达到了 6.34%，综合含水率为 6.2%。该区块于 2000 年的 9 月到 2001 年的 11 月期间选用油管注入气体、套管注入水的水与气交替注入方式注入了约 0.033HCPV 的 $CO_2$ 气体，取得了较好的经济效益（吕广忠等，2009），试验井组采收率提高 5.2 个百分点。

大庆宋芳屯油田芳 48 井区开展了 $CO_2$ 非混相驱试验，1999 年设计部署了 5 口开发控制井，其中 4 口井在 2002 年底压裂后转为抽油井，注入井芳 188-138 井于 2003 年 3 月开始注气，2004 年 7 月完钻加密井芳 188-137 井。截至 2006 年底，该试验区的采出程度已经达到了 3.9%，综合含水率为 6.5%，对比未进行压裂的芳 188-138 注气井与已经进行了压裂投注的两口注水井发现，其测得的单位有效厚度的视吸气指数将近是注水井的 6.3 倍，未压裂而直接投入生产的芳 188-137 井在试验初期阶段基本上没有自然产能，但是在受效高峰期的日产油量达到了 1.5t（程杰成等，2008）。

中原濮城油田沙一下亚段油藏经过多年的注水开发，均已成为废弃的水驱低渗透油藏，地质储量采出程度为 50.98%，工业采出程度为 99.42%，2012 年采油速度不到 1%，油藏综合含水达到 98.6%，已经进入高含水开发阶段，主力层水淹严重、二三类层动用困难，常被称为"注不进水、采不出油"的油藏。2013 年 3 月首次对濮 1-1 井组开展了 $CO_2$ 混相驱先导试验，采用水—气交替注入方式注入，先后平稳实施 14 个注入段塞，累计注入 34268t 液态 $CO_2$，井组对应 4 口油井累计增油 6877t。随后，相继又开展了 4 个注入井组试验，且均见到了一定的增油效果（杨建华等，2018），自注入 $CO_2$ 后，生产井普遍见效，见效后平均井组日产油由 1.6t 上升到 12.6t，最高达到 15.9t。截至 2016 年底，对应井组累计增油 5696.3t，采收率提高 5.5%。$CO_2$ 驱是中原油田高温高盐油藏普遍采用的提高采收率手段，是油田三次采油的主攻方向，5 年内可增加可采储量 $1000 \times 10^4t$（王振华等，2017）。

### 2. 高含水油田 $CO_2$ 驱

大庆油田萨南东部过渡带的南 3-3 丙 45 井区开展了高含水油田 $CO_2$ 驱试验，试验区是由 4 个五点井网所构成，共有 4 口注入井及 9 口生产井。该试验区于 1986 年 11

月进行注水开发。采用2口井注气、2口井注水的水—气交替注入方案，在试验区的葡 I 2 油层进行第1次矿场试验，首先进行前期水驱至综合含水率达到98.6%，于1991年7月到1993年3月期间注入 $CO_2$ 气体，$CO_2$ 注气速度为0.214PV/a；在试验区的萨 II $_{10-14}$ 油层进行了第二次矿场试验，该油层在前期水驱阶段的综合含水率已经达到了92.3%，于1994年3月到1995年7月期间注入 $CO_2$ 气体，并且 $CO_2$ 注气速度一直保持在0.18PV/a。

矿场试验的效果主要体现在水油比明显下降，且日产油量明显提高，当 $CO_2$ 累计注入量达到0.02～0.04PV时，大概已经有80%的生产井早已被 $CO_2$ 气体所突破；由于注入的气体具有上浮作用，使得吸入及产出剖面都得到了很好的调整，从而使得水驱后的剩余油饱和度也发生了一定幅度降低，采收率提高了6%，平均每注入2200m³ 的 $CO_2$ 气体就能够采出将近1t的原油（谢尚贤等，1997）。

### 3. 复杂小断块油藏 $CO_2$ 驱

油藏井间连通性较差、封闭边界及地层能量有限是复杂小断块油藏的主要特点，在开采的整个过程中地层能量的下降速度较快，因此很难利用常规的注采技术进行大规模开采，而小规模地注入 $CO_2$ 气体的强化采油是一种非常有效的方法与措施，这种方法能够达到的效果与压裂增产法所能达到的效果相同。

江苏油田 $CO_2$ 资源丰富，在富民油田、储家楼油田及草舍油田分别开展了 $CO_2$ 驱油的矿场试验，实践了 $CO_2$ 驱提高原油采收率的途径（刘炳官等，2002；周建新等，2003；谈士海等，2004；张奉东等，2010）。

位于江苏油田的富14断块一共有7口井，其中生产井1口、注水井4口（开井2口），在1997年底该断块整体的采出程度为38%，此时，该断块已经成为一个典型的具有高含水及高采出程度的开发单元，由于该断块高含水的原因，其中的大部分油井已经被迫关井。该断块于1984年开始进行投产，其原始地层压力为20.9MPa，平均渗透率为854mD，边缘与边外注水都开始于1987年8月，在1997年测得的油藏压力为17MPa，1998年初增加了注水量，半年后静态压力恢复至20.7～22.41MPa，此时该试验区的压力基本接近或者超过了 $CO_2$ 驱的最小混相压力（当时测得的是21.6MPa）。

该区注入 $CO_2$ 开始于1998年12月，至2000年9月完成了6个完整的水气交替注入周期，油井增油降水的效果比较明显，区块的综合含水率也由注入前的93.5%降到了注入后的63.4%，$CO_2$ 波及区内的采收率提高了4%。

位于苏北盆地的储家楼油田属于具有天然强底水驱的复杂断块油藏，该油层的地层倾角达到了9°，其原始的地层压力为27.76MPa，相对应的平均渗透率的范围为119.62～311.69mD，于1992年开始投入开发，总计共有5口采油井，其中QK1井由于水淹关井后转为注水井，观察井S79井在2000年5月开始转为注水井。

直到2000年8月，4口采油井的综合含水率均已经达到了91%以上，整体的采出程度已经达到了43.57%。在2000年9月注水井QK1井开始转注 $CO_2$，驱替类型为 $CO_2$ 非混相驱，所采用的注入方式为间歇式段塞注入。截至 2002 年 4 月已经将 4 个 $CO_2$ 段塞注入，综合含水率下降 6%，整体提高原油采收率为 1.07%。

位于苏北盆地的草舍油田泰州组油藏是复杂小断块油藏，该油藏渗透率范围是 24.33～113.69mD，其原始地层压力为 35.9MPa，该油藏原油与 $CO_2$ 的最小混相压力是 32.06MPa，1981 年 5 月开始投入开发动用，1990 年 9 月开始注水。2005 年 7 月开始向 5 口注入井注气，驱替类型为 $CO_2$ 混相驱。该油藏注气产生明显的效果是在 2007 年 2 月，截至 2009 年底，该油藏的综合含水率由注气前的 56% 下降到了 44%，阶段提高原油采收率 2%。

### 4. 稠油油藏 $CO_2$ 驱

中国稠油油藏类型较多、埋藏较深，因黏度较高、流动性较差，不满足实现混相驱的条件，而注入 $CO_2$ 气体能够大幅度地降低这类油藏的原油黏度，从而改善对应油藏的原油流动特性。室内实验结果表明，$CO_2$ 与水交替注入的驱油效率最高，$CO_2$ 吞吐后转水驱的驱油效率略低，注入 $CO_2$ 气体段塞后再进行水驱的驱油效率次之（杨胜来等，2001）。

位于辽河油田的高 246 块为具有厚层块状的稠油油气藏，该区块的渗透率为 1748mD，脱气后的原油黏度（温度 50℃）为 914～1656mPa·s，该区块于 1977 年开始投入开发，截至 2006 年底，该区块的原油采出程度为 12%，平均进行的蒸汽吞吐轮次为 6 轮次，已进入高轮次的蒸汽吞吐阶段，油藏数值模拟的结果表明，能够实施的 $CO_2$ 非混相驱的井组为 12 个，预计能够提高原油采收率 13.92%（杨光璐，2008）。

## 三、低渗透油藏 $CO_2$ 驱油机理

$CO_2$ 是一种在水中和油中溶解度都很高的气体，当它大量溶解于原油中时，可以使原油体积膨胀、黏度降低，还可以降低油水间界面张力；另外，$CO_2$ 溶于水后形成的碳酸可以起到酸化作用。它不受井深、温度和地层水矿化度等条件的影响，因此注 $CO_2$ 提高采收率应用广泛。

长庆油田低渗透油藏储层物性较差，颗粒细小，胶结物含量较高，渗透率小于 0.5mD，非达西流和压力敏感特征明显，微裂缝发育，注水开发易水窜。

本书以长庆油田低渗透油藏典型区块黄 3 区为研究对象，对比国内同类试验区，长庆油田黄 3 区地层油轻烃和中间烃（$C_2$—$C_{15}$）含量较高（图 1-1-1）。参考混相压力与 $C_2$—$C_{15}$ 含量关系（图 1-1-2），依据统计分析，黄 3 区 $CO_2$ 驱最小混相压力（MMP）相对较低（图 1-1-3）。

### 1. 水驱后 $CO_2$ 驱油的微观特征

不同类型孔隙模型微观实验研究表明，非均质孔隙的细小喉道处，水驱动用效果差；相同区域 $CO_2$ 混相驱驱油效率更高，剩余油量更少。对于盲端孔隙：水驱可启动浅部位饱和油，非混相驱启动较深部位，混相驱有效启动深部原油，驱油效率更高，如图 1-1-4 所示。

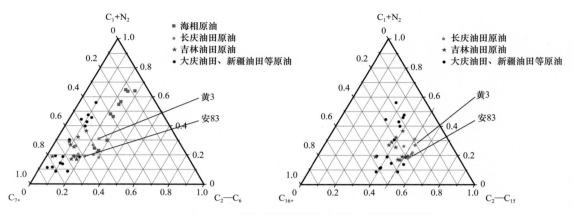

图 1-1-1 试验区原油与国内同类试验区原油组分组成对比

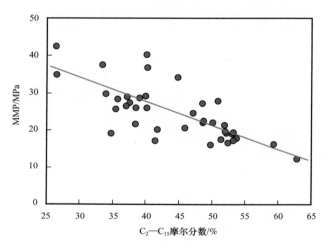

图 1-1-2 MMP 与（$C_2$—$C_{15}$）统计关系

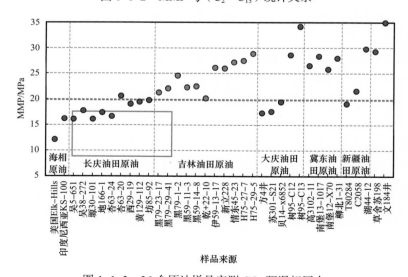

图 1-1-3 36 个原油样品实测 $CO_2$ 驱混相压力

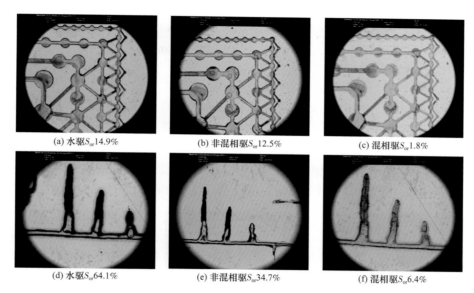

(a) 水驱$S_{or}$14.9%    (b) 非混相驱$S_{or}$12.5%    (c) 混相驱$S_{or}$1.8%

(d) 水驱$S_{or}$64.1%    (e) 非混相驱$S_{or}$34.7%    (f) 混相驱$S_{or}$6.4%

图 1-1-4  水驱、$CO_2$ 非混相驱和 $CO_2$ 混相驱局部视域对比图

## 2. 水驱后 $CO_2$ 驱油的微观机理

油 / 气 / 水三相共存时，因油膜黏附功、贾敏效应等附加阻力，对小喉道驱动形成阻碍，如图 1-1-5 所示；建立了 $CO_2$ 驱孔道流量的理论关系式，表征了喉道半径、界面张力、黏滞力、驱动压力等主控因素的影响规律，见式（1-1-1）。

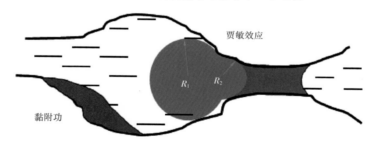

图 1-1-5  黏附功和贾敏效应示意图

非混相驱不能消除界面张力，对孔壁油膜和细小喉道剩余油的驱替效率低。

$CO_2$ 流量关系式：

$$Q = \frac{\pi r_o^4}{8L\mu}\left[(p_1 - p_2) - \frac{\xi\sigma(1 - 2\cos\theta)}{r_o}\right] \tag{1-1-1}$$

式中  $Q$ —— $CO_2$ 流量，$cm^3/s$；

$L$ ——喉道长度，cm；

$\mu$ —— $CO_2$ 黏度，mPa·s；

$r_o$ ——喉道半径，cm；

$p_1$ ——入口端压力，MPa；

$p_2$ ——出口端压力，MPa；

$\xi$ ——单位换算系数；

$\sigma$ ——界面张力，mN/m；

$\theta$ ——油、气与喉道界面接触角，（°）。

非均质孔隙水驱，按孔道大小依次驱替，小喉道注入困难；水驱后非混相驱，贾敏效应叠加，导致大孔道气窜、小喉道逐级滞后，如图1-1-6所示。非均质孔隙气驱，按先大后小的顺序依次驱动各级孔道；喉道半径越小，有效驱动界面张力值越低，如图1-1-7和图1-1-8所示。混相驱油—气界面消失，大、小孔隙均能高效驱替；小喉道驱动显著滞后于大孔道，大孔道气窜后仍能持续驱动细小喉道剩余油，扩大微观波及。

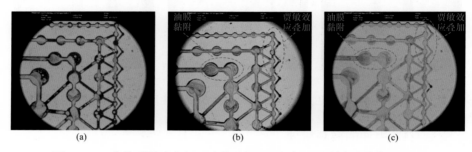

图1-1-6 非均质孔隙水驱以及非混相和混相气驱后剩余油分布对比图

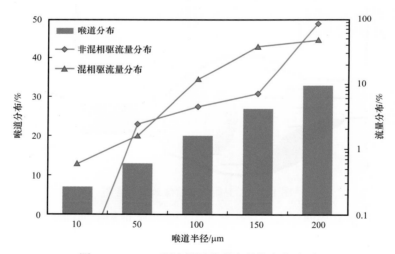

图1-1-7 $CO_2$ 驱流量随喉道半径的变化关系

### 3. $CO_2$ 混相驱驱油机理

低渗透油藏原油在低压环境下，$CO_2$ 萃取 $C_2$—$C_6$ 形成富化气；随着压力上升，传质加剧，富烃相进一步萃取较重烃组分；压力逐步上升，传质增强，富气相进一步萃取 $C_7$—$C_{16}$，形成富烃过渡相；当 $CO_2$ 和原油实现混相时，重烃组分参与直至混相。$CO_2$ 和原油经升压多次接触传质而实现混相，且这一过程由轻质向重质连续过渡，促进混相范围不断扩大（图1-1-9）。

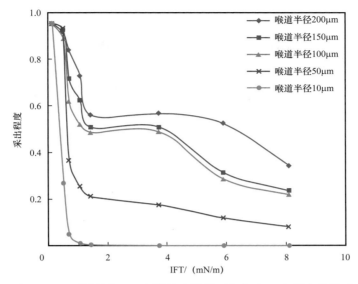

图 1-1-8　不同喉道 CO₂ 驱替效率随界面张力（IFT）的变化关系

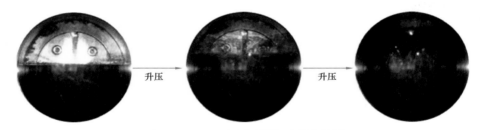

图 1-1-9　CO₂ 与原油混相过程变化图

#### 4. 低渗透岩心 CO₂ 混相驱的孔隙动用规律

利用在线核磁实验研究低渗透岩心 CO₂ 混相驱的孔隙动用规律。长 8 基质岩心混相驱，孔隙原油动用顺序为先大后小，动用程度受喉道尺度影响大，以大注入孔隙体积倍数持续气驱，可以动用大部分微小孔隙原油；长 8 裂缝岩心混相驱，孔隙原油动用顺序为裂缝—基质大孔隙—小孔隙，动用程度受裂缝影响大，以大注入孔隙体积倍数持续气驱，可以动用部分小孔隙原油。图 1-1-10 和图 1-1-11 分别列出了低渗透基质岩心和裂缝岩心 CO₂ 驱孔隙动用规律。

### 四、CO₂/ 水 / 岩石作用对物性和采收率的影响

#### 1. 无机盐沉淀条件及影响因素研究

通过开展室内 CO₂/ 水 / 岩石作用实验，研究 CO₂ 驱无机盐沉淀条件及影响因素，建立沉淀量预测方法。研究结果表明，注气井附近压力高，水中 CO₂ 饱和或过饱和，不会产生沉淀；注气井到生产井压力降低，CO₂ 逸出导致钙镁离子过饱和，生成沉淀，主要是碳酸钙垢。压降幅度和钙镁离子含量是主控因素，如图 1-1-12 所示。

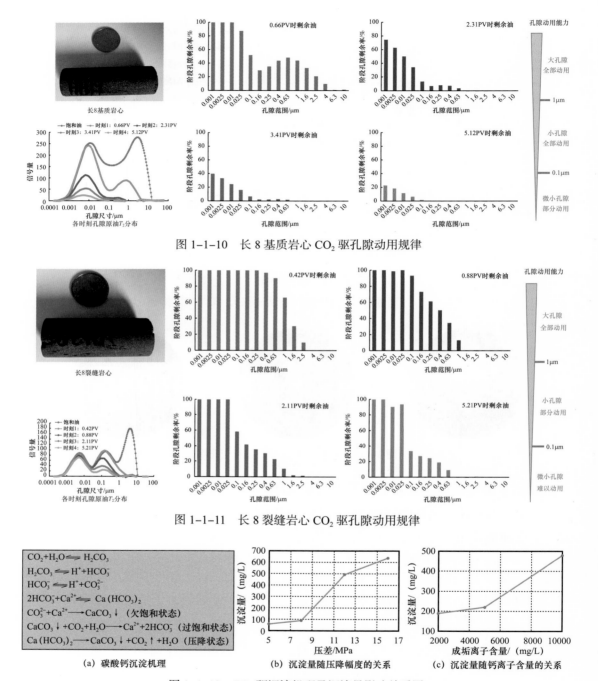

图 1-1-10　长 8 基质岩心 $CO_2$ 驱孔隙动用规律

图 1-1-11　长 8 裂缝岩心 $CO_2$ 驱孔隙动用规律

图 1-1-12　$CO_2$ 驱沉淀机理及沉淀量影响关系图

综合压降和成垢离子的影响，建立了试验区无机盐沉淀的定量表征模型和图版（图 1-1-13 ）。

$$y = 151.8e^{(0.06\Delta p - 0.0001M - 0.302T)} \qquad (1-1-2)$$

式中　$\Delta p$ ——压降，MPa；

　　　　$M$ ——成垢离子含量，mg/L；

　　　　$T$ ——温度，℃。

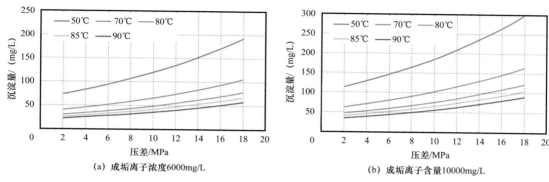

(a) 成垢离子浓度6000mg/L　　　　　(b) 成垢离子含量10000mg/L

图 1-1-13　CO₂驱沉淀量预测图版

在地层水成垢离子浓度 10000mg/L、生产压差 12MPa 条件下，无机盐沉淀量为 76g/m³。

**2. CO₂驱过程中无机盐沉淀量在储层中的分布特征**

均质储层 CO₂驱，随着地层压力降低，无机盐沉淀逐渐产生并运移，主要沉积在生产井 20～50m 内，沉淀量最多占孔隙体积的 0.05%，如图 1-1-14 所示。

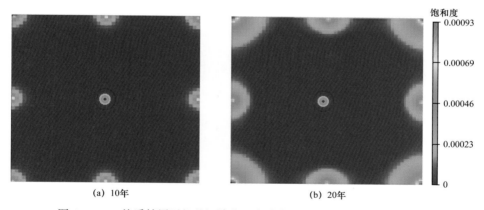

(a) 10年　　　　　　　　　　(b) 20年

图 1-1-14　均质储层无机盐沉淀饱和度分布图（成垢离子 10000mg/L）

非均质储层（试验区典型井组）CO₂驱，无机盐沉淀分布在注气井到生产井的压降区域，生产井附近沉淀量相对较多，总体影响很小，如图 1-1-15 所示。

**3. CO₂驱储层物性的变化规律**

试验区储层矿物中长石、方解石和白云石含量高，具备发生 CO₂溶蚀的物质条件（图 1-1-16 和图 1-1-17）。CO₂酸化地层水，溶蚀岩石骨架长石和填隙空间方解石、白云石等矿物，释放黏土微粒，导致大孔道和细小孔道数量增多、中间孔道数量减少（图 1-1-18 和图 1-1-19）。

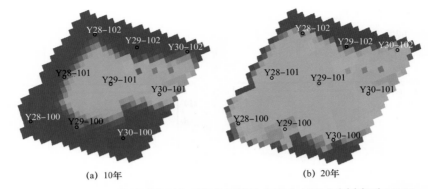

(a) 10年      (b) 20年

图 1-1-15　试验井组（非均质储层）无机盐沉淀饱和度分布图（成垢离子 10000mg/L）

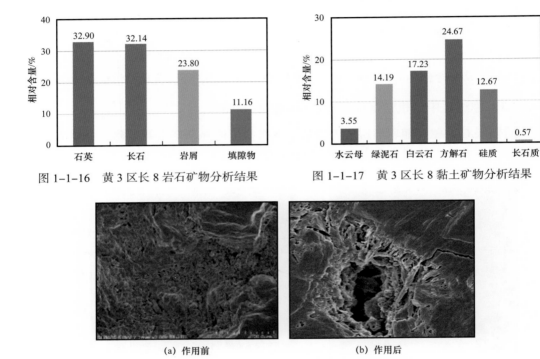

图 1-1-16　黄 3 区长 8 岩石矿物分析结果　　图 1-1-17　黄 3 区长 8 黏土矿物分析结果

(a) 作用前　　　　　　　(b) 作用后

图 1-1-18　黄 3 区长 8 岩心溶蚀扫描电镜结果图

$CO_2$/ 水 / 岩石作用，储层渗透率和孔隙度增大，增幅随气驱压力升高而增加，溶蚀是主导因素。

### 4. $CO_2$/ 水 / 岩石作用对驱油采收率的影响

应用 ECLIPSE 数值模拟软件进行模拟研究，在拟合试验结果基础上，评价了 $CO_2$/ 水 / 岩石作用对采收率的影响：溶蚀影响大于无机盐沉淀，考虑溶蚀比不考虑溶蚀的采收率高，40 年高 1.6 个百分点。数值模拟预测试验区 9 个井组连续注 $CO_2$ 开发 40 年，累计增油 $63.08 \times 10^4$t，采出程度 40.26%，比水驱高 20.8 个百分点，$CO_2$ 总注入量 $146.1 \times 10^4$t，埋存量 $104.5 \times 10^4$t，如图 1-1-20 所示。

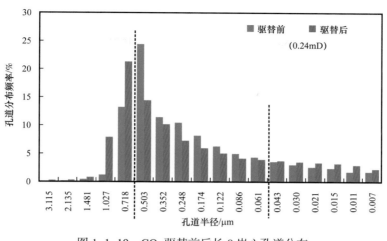

图 1-1-19　$CO_2$驱替前后长 8 岩心孔道分布

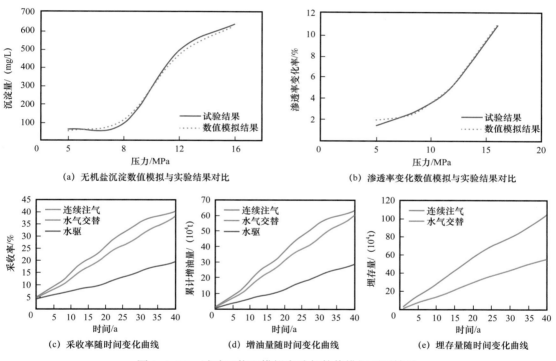

图 1-1-20　试验区物理模拟实验与数值模拟预测结果

# 第二节　低渗透砂岩油藏地质特征和 $CO_2$ 驱技术难点及影响因素

低渗透砂岩油藏和以往开展 $CO_2$ 驱油藏的特征不同，储层致密，渗透率低，孔隙度低，存在微裂缝，开展 $CO_2$ 驱试验首先要明确技术难点。本节从低渗透砂岩油藏地质特征出发，详细论证了超低渗透油藏储层特征、$CO_2$ 驱技术难点及影响因素，为室内研究和现场试验明确了攻关方向。

## 一、低渗透砂岩油藏地质特征

不同国家和地区对低渗透油藏的划分标准并不统一，通常根据储层性质和油田开发技术经济指标进行划分。目前，我国专家在低渗透储层的上限方面基本达成共识，将 50mD 作为低渗透碎屑岩储层的物性上限。本书根据低渗透油田实际生产特征，结合前人的研究成果，并依据基质岩块渗透率，将低渗透油藏分为一般低渗透、特低渗透、超低渗透和致密油藏 4 种类型。其中，低渗透油藏是指渗透率介于 10~50mD 的油藏；特低渗透指渗透率介于 1~10mD 的油藏；超低渗透油藏为渗透率介于 0.3~1mD 的油藏；致密油油藏是指渗透率在 0.3mD 以下的油藏。

鄂尔多斯盆地特低渗透油藏以靖安油田、西峰油田、安塞油田为例。其中，靖安油田位于鄂尔多斯盆地陕北斜坡中东部，构造变化简单，无断层发育，仅发育一些由差异压实作用形成的近东西向或北东向—西南向低幅鼻状隆起。在西倾大单斜背景下，从南到北发育了一系列向西倾没的低缓鼻状隆起主力。油层为三叠系延长组长 8、长 6、长 4+5 和长 2 以及侏罗系延 8、延 9 和延 10 油层。主要开发区块有五里湾区块、盘古梁区块、白于山区块、大路沟区块、张渠区块和虎狼峁区块等。

超低渗透油藏以姬塬油田长 8 油藏、华庆油田长 6 油藏为例。其中，姬塬油田位于最为宽广的陕北斜坡中西部，西倾单斜坡度在 0.5° 左右，平均坡降 8~10m/km，在区域西倾单斜构造背景下，发育一系列由东向西倾没的小型鼻状隆起。鼻状隆起的起伏形态与倾没方向与斜坡的倾向近于一致。

### 1. 沉积相特征

鄂尔多斯盆地中生界三叠统延长组是一套以大型内陆凹陷盆地为背景，以河流相和湖泊相为主的陆源碎屑岩沉积，由西南和东北两大方向物源控制。

延长组自下而上分为长 10—长 1 共 10 个油层组，其沉积特征反映了湖盆形成、发展和消亡的演化全过程。长 9、长 7 和长 4+5 沉积亚期是延长组湖盆演化中的三大湖侵期，尤其是长 7 沉积亚期，湖侵达到鼎盛期，沉积了盆地中生界最好的烃源岩。

研究成果表明，盆地本部可分为两大沉积体系，盆地西南缘晚三叠世延长组长 8 和长 6 沉积明显，具有多物源、底床形态变化大、沉积基底较陡、搬运距离近、沉积物颗粒混杂的特征，形成了长 8 和长 6 辫状河三角洲、水下扇沉积体；而盆地东北部上三叠统延长组长 6 沉积物源相对单一、底床形态平缓、搬运距离远、沉积物颗粒较细，由东向西主要形成了延安地区、安塞—志靖地区、吴旗地区、盐定地区等长 6 曲流河三角洲沉积体。

低渗透储层主要受沉积和成岩作用的影响。其中，沉积作用是控制低渗透储层的最基本因素，它决定了后期成岩作用的类型和强度；成岩作用是控制超低渗透储层的关键，特别是成岩早期强烈的压实作用和胶结作用对形成超低渗透储层起了决定性作用。沉积作用控制着储层原始孔隙，成岩作用改变了储层原始孔隙，促使次生孔隙发育，构造作用对低渗透储层的形成有双重作用。

## 2. 储层特征

超低渗透储层非均质性强，油水分布关系复杂，微观孔喉网络分布模式及油水微观渗流机理复杂多变，水驱效率低，开发矛盾突出。储层的成因类型多种多样，对于油气开发而言，决定其不同渗流特征的是储层微观孔隙类型及其结构。

### 1）岩石学特征

低渗透储层是在独特的沉积背景和成岩作用下形成的，其岩石学特征主要表现为低成分成熟度和低结构成熟度。由于岩石成分成熟度和结构成熟度较低，岩石颗粒大小混杂，分选性和磨圆度差，沉积物容易在成岩过程中发生压实作用，使得储层孔隙度大大降低，储层物性变差。

按低渗透—特低渗透—超低渗透—致密油藏顺序，储层岩屑含量和填隙物含量逐渐增加。低渗透和特低渗透油藏水敏矿物（伊/蒙混层）和速敏矿物（伊利石、高岭石）含量相对较低，尤其是水敏矿物，含量基本在1%～4%之间；相比而言，超低渗透和致密油藏水敏和速敏矿物含量相对较高，表明超低渗透和致密油藏对注水开发的反应更加敏感。

虽然超低渗透储层在孔隙结构方面要差于特低渗透储层，但超低渗透储层具有大面积连片分布，一般砂体宽度为5～12km，胶结物成分以绿泥石等酸敏矿物为主，水敏矿物少，原油具有黏度低、流动性好等优势，这也是超低渗透油藏能够经济有效开发的重要基础（表1-2-1）。

**表 1-2-1　超低渗透储层特征表**

| 区块 | 层位 | 粒度中值 / mm | 胶结物含量 / % | 面孔率 / % | 中值半径 / μm | 孔隙度 / % | 渗透率 / mD | 原油黏度 / mPa·s |
|---|---|---|---|---|---|---|---|---|
| Y284 | 长6 | 0.11 | 17.92 | 3.03 | 0.11 | 12.10 | 0.40 | 0.98 |
| B281 | 长6 | 0.12 | 17.82 | 2.52 | 0.11 | 11.70 | 0.34 | 1.07 |
| B153 | 长6 | 0.11 | 17.05 | 2.67 | 0.08 | 11.90 | 0.38 | 0.87 |
| BZWN | 长4+5 | 0.13 | 14.29 | 3.13 | 0.12 | 11.20 | 0.40 | 1.15 |
| HJ–LMY | 长8 | 0.14 | 15.42 | 2.56 | 0.18 | 9.58 | 0.38 | 1.90 |
| ZB | 长8 | 0.14 | 12.32 | 3.14 | 0.11 | 11.10 | 0.69 | 1.68 |
| W410 | 长6 | 0.14 | 12.23 | 3.43 | 0.14 | 11.04 | 0.54 | 2.13 |
| ZH40 | 长6 | 0.11 | 16.28 | 2.91 | 0.06 | 9.90 | 0.13 | 1.39 |
| ZH9 | 长8 | 0.11 | 14.60 | 3.38 | 0.14 | 11.10 | 0.36 | 1.56 |
| ZH19 | 长8 | 0.10 | 15.79 | 2.77 | 0.06 | 11.72 | 0.57 | 1.47 |
| ZH36 | 长8 | 0.17 | 13.37 | 3.69 | 0.20 | 10.02 | 0.48 | 1.37 |
| 平均 | | 0.13 | 15.19 | 3.02 | 0.12 | 11.03 | 0.42 | 1.42 |

图 1-2-1　长庆油田超低渗透油藏典型井岩样照片

**2）储层物性特征**

与常规油藏相比，低渗透油藏储集空间是粒间孔及与之相连的微细裂缝，属于低渗透低产系统，其储层特点是中低孔隙度、低渗透率，驱油效率低；裂缝系统是由裂缝及与之相连的孔洞组成，属高渗透高产系统，其储层特点是低孔隙度、高渗透率，驱油效率高（图 1-2-1）。

油藏进入开发中后期，注水开发致使部分裂缝开启，从而造成方向性水窜。注水过程中，水体的冲刷使黏土矿物及微晶自生矿物发生迁移，极易在孔喉缩小处堆积堵塞喉道，导致储层非均质性进一步增强（图 1-2-2）。

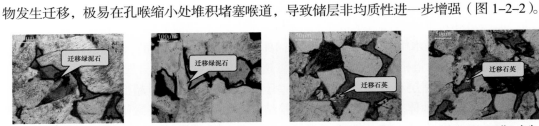

| (a) WJ16-152井，绿泥石薄膜迁移堵塞喉道 | (b) WJ16-151井，绿泥石薄膜迁移堵塞喉道 | (c) WJ16-153井，自生石英迁移堵塞喉道 | (d) WJ16-156井，自生石英迁移堵塞喉道 |

图 1-2-2　典型井注水过程中黏土矿物迁移加剧储层非均质性

鄂尔多斯盆地三叠系延长组储层物性，长 4+5—长 9 储层物性特征相近，整体属于特低渗透和超低渗透储层，但各区各层储层物性存在一定差异（表 1-2-2）。从孔隙度统计及渗透率平面分布来看，志靖—安塞区块长 4+5 和长 6 储层物性明显好于姬塬区块、华庆区块、镇北区块和合水区块长 6 和长 8 储层；西峰区块、姬塬区块、华庆区块和合水区块长 8 储层物性明显好于各区块长 6 储层；对于长 6 储层，姬塬区块明显好于华庆区块，而华庆区块好于合水区块；对于长 8 储层，西峰区块和华庆区块长 8 储层物性明显好于姬塬区块和合水区块长 8 储层；长 9 储层平均渗透率为 5.67mD，是盆地三叠系储层较好的。

**3）孔隙结构特征**

低渗透油藏的喉道类型主要有缩颈型喉道、片状喉道和管束状喉道。片状喉道主要是受压实作用或压溶作用形成的呈片状或弯曲片状相连通的狭窄喉道；缩颈型喉道是岩石受到压实而导致原生孔隙空间大大变窄而形成的收缩喉道；管束状喉道是原生粒间孔隙被杂基或胶结物堵塞而形成的微细孔隙，这些微细孔隙像毛细管形态交叉相连，分布在杂基和胶结物里（图 1-2-3）。

在各个油层组中，其孔隙类型组合及其含量也是不尽相同的。例如长 4+5、长 6 和长 8 储层均以粒间孔为主，其次为溶蚀孔等次生孔，孔隙组合为粒间孔—溶孔。晶间孔在各个层都有发育，但含量很少，微裂隙局部发育。

表 1-2-2 延长组长 4+5—长 9 储层物性统计表

| 区块 | 层位 | 气测孔隙度 | | 气测渗透率 | |
|---|---|---|---|---|---|
| | | 平均值 /% | 样品数 / 个 | 平均值 /mD | 样品数 / 个 |
| 志靖—安塞 | 长 4+5$_2$ | 11.1 | 567 | 3.33 | 733 |
| | 长 6$_1$ | 11.6 | 7032 | 1.38 | 10938 |
| 姬塬 | 长 4+5$_2$ | 11.1 | 5162 | 0.64 | 5162 |
| | 长 6$_1$ | 11.7 | 3973 | 0.77 | 3973 |
| | 长 8$_1$ | 11.2 | 2140 | 0.71 | 2140 |
| | 长 9$_1$ | 12.6 | 2888 | 5.64 | 3365 |
| 华庆 | 长 6$_3$ | 12.5 | 9377 | 0.52 | 9377 |
| | 长 8$_1$ | 10.2 | 4446 | 0.75 | 4305 |
| 西峰 | 长 8$_1$ | 12.1 | 158 | 1.11 | 158 |
| 合水 | 长 6$_3$ | 10.4 | 22 | 0.26 | 87 |
| | 长 8$_1$ | 8.9 | 105 | 0.88 | 105 |

| 喉道类型 | 成因 | 特点 | 示意图 | 案例 |
|---|---|---|---|---|
| 片状喉道 | 压实作用 压溶作用 | 孔隙连通的喉道多呈片状或弯曲片状，喉道较小，一般小于1μm | 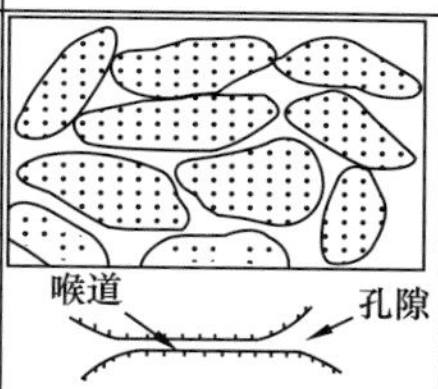 |  |
| 缩颈型喉道 | 压实作用 | 岩石颗粒的紧密接触，导致原生孔隙连通喉道大大变窄 | 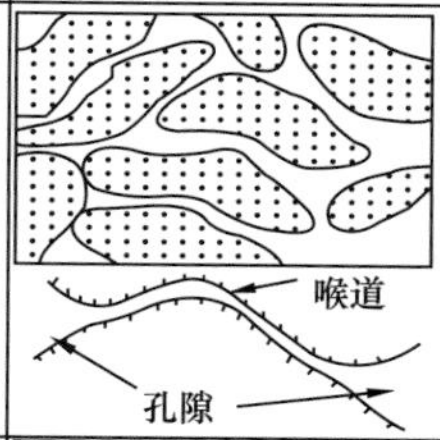 |  |
| 管束状喉道 | 胶结作用 | 原生粒间孔多被堵塞，存在大量微孔隙，形状像毛细管交叉分布 | 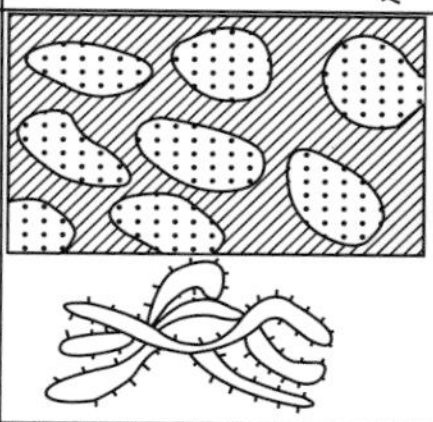 | 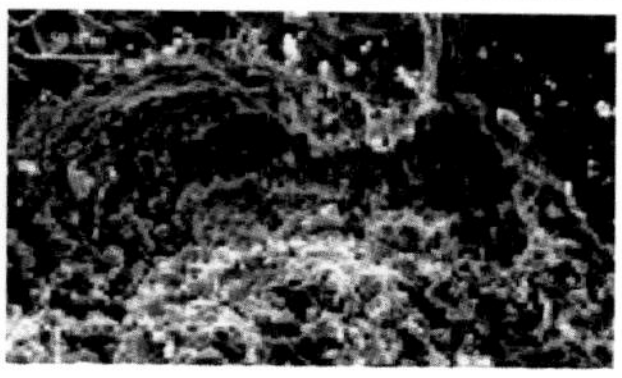 |

颗粒　　杂基　　微孔隙

图 1-2-3 低渗透油藏主要喉道类型图

4）储层裂缝特征

按成因超低渗透储层裂缝主要可分为构造裂缝和非构造裂缝，即在构造应力场作用下形成的构造裂缝和在储层沉积或成岩过程中产生的成岩裂缝两种类型。根据 163 口井的岩心观察统计，142 口井观察到构造裂缝，占到 82.9%。结合 4 条野外露头剖面的裂缝观察，包括铜川金水河剖面、延河剖面（图 1-2-4 和图 1-2-5），可以确定构造裂缝是该区的主要类型。

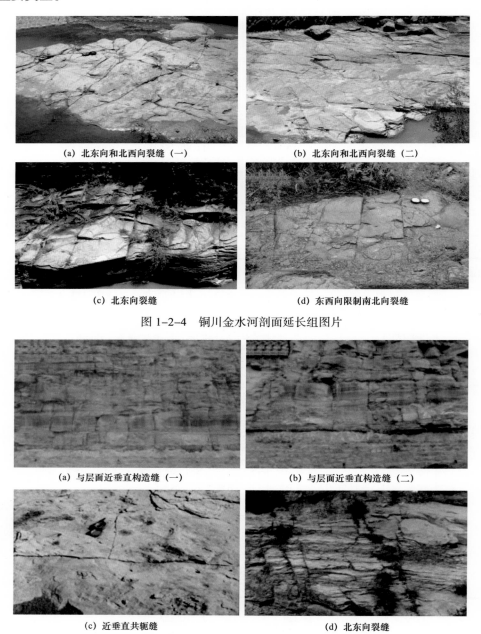

（a）北东向和北西向裂缝（一）　　　　　（b）北东向和北西向裂缝（二）

（c）北东向裂缝　　　　　　　　　　（d）东西向限制南北向裂缝

图 1-2-4　铜川金水河剖面延长组图片

（a）与层面近垂直构造缝（一）　　　　　（b）与层面近垂直构造缝（二）

（c）近垂直共轭缝　　　　　　　　　　（d）北东向裂缝

图 1-2-5　延河剖面延长组图片

构造裂缝广泛分布在各种岩性中，常成组出现，切穿深度一般较大，并常有矿物充填，具有方向性明显、分布规则及相应的裂缝面特征（图1-2-6）。泥质岩类常常发育有由于构造挤压形成的低角度滑脱裂缝，它们具有十分明显的顺裂缝倾向的擦痕及镜面特征（图1-2-7）。成岩裂缝主要发育在岩性界面上，尤其在泥质岩类界面中发育，它们通常顺层面发育，并具断续、弯曲、尖灭、分支等分布特点。该区成岩裂缝主要表现为层理缝（图1-2-8），其横向连通性差，而且在上覆围压作用下呈闭合状态，开度小，渗透率低。因此，近水平层理缝对储层整体渗透性的贡献相对较小。

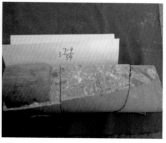

(a) Y415井，2048.7m  (b) G189井，2222.5m

图1-2-6 构造缝特征

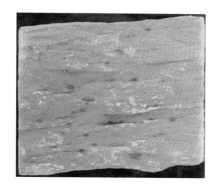

图1-2-7 泥岩滑脱缝（B281井，1911.5m）  图1-2-8 层理缝（G239井，2470.9m）

根据裂缝的规模大小，一般可将裂缝分为宏观裂缝和微观裂缝。根据薄片分析，微观裂缝包括3种类型：

（1）粒内缝（图1-2-9）。主要表现为石英的裂纹缝和长石的解理缝，它们在颗粒内发育，其开度一般小于10μm。

（2）粒缘缝（图1-2-9）。主要表现为裂缝分布在粒间，通常称为粒间缝或贴粒缝，开度一般小于10μm，少数可达20μm。

（3）穿粒缝（图1-2-10）。即通常所称的微观裂缝，和前两者相比，其规模相对较大、延伸较长、不受颗粒限制、其开度小于40μm，主要为10~20μm，微裂缝溶蚀现象普遍，溶蚀以后可达40μm以上。

粒内缝和粒缘缝是沟通基质粒间孔和粒内溶孔的重要通道，使储层孔隙的连通性变好，有利于超低渗透油藏的开发。

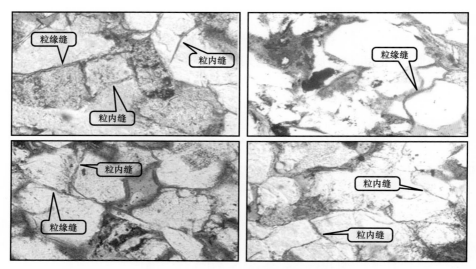

图 1-2-9　H36 井粒内缝和粒缘缝薄片分析

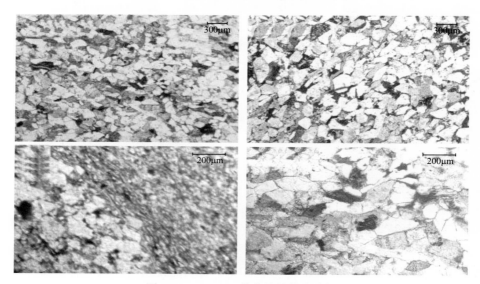

图 1-2-10　H128 井穿粒缝薄片分析

5）储层宏观非均质性

（1）层内非均质性。

层内非均质性指的是在一个单砂层规模内部，垂向上控制和影响储层内流动、分布的地质因素综合。主要包括粒度韵律特征、层理构造、渗透率韵律、垂直渗透率和水平渗透率的比值、渗透率非均质程度、泥质夹层的分布频率和分布密度。

以长 6 储层为例：相对于盆地西南沉积体系的长 8 储层发育，东北沉积体系发育大型三角洲沉积的长 6 砂体，已发现的安塞油田、靖安油田等亿吨级大油田均以长 6 储层为主要的含油层位。其储层虽表现出一定的非均质性，但明显弱于长 8 储层。

从渗透率变异系数、渗透率级差和渗透率突进系数等指标来看，变异系数一般为

0.23～0.69，渗透率级差为3.13～329，渗透率突进系数为1.76～22.0（图1-2-11）。从沉积韵律来看，主要受沉积相带控制，在河口沙坝沉积区主要以反韵律和复合韵律为主，在分流河道主要以正韵律和复合韵律为主。

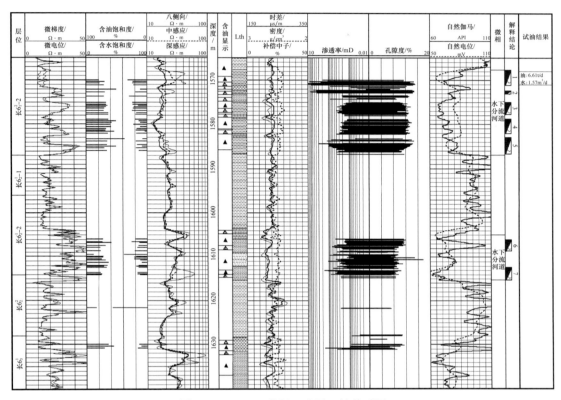

图1-2-11 G15井长6油层四性关系图

（2）平面非均质性。

砂体的连通程度不仅关系到开发井网的密度及注水开发方式，同时还影响到油气最终采收率。地下砂体的连通从成因上讲主要为两类：一是构造，二是沉积。前者主要是通过断层或裂缝；后者则是指砂体在垂向上和平面上的相互接触连通，可用砂体配位数、连通程度和连通系数表示。一般通过绘制孔隙度、渗透率及砂岩有效厚度非均质程度的平面等值线图来表征其平面变化规律。其中重点是渗透率的方向性，它直接影响到注入剂的平面波及效率。

（3）储层物性分布特征。

鄂尔多斯盆地三叠系延长组长6—长8储层孔隙度和渗透率等在平面上的展布均具有较强的非均质性，总体上砂岩厚度大的区域，孔、渗性好，含油饱和度高，砂层薄的地方则相反（图1-2-12）。储层平面非均质性受砂体的发育程度及沉积微相的控制。以曲流河三角洲和辫状河三角洲分流河道为主的砂体厚度大，物性好；三角洲前缘河口沙坝及前缘席状砂体次之。在砂体的发育程度上以连片、多层状叠置的砂体发育区储层物性好，均质程度高，而分隔的或网状的砂体储层非均质性强，它们之间的物性也较差。

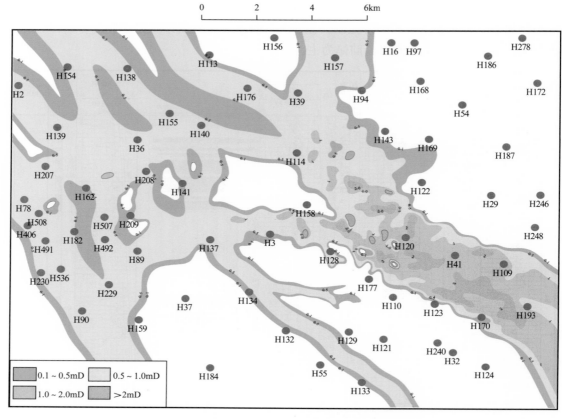

图 1-2-12　姬塬油田 H3 区长 $8_1^{1-1}$ 渗透率平面等值图

### 3. 油藏特征

1）地层压力与温度

鄂尔多斯盆地三叠系超低渗透油藏埋深一般为 1200～2200m，多为低压油藏，根据盆地 24 个开发区块的原始地层压力和油藏埋深统计，压力系数一般为 0.6～0.8，平均 0.74；地饱压差较小，一般为 2.94～6.38MPa；地层温度一般为 40～80℃。

2）流体性质

（1）原油性质。

超低渗透油田产出原油性质较好，地面原油密度为 0.836～0.895g/cm³，原油地下黏度为 1～3.0mPa·s、地面黏度为 4～7mPa·s，含蜡为 6.6%～20.5%，含硫为 0.03%～0.23%，凝固点为 -6.3～23℃，饱和压力为 1.0～5.95MPa，原始气油比为 12.0～107m³/t，具有低密度、低黏度、低含硫、较高含蜡和较高凝固点的特点。

（2）地层水性质。

三叠系地层水涉及长 4＋5、长 6 和长 8 各层位。由于具体沉积环境及埋藏深度的不同，不同区块，相同层位水化学特征变化剧烈（表 1-2-3）。

长 4+5 地层水 $Ca^{2+}$ 浓度达到 2863mg/L，富含 $Ba^{2+}$ 和 $HCO_3^-$，矿化度为 48～67g/L，为典型高矿化度原始地层水。

长 6 地层水以特高 $Ca^{2+}$、低 $Mg^{2+}$、低 $HCO_3^-$、不含 $CO_3^{2-}$ 为主，矿化度为 70～110g/L，为 $CaCl_2$ 水型，为典型原始地层水。

长 8 地层水具有高 $Ca^{2+}$、低 $Mg^{2+}$、中 $Ba^{2+}$ 含量，中等矿化度的 $CaCl_2$ 型水，矿化度为 40～60g/L，为中等矿化度地层水。

表 1-2-3 地层水化学特征数据表

| 层位 | 离子含量 /（mg/L） | | | | | | | | 总矿化度 / g/L | 水型 |
| | $K^+ + Na^+$ | $Ca^{2+}$ | $Mg^{2+}$ | $Ba^{2+}$ | $Cl^-$ | $SO_4^{2-}$ | $CO_3^{2-}$ | $HCO_3^-$ | | |
|---|---|---|---|---|---|---|---|---|---|---|
| 长 4+5 | 17225 | 891 | 278 | 452 | 28870 | 0 | 24 | 461 | 48.20 | $CaCl_2$ |
| | 39439 | 8849 | 1266 | 1693 | 80907 | 0 | 0 | 173 | 132.33 | $CaCl_2$ |
| 长 6 | 6985 | 19002 | 18 | 120 | 44380 | 0 | 0 | 200 | 70.70 | $CaCl_2$ |
| 长 6 | 26530 | 4590 | 709 | 1627 | 51786 | 0 | 0 | 224 | 85.47 | $CaCl_2$ |
| 长 8 | 16914 | 6712 | 347 | 672 | 39228 | 0 | 24 | 461 | 64.36 | $CaCl_2$ |
| 长 8 | 8616 | 422 | 89 | 157 | 13894 | 0 | 24 | 759 | 23.96 | $CaCl_2$ |

（3）原油伴生气性质。

鄂尔多斯盆地三叠系油田油层伴生气的非烃组分具有低 $CO_2$、较高氮气含量的特点。对比分布于盆地内部的庆阳地区长 8 和陕北地区长 6、长 4+5 伴生气的甲烷含量相对较高外，重烃含量为 30%～60%，重烃含量相对较高。

3）可动流体饱和度

鄂尔多斯盆地三叠系延长组属低渗透储层，其孔喉细微、分布特征复杂，很大一部分流体在渗流过程中被毛细管力和黏滞力等所束缚而不能参与流动。另外，低渗透储层裂缝、微裂缝发育，导致了流体在地层中的渗流过程的复杂性。

对鄂尔多斯盆地内 6 个油田 5 个层位 116 块岩心进行了核磁共振可动流体评价实验，岩心平均孔隙度 11.9%，渗透率 2.53mD。从结果来看，大多数岩心的核磁共振 $T_2$ 谱呈双峰态，右峰代表可动流体，左峰代表束缚流体（图 1-2-13）。右峰下包面积占 $T_2$ 谱总面积的百分比即为可动流体百分数。因此，右峰所占比例越大表示该岩心内的可动流体百分数越高，反之亦然。

根据国内外可动流体饱和度划分标准：一类储层可动流体饱和度大于 50%，二类储层可动流体饱和度界于 30%～50% 之间，三类储层可动流体饱和度界于 20%～30% 之间，四类储层可动流体饱和度小于 20%。根据此标准，鄂尔多斯盆地内 6 个油田 5 个层位的岩心中，一类储层 39 块，占 33.6%；二类储层 63 块，占 54.3%；三类储层 10 块，占 8.6%；四类储层 4 块，占 3.4%。总体上看，长庆油田低渗透储层可动流体饱和度较高，平均达 45.2%，以一类和二类储层为主，占 87.9%，具有较大的开发潜力。

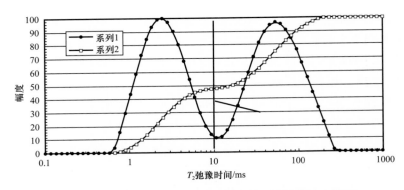

图 1-2-13　W20-11 井 2-9/127-1 号岩心核磁共振 $T_2$ 谱图

从不同油田的分布看，西峰油田和安塞油田可动流体饱和度较高，分别达 49.9% 和 49.6%，而姬塬油田可动流体饱和度相对较低，仅为 35.5%（表 1-2-4）。

表 1-2-4　不同油田可动流体饱和度对比表

| 油田 | 样品数 / 块 | 孔隙度 /% | 渗透率 /mD | 可动流体饱和度 /% |
|---|---|---|---|---|
| 靖安油田 | 34 | 13.3 | 1.17 | 42.3 |
| 西峰油田 | 37 | 10.5 | 0.56 | 49.9 |
| 安塞油田 | 19 | 14.1 | 11.68 | 49.6 |
| 南梁油田 | 7 | 9.9 | 0.46 | 41.3 |
| 吴旗油田 | 13 | 11.2 | 0.51 | 39.4 |
| 姬塬油田 | 6 | 8.2 | 0.09 | 35.5 |

从不同含油层系看，长 8 油层可动流体饱和度相对较高，可动流体饱和度为 51.4%，长 4+5 和长 6 油层相对较低（表 1-2-5）。

表 1-2-5　不同层位可动流体饱和度对比表

| 层位 | 样品数 / 块 | 孔隙度 /% | 渗透率 /mD | 可动流体饱和度 /% |
|---|---|---|---|---|
| 长 4+5 | 14 | 10.9 | 0.56 | 42.4 |
| 长 6 | 50 | 12.4 | 0.96 | 40.8 |
| 长 8 | 37 | 10.5 | 1.56 | 51.4 |

4）油藏类型

鄂尔多斯盆地超低渗透油藏普遍无边底水，属典型的岩性油藏，且油层中含有部分溶解气，因此，原始驱动类型属弹性—溶解气驱油藏。

## 二、低渗透砂岩油藏 $CO_2$ 驱技术难点

美国是开发和使用 $CO_2$ 驱技术最多的国家，有很多成功的油田开发案例，但是由

于我国的储层环境、油藏类型等方面和美国有明显差异，美国的开发经验并不能完全适用于中国。资料显示，美国油藏各项特性优于我国鄂尔多斯盆地，在美国很少存在特低渗透和超低渗透油藏，因此 $CO_2$ 混相驱技术主要应用于低渗透油藏，其孔隙度一般不低于10%，渗透率不小于10mD，非混相驱技术主要用于处理常规油藏（孔隙度范围17%~30%，渗透率326~3000mD）的生产开发项目。而我国使用注 $CO_2$ 驱油技术的项目主要是为了解决低渗透以及更差的储层，其孔隙度平均为9.5%，最低可达8%，渗透率0.1~10mD（李媛珺，2019）。目前在中国石化集团江苏油田和胜利油田的现场先导试验结果证明该方法适用于我国低渗透油藏，对提高原油采收率有一定的效果。但超低渗透砂岩油藏，渗透率极低，在国外属于不具开发潜力的油藏。

### 1. 低渗透微裂缝发育油藏易气窜影响 $CO_2$ 驱波及体积

低渗透微油藏储层内部结构差异大，非均质性明显，在注气时容易遇到气窜、波及面积小、突破时间过早等问题。此外，油藏中存在的天然裂缝加剧了非均质性，是导致气窜的原因之一。加之部分油藏无自然产能，需要人工压裂改善渗流条件、提高单井产能，投入工业化开发，易导致天然裂缝与人工裂缝沟通，加剧气窜。

储层渗透率越小，地层吸气能力越弱，地层升压慢，气体黏性指进不严重，气窜越晚。储层平面非均质性越强，气窜越快。当垂向上沉积韵律为正、反韵律时，渗透率级差越大，注气开发气窜越早；复合韵律情况下气窜时间与级差大小之间存在一个最佳级差。

生产过程中压裂缝的分布对气窜时间有着显著的影响：注气井裂缝及生产井裂缝间距越长、气窜越晚；气驱方向与生产井裂缝夹角越大、气窜越晚；气体由注气井到生产井驱扫的波及面积越大，气窜越晚。

因此，在超低渗透油藏 $CO_2$ 驱技术研究过程中，需进一步刻画优势渗流通道，提升认识；研究注采参数优化与设计、扩大波及体积、防气窜技术；开展动态跟踪评价与调控，实现 $CO_2$ 有效驱替。

### 2. 高矿化度下 $CO_2$ 驱腐蚀结垢严重

在利用 $CO_2$ 驱技术进行油田开发的过程中，不可避免地将 $CO_2$ 引入原油生产系统。采油井井筒内存在高温高压、高含 $CO_2$ 和高矿化度采出液，对于井内各类金属设备极为不利，油管和套管长期处于该环境中极易发生腐蚀。

井内油管长时间地被腐蚀溶解，发生穿孔，导致原油漏失而不能被举升至地面，并且腐蚀使得油管壁厚减薄，造成应力集中，进而发生断脱掉入井底。最终油井产量下降甚至停产，严重破坏油田的正常生产，同时随着频繁地更换油管，修井费用不断增加，开发成本上升。

井内套管遭受了严重腐蚀后，破坏油井井身，导致油藏无法进行分层作业，可能使得水层与油层互相连通，从而封闭一些油层，也可能使得前期针对这些油层所实施的提高采收率措施失效，最终大量剩余油滞留在油层中。如此一来，后续开发必须用压井液压井，更换套管，重新固井，而压井液压井会造成压井液滤液以及固体颗粒进入储层，从而堵塞油气渗流通道，伤害储层，使油井减产（田俊等，2010）。

超低渗透油藏在进行 $CO_2$ 驱开发过程中，根据生产过程中注采作用的不同，油井可分为 $CO_2$ 注入井、采油井。采油井采出储层流体包括原油、地层水、油藏伴生气以及储层中注入的 $CO_2$。而 $CO_2$ 属于弱酸性气体，以单质存在时或者干燥的条件下，对钢材无腐蚀作用。遇到含水环境后，$CO_2$ 便溶于水，并与水反应形成碳酸，此时对钢材存在电化学腐蚀。受高温高压、高矿化度等腐蚀介质影响，$CO_2$ 对钢材腐蚀行为将趋于严重。

图 1-2-14　现场油管腐蚀图片

超低渗透油藏实施 $CO_2$ 驱油技术后，直接将 $CO_2$ 引入原油的生产系统，使得采油井井筒内形成了高含水、高含 $CO_2$、高矿化度的腐蚀环境。其结果造成井筒油套管完全暴露在恶劣的腐蚀环境中，造成油套管不同程度和不同形态的局部腐蚀现象，比如钢材腐蚀穿孔、开裂等现象（图 1-2-14），这些情况都会严重影响井筒的完整性，而采油井井筒作为原油自储层流至地面的唯一通道，井筒的完整性直接决定着油田正常生产。

从油田安全生产和经济开发角度分析，在油田的整个开发过程中，由于原油开采设备的腐蚀失效所造成的生产事故，其结果除了造成直接经济损失外，还可能导致原油泄漏，污染破坏当地生态环境。若泄漏的油气遇到明火，发生火灾、爆炸，可能造成人员伤亡及严重的社会后果。

因此，超低渗透油藏 $CO_2$ 驱能够将注采井筒和地面集输系统腐蚀结垢加剧，经济有效的防腐和防垢技术是能否实现低成本运行的关键，需开展防腐防垢技术的试验与评价。

### 3. 高气液比严重影响举升效率

超低渗透油藏 $CO_2$ 驱过程中油井采出液气液比大幅升高，当气液比大于一定值，常规举升工艺会表现出明显的不适应性，主要表现为油液充满程度差，抽油泵泵效下降，严重时会发生气锁；油井套管压力升高，造成井底流压过高，影响地层流体渗出，造成产量下降；$CO_2$ 气体含量高，加速碳酸等腐蚀物的形成，造成举升设备腐蚀严重，无法有效保持和发挥 $CO_2$ 驱油效果。因此，超低渗透油藏 $CO_2$ 驱过程中如何解决气体影响是采出井高效举升的关键，需要提升防气工艺，创新举升方式。

### 4. 复杂地表环境带来地面建设的高投入与高风险

目前我国各大油田的 $CO_2$ 驱技术应用还在试验阶段，且不同油田的油品及集输工艺都不尽相同，长庆油田黄 3 试验区先行开展 $CO_2$ 驱油试点试验，是国内首次将 $CO_2$ 驱技术应用在轻质原油上的创新试验，同时开创了长庆油田地面工程建设新模式，有利于 $CO_2$ 驱技术在长庆油田的推广应用。

针对特殊地形地貌，结合 CO$_2$ 驱地面工程投资比重大、工程技术难度和复杂性高、风险大等难点，需开展适应超低渗透油藏复杂地形 CO$_2$ 注入、循环利用、采出液集输与处理等技术攻关与示范，以实现超低渗透 CO$_2$ 驱油藏持续规模有效开发。

## 三、低渗透砂岩油藏 CO$_2$ 驱影响因素

经过对大量国内外文献调研，发现 CO$_2$ 驱影响因素可以概括为流体物性、油藏特征和开发参数 3 个方面。

### 1. 原油组分及性质

在流体性质中，影响 CO$_2$ 驱油效果的因素主要包括：原油密度和扩散作用与弥散作用。一方面，由于油气密度差，在驱替前缘，CO$_2$ 更容易向油藏顶部流动，突破时间会减少，大大降低了 CO$_2$ 的波及体积，致使采收率下降（李孟涛等，2006a）；另一方面，由于 CO$_2$ 的扩散作用与弥散作用，减缓了 CO$_2$ 向井底的锥进时间，CO$_2$ 的突破时间增加，迁移范围变广，波及系数提高，采收率提高。

室内研究表明，轻质组分对最小混相压力（MMP）的影响较大。CO$_2$—原油最小混相压力随原油中 CH$_4$ 含量的增加而升高；CO$_2$—原油最小混相压力随原油中 C$_2$—C$_6$ 含量的增加而降低（表 1-2-6，图 1-2-15）；CO$_2$—原油最小混相压力随原油中重质组分的增加而升高，当原油的重烃馏分的总浓度相同时，重烃馏分分子量更高的原油将要求更高的最小混相压力（图 1-2-16）。

表 1-2-6  原油组分与最小混相压力关系图

| 序号 | 原油组分 | 对最小混相压力的影响 |
|---|---|---|
| 1 | CH$_4$ 和 N$_2$ 含量 | CH$_4$ 和 N$_2$ 含量增加，最小混相压力升高 |
| 2 | C$_2$—C$_6$ 含量 | C$_2$—C$_6$ 含量增加，最小混相压力降低 |
| 3 | C$_7$—C$_{10}$ 含量 | C$_7$—C$_{10}$ 含量增加，最小混相压力降低 |
| 4 | 重质组分 C$_{11}$—C$_{35}$ 含量 | C$_{11}$—C$_{35}$ 含量增加，最小混相压力升高 |
| 5 | 沥青质含量 | 沥青质含量增加，最小混相压力升高 |

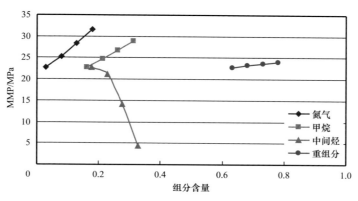

图 1-2-15  原油轻组分与 MMP 关系图

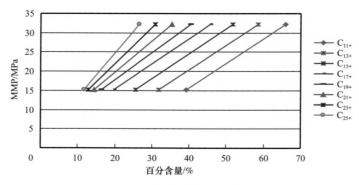

图 1-2-16　原油重组分与 MMP 关系图

统计国外 80 个注 $CO_2$ 项目发现，原油密度高、重质烃类较多、黏度度大的油藏，注气开采时易形成黏性指进，有效实施注 $CO_2$ 的原油密度范围为 $0.80\sim0.91g/cm^3$。从矿场试验看，密度范围为 $0.70\sim0.91g/cm^3$、黏度范围在 $0.3\sim1000mPa\cdot s$ 的原油都可进行混相和非混相驱。

### 2. 油藏特征

1）地层厚度与埋藏深度

各油田的矿场试验表明，对油层厚度 $5\sim600m$ 采用 $CO_2$ 驱均有效。为防止重力分离的影响，在厚度大的地层中可采用细分层系、水气交替、加密井网、向油层顶部注气等方法。$CO_2$ 驱替时，一次性有效实施注厚度可达 $5\sim60m$（夏惠芬，2017）。

2）地层压力

油藏压力对 $CO_2$ 驱的影响较大，其压力大小与埋藏深度有关。将地层压力与最小混相压力作对比，可判断地层中的混相状态，为 $CO_2$ 驱替方式的选择提供了依据：若地层压力大于最小混相压力则为混相驱替，小于最小混相压力则为非混相驱替。对于同一油藏，$CO_2$ 混相驱的驱油效果远好于非混相驱。

3）地层温度

温度能够影响混相状态，在其他条件相同的情况下，随着温度的升高而增大，如图 1-2-17 所示。

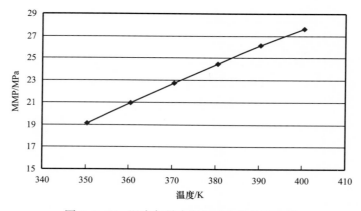

图 1-2-17　温度与最小混相压力的关系曲线

4）地层倾角

一般认为，倾斜油藏注气效果远远好于非倾斜油藏。在有倾角的油藏中，将CO$_2$注入点设置在构造上倾部位，并以低速驱替，利用重力维持CO$_2$与原油混合，抑制指进，从而提高波及效率。

5）孔隙度及渗透率

地层孔隙度是影响因素之一，油层应有足够大的孔隙体积与CO$_2$接触，有效实施注CO$_2$的油藏地层孔隙度为5%～40%。低渗透地层可提供充分的反应条件，减少重力分离；高渗透地层易导致早期气窜，降低驱油效率。倾斜油藏垂向渗透率大于0.2mD时，水平油藏渗透率应高于0.005mD。大量应用表明，CO$_2$驱在不同的渗透率油藏都取得了较好的效果。统计的有效实施注CO$_2$的油藏地层渗透率范围为0.1～2000mD，应用范围十分广泛（冯宝峻等，1986）。

6）非均质性

层间渗透率变异系数通常被用来表示纵向上层与层之间的渗透率差异。随着渗透率变异系数增大，其所用的开采时间也逐渐变大，其中的开发指标变差。因此，非均质性越强越不利于注CO$_2$驱油的开发。

## 3. 开发参数

1）注气时机

由于流度比及非均质的影响，在最好的情况下，混相驱体积波及系数也只能达到55%～60%。有效实施注CO$_2$的油藏注气前含油饱和度为35%～65%。

注入时机越早，水气交替注入驱油效果越好，但也会过早气窜，不利于油田的持续高效开发。注入时机越晚，虽然水气交替注入驱油效果越差，但水驱效果越好，水驱和水气交替驱的总驱油效果并不差。具体如何选择最佳注入时机，要以油田开发的实际情况为准，结合当地气、水价格等综合考虑。

2）井网与井距

井网部署的目的是让注入的流体能驱扫到油藏的绝大部分区域，并能采出更多的可动性原油。国外多采用反九点、反七点和五点法面积布井方式，可使较多的CO$_2$向采油井方向推进，并易于在开发过程中及时调整。其中有效实施CO$_2$驱的油藏注采井数比为1：2。

CO$_2$驱现场试验井网密度应结合注采井的连通状况、对砂体控制程度以及渗流能力、气窜等因素，综合考虑技术指标和经济效益，确定最优井距。对国外CO$_2$驱矿场应用资料统计表明，井网密度从0.1～0.7km$^2$/口均有较好的技术效果。先导试验阶段，通常采用0.1～0.7km$^2$/口的井网密度；工业化应用阶段，大多采用0.3～0.4km$^2$/口的井网密度，即200～350m的井距（王海妹，2018）。

3）注入压力

结合CO$_2$驱油机理和原油物性对CO$_2$驱的影响分析，在驱替过程中，一开始的注入压力较小，原油与CO$_2$处于非混相状态，注入压力能作为驱油动力推动地层中的原油流动，此时的驱油效率较低，符合非混相驱驱油效率的规律。随着压力的增加，$CO_2$ 在推动原油驱替时，接触面积增大、两相边界开始出现轻微的互溶作用，同时地层水与 $CO_2$ 发生反应，$CO_2$ 溶于水后形成的酸性混合物和碳酸氢盐可以稳定储层岩石中的黏土矿物及碳酸盐地层，减少储层的水敏伤害、改善渗透率，从而提高驱替效率。随着注入压力的增大，原油与 $CO_2$ 会出现面积较大、程度较高的分子运动。

两种流体充分接触后，界面张力逐渐减小，气液界面逐渐模糊，形成相过渡带，此时驱油效率处于增速最快的阶段。随着压力继续增大，两相混合程度加深，混合两相状态的过渡带面积越来越大，当地层压力满足混相驱条件时，最终从两相状态变为混相，驱油效率高，并维持在一个较高且平稳的状态。

4）注入速度

结合 $CO_2$ 驱油机理和原油物性对 $CO_2$ 驱的影响分析，增大注入速度会导致注入压力的增大，根据 $CO_2$ 驱提高驱油效率的原理，较大的压力能够使更多的 $CO_2$ 进入岩心，增大了 $CO_2$ 与原油的接触面积，$CO_2$ 与原油开始大量混合，加剧了降黏反应和对轻质组分的影响，使原油体积膨胀、酸化及混相作用更加明显，增大流度比，减小界面张力，从而带来更高的驱油效率。

虽然注入速度最大时的驱油效率最好，但从各阶段驱油效率的增速来看，较大的注入速度容易加快气窜的速度；而在中等注入速度时，注入速度与驱油效率的线性关系更为良好。从实际生产的角度出发，较大的注入速度虽然能够带来较大的驱油效率增长，但也加大了 $CO_2$ 气窜的风险。因此，在油田现场应用 $CO_2$ 驱油技术时，相比较大的注入速度，更推荐以适中的速度将 $CO_2$ 注入地层，合理的注入速度，需要通过室内实验研究和数值模拟研究获得。

5）注入方式

$CO_2$ 注气方式会根据油藏构造、储层性质、作用机理的不同而有多种选择，目前注气方式有注碳酸水、注 $CO_2$ 段塞、$CO_2$ 吞吐、气水交替注入、周期注气、重力稳定注入、连续注气等，注入方式依据油藏本身特性来确定，最终的采油效果也均不相同，在一个油藏采用 $CO_2$ 驱之前应该进行可行性评价，优选最佳驱油方式。

（1）注碳酸水。

注碳酸水是 $CO_2$ 驱油的一种简单的办法。在这种情况下，应用全饱和或部分饱和（3%～5%）$CO_2$ 的水注入地层。在地层中，由于 $CO_2$ 的溶解度较高，水相中的 $CO_2$ 向原油转化，改变原油体积和过滤性质、黏度和相渗透性并驱油。在此过程时，碳酸水范围远远落后于驱油前沿。其中，落后距离取决于水驱系数、水和原油中 $CO_2$ 的分配系数、$CO_2$ 在水中浓度、地层压力和温度，变化幅度可达 2～8 倍，也就是说水驱前沿推进的距离是 $CO_2$ 驱油距离的 2～8 倍（詹博拉，2020）。

上述情况大大增加了油田开发效果时间、开采时间和注入水的消耗。BashNIPIneft 公司所作的实验室研究结果表明，在注碳酸水时（5PV）驱油系数只能提高 10%～15%，不过油层波及系数比水驱的较高（李孟涛等，2006b；2007）。这是由于在相界毛细管力下降与地层岩石跟水接触角减少，重力、井网密度和开采系统效果跟普通水驱效果一样。

（2）注 $CO_2$ 段塞。

如果直接向地层注入 10%～30% 孔隙体积的段塞性纯 $CO_2$ 气体，然后再注水，可以避免气驱前沿的落后。在该注入方式时，原油采收率随着注入气体段塞大小的增加而增加。$CO_2$ 段塞增加时，原油采收率的增加是非均匀的，段塞次数越多，原油采收率的增加越少。其结果是，注入气段塞越小，$CO_2$ 消耗量越低，而注气段塞越大，开发时间越短，也就是注入水量越少。在非均质地层中也能发现注气段塞大小与原油采收率的类似关系。在大多数情况下（非均质性不大）最佳段塞大小在于 20%～30% 孔隙体积（李孟涛等，2006b）。$CO_2$ 段塞驱油时原油采收率还取决于储层重力分选条件。在储层垂直渗透率等于零的情况下，原油采收率是垂直渗透率不为零时的 2 倍。

（3）$CO_2$ 吞吐。

该注入方式是向油藏中注入 $CO_2$，然后关井一段时间，使 $CO_2$ 气体与油藏流体充分接触，再进行生产。其机理仍是降低原油黏度、使原油体积膨胀、酸化解堵、改善油水的流度比及萃取和汽化原油中的轻质烃类等。根据现场试验结果，$CO_2$ 吞吐对稠油油藏具有较好的开发效果（李永太等，2008），同时这种注入方式对于低渗透油藏也有良好的开发效果。

赵明国和刘崇江对松辽盆地中央凹陷区的低渗透油藏的 $CO_2$ 注入方式（$CO_2$ 吞吐后气驱、水驱转 $CO_2$ 驱、气驱、气驱转水驱和 $CO_2$ 吞吐 5 种方式）进行了研究。结果表明，同样条件下，对该区低渗透油藏来说，提高采收率最高的注入方式是 $CO_2$ 吞吐后气驱，只进行 $CO_2$ 吞吐的累计采收率最低（赵明国等，2006）。

（4）水气交替注入。

实验室与分析研究结果表明，通过注入水气的交替可以得到较高的生产效果，驱油有效性基本上取决于注入水与气体的比例，也就是气水比。随着气水比的减少，在油层中 $CO_2$ 运移时黏度稳定性增加，而且 $CO_2$ 从高渗透层向生产井早期气窜的可能性也减少，从而波及系数明显提高。有些情况下，波及系数比注水或注碳酸水时的高（李孟涛等，2005）。

超低渗透油藏渗流机理复杂，气水交替注入是最佳驱油方式。气水交替注入是为了降低 $CO_2$ 流度，最终减少油藏水平窜流和垂向窜流的程度。国外研究表明，在层状倾斜油藏中，对下倾油藏采用气水交替驱比对上倾油藏采用气驱更有效；对互相连通的层状油藏，采用气水交替注入更具优越性。注气水交替在 $CO_2$ 驱项目上占 80% 以上，气水质量比为 1：1（冯巍，2015）。汤瑞佳等学者采用延长油田（低渗透油藏）靖边 203 井区的地层原油和地层水进行 $CO_2$ 驱油实验，表明水气交替注入可以在很大程度上提高低渗透油藏采收率。

（5）周期注气。

周期注气具有 $CO_2$ 气水交替、连续注气和 $CO_2$ 吞吐的优点，即先向油层中注一个周期的 $CO_2$，然后关井，关井期间 $CO_2$ 会充分接触原油，增大原油体积，降低原油黏度，一个周期结束后，再进行第二周期注气。周期注气能较充分地利用 $CO_2$ 的驱油机理，扩大波及面积，增大驱油效率，提高采收率，但是所需时间较长（何应付等，2010）。何应付和周锡生等对难以进行气水交替驱的低渗透油藏的注入方式进行了研究，着重将周期注气与其他注入方式进行了比较，发现周期注气应用于低渗透油藏可以取得良好的开发效果。

# 第三节　低渗透砂岩油藏 $CO_2$ 驱地质建模与注采参数优化

开展 $CO_2$ 驱油试验，井网形式和参数设计是关键，这是保障 $CO_2$ 驱油试验取得良好效果的基础。本节从 $CO_2$ 混相驱油适应性、安全性开展研究，详细论证了 $CO_2$ 驱地质建模数值模拟技术，开展了井网优化设计和注采参数优化设计，保障现场试验取得良好效果。

## 一、$CO_2$ 驱油藏适应性评价及埋存能力评估

开展 $CO_2$ 驱油试验，首先要搞清楚 $CO_2$ 驱能否实现混相，$CO_2$ 与地层岩石矿物及流体有无反应，如何反应，对试验效果有无影响等问题，这些都是现场试验能否取得较好效果的关键。

### 1. 混相性能评价

1) $CO_2$—地层原油体系相态特征实验研究

$CO_2$—地层原油体系相态行为实验研究主要有两种方法：一是基于流体膨胀和饱和压力升高的加气膨胀试验；二是描述 $CO_2$ 和地层原油动态接触的多次接触实验。本研究通过 $CO_2$ 加气膨胀试验，研究注入 $CO_2$ 后试验区地层原油相态的变化情况。

利用试验区井 Y30–101 原油开展加气膨胀测试，注入 $CO_2$ 后，地层原油两相 $p$—$X$ 相图如图 1–3–1 所示。实验结果表明，注入 $CO_2$ 后，地层原油的饱和压力明显升高，注入 $CO_2$ 越多，饱和压力越高。当注入 $CO_2$ 在地层原油中含量（摩尔分数）为 75.3% 时，$CO_2$—地层原油体系的饱和压力达到 34.36MPa。

$CO_2$—地层原油体系饱和压力的变化规律还反映了 $CO_2$ 在原油中的溶解能力。如图 1–3–2 所示，$CO_2$ 在地层原油中的溶解度随压力的升高而增大。注气压力越高 $CO_2$ 在原油中的溶解能力越强，从而越有利于提高驱油效率。

注入 $CO_2$ 后，$CO_2$—地层原油体系的体积膨胀系数随 $CO_2$ 注入量的变化曲线如图 1–3–3 所示。实验结果表明，注入 $CO_2$ 后，地层原油体积明显膨胀，随着注入原油中的 $CO_2$ 越多，体积膨胀系数越大。由于 $CO_2$ 在原油中溶解度随压力的增高而增大，因此，提高注入压力，$CO_2$ 膨胀原油体积的能力增强，有利于提高驱油效率。

$CO_2$ 驱能有效提高驱油效率的一个重要机理就是注入的 $CO_2$ 气体溶解到原油中后可以使原油的黏度降低，而降黏的效果与驱油效果密切相关。注入 $CO_2$ 后，$CO_2$—地层原油体系黏度随 $CO_2$ 注入量的变化曲线如图 1–3–4 所示。实验结果表明，一旦注入 $CO_2$ 后，地层原油的黏度就大幅度下降，体系黏度随着加入原油中的 $CO_2$ 量增多而降低。在加气膨胀试验中对每次注入 $CO_2$ 后地层原油的密度进行分析，相关实验数据如图 1–3–5 所示。结果表明，随着 $CO_2$ 注入量的增加，地层原油的密度减小。

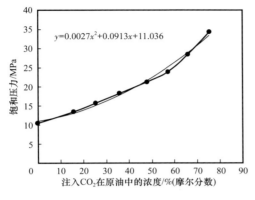

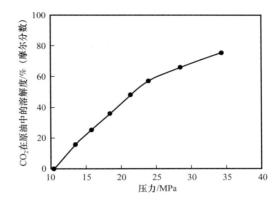

图 1-3-1　注入 $CO_2$ 地层原油 $p$—$X$ 相图　　图 1-3-2　$CO_2$ 在地层原油中的溶解度与压力关系曲线

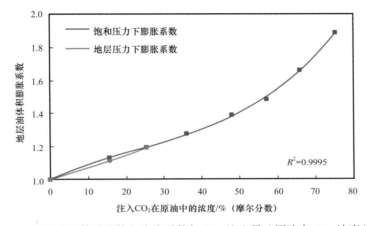

图 1-3-3　$CO_2$—地层原油体系的体积膨胀系数与 $CO_2$ 注入量（原油中 $CO_2$ 浓度）的关系曲线

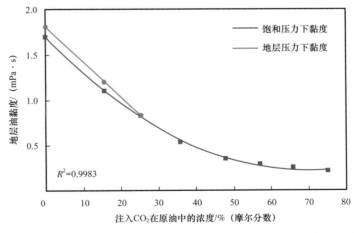

图 1-3-4　$CO_2$—地层原油体系黏度与 $CO_2$ 注入量（原油中 $CO_2$ 浓度）的关系曲线

$CO_2$—地层原油分子量随着 $CO_2$ 注入量的增加而逐渐减小，相关实验数据如图 1-3-6 所示。结果表明，地层溶解的气体增多，轻质组分含量增加。

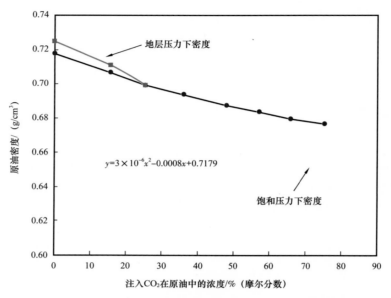

图 1-3-5　不同 $CO_2$ 注入量（原油中 $CO_2$ 浓度）下密度变化曲线

加气膨胀试验结果表明，注入 $CO_2$ 对试验区地层油有较强的膨胀能力，以及很好的降黏效果，一定程度上提高原油采收率。通过提高注入压力，$CO_2$ 膨胀原油体积和降低原油黏度的能力增强，有利于提高原油采收率（图 1-3-7）。

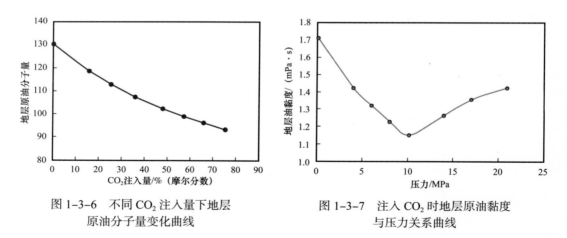

图 1-3-6　不同 $CO_2$ 注入量下地层　　　　图 1-3-7　注入 $CO_2$ 时地层原油黏度
　　　　原油分子量变化曲线　　　　　　　　　　与压力关系曲线

与水驱相比，$CO_2$ 驱驱油效率更高，可大幅度提高采收率，$CO_2$ 驱驱油效率较水驱提高 20% 左右，如图 1-3-8 和图 1-3-9 所示。

2）$CO_2$ 驱油混相条件的确定

常用的测量 $CO_2$ 与原油混相压力的方法有细管模型驱替法、气泡上升法和界面张力消失法。利用细管模型驱替法、气泡上升法和界面张力消失法三种方法相结合，确定了试验区 $CO_2$ 驱油的最小混相压力（图 1-3-10 至图 1-3-12），低于原始地层压力但高于 2018 年地层压力，见表 1-3-1。

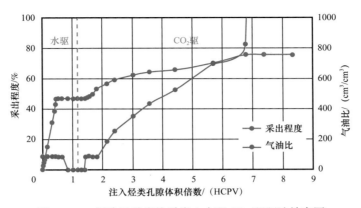

图 1-3-8　低渗透砂岩均质岩心水驱 CO₂ 驱驱油效率图

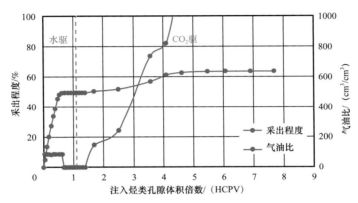

图 1-3-9　低渗透砂岩裂缝岩心水驱 CO₂ 驱驱油效率图

表 1-3-1　试验区混相压力评价

| 试验区 | 温度 /℃ | 最小混相压力 /MPa | 地层压力 /MPa | | 目前压力驱油效率 /% | 目前压力驱替类型 | 促混建议 |
| --- | --- | --- | --- | --- | --- | --- | --- |
| | | | 原始 | 目前 | | | |
| 黄3 | 84 | 16.1 | 21 | 15.5 | 88.5 | 近混相 | 小幅增压 |

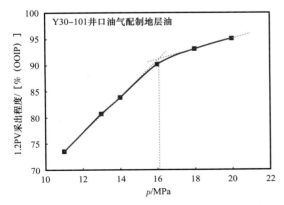

图 1-3-10　细管模型驱替法测试最小混相压力

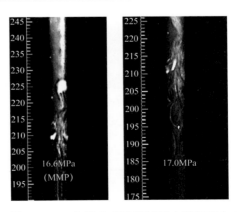

图 1-3-11　气泡上升法测试最小混相压力

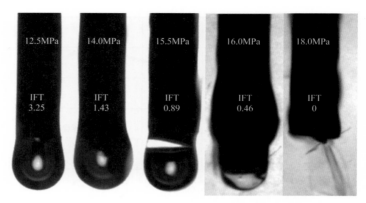

图 1-3-12　界面张力（IFT）消失法测试最小混相压力

### 2. 流体—岩石相互作用及对储层物性影响规律研究

#### 1）实验条件

室内采用纯度为 99.95% $CO_2$ 气体、矿场取地层水样和配制的模拟地层水、电导率范围为 0.1～10μS 的去离子水、姬塬油田黄 3 长 8 天然岩心开展注采流体与岩石配伍性实验研究。

#### 2）沉淀反应过程

根据沉淀发现化学反应过程，随着地层水中 $CO_2$ 量增大，沉淀量先增大，后降低至无沉淀。当 $CO_2$ 处于过饱和状态时，其与水中的二价阳离子不会形成沉淀。将生成的沉淀过滤、干燥处理、压片，然后进行 X 光电子能谱仪（XPS）测定（图 1-3-13）。根据地层水测定的离子成分以及 $CO_2$ 溶入地层水中生产碳酸根离子和碳酸氢根离子电离反应，可以得出生产的沉淀主要为 $CaCO_3$、$BaCO_3$、$SrCO_3$ 和 $MgCO_3$ 等（表 1-3-2）。

（a）100μm尺度图像

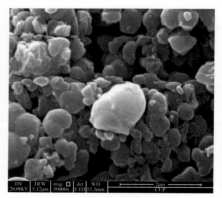

（b）2μm尺度图像

图 1-3-13　$CO_2$—地层水作用生成沉淀物在电子显微镜下图像

表 1-3-2　$CO_2$ 与地层水生成沉淀物元素组成

| 元素 | Ba | Sr | Ca | Mg | C | O |
|---|---|---|---|---|---|---|
| 摩尔分数 /% | 0.32 | 2.46 | 4.74 | 0.43 | 47.92 | 44.13 |

3）无机沉淀现象

（1）压力与温度变化对地层水自身生成沉淀影响分析。

为排除地层水自身由于压力与温度变化生成沉淀的影响，将过滤后的地层水倒入反应容器中，升高温度到80℃，升高压力到20MPa，保持温度和压力24h，然后通过可视窗口观察，没有观察到沉淀。降低温度和压力到室温和大气压，放置48h，观察地层水没有生产沉淀。

（2）压力与温度变化对$CO_2$—地层水体系生成沉淀影响分析。

在实验过程中观察反应容器中液体中的沉淀情况，地层水注入反应容器后增压升温，压力、温度稳定后观察没有看到沉淀，如图1-3-14（a）所示。注入$CO_2$气体，使$CO_2$压力增加到20MPa，反应12天后观察，没有看到沉淀物产生，如图1-3-14（b）所示。压力降低到10MPa，2天后观察到有沉淀生成，如图1-3-14（c）所示。压力降低到大气压时有更多的沉淀物产生，如图1-3-14（d）所示。

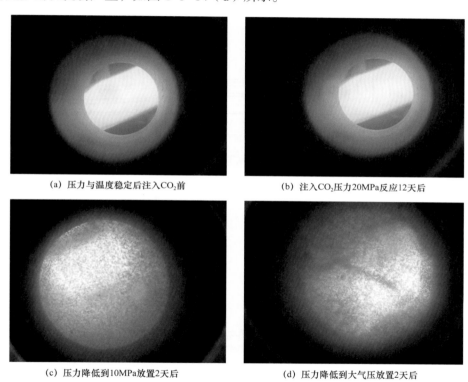

(a) 压力与温度稳定后注入$CO_2$前      (b) 注入$CO_2$压力20MPa反应12天后

(c) 压力降低到10MPa放置2天后      (d) 压力降低到大气压放置2天后

图1-3-14 压力与温度变化对$CO_2$—地层水体系生成沉淀反应容器可视观察图

注入$CO_2$后，增加$CO_2$压力，增加$CO_2$在地层水中的溶解，反应后仍然没有沉淀生成。在降压过程中观察到有沉淀生成，随着压力的继续降低，沉淀量增加。

（3）不同压力下$CO_2$—地层水体系pH值变化。

针对实验现象，利用高压pH值测试装置，测量恒温条件下压力变化过程中$CO_2$—地层水体系pH值的变化。

从图 1-3-15 至图 1-3-18 可以看出，温度为 50℃ 条件下，通入 $CO_2$ 后随着压力的升高，$CO_2$—地层水溶液的 pH 值呈下降趋势。当压力在 0.2～3.5MPa 之间时，溶液 pH 值在 3.5～4.1 之间波动。这主要由于压力增加，$CO_2$ 在水中的溶解度增大，使得水中溶解的 $CO_2$ 量增大，更多的 $CO_2$ 与水结合形成碳酸，从而导致溶液 pH 值随压力增加而降低。在实验过程中，未发现溶液中有 $CaCO_3$ 沉淀生成。这主要是由于 $CO_2$ 加入地层水中后，$CO_2$ 与水反应形成 $H_2CO_3$，溶液呈酸性，在酸性条件下 $CO_2$ 在水中主要以 $HCO_3^-$ 和 $H_2CO_3$ 形式存在。因此，表明在 $CO_2$ 驱油过程，$CO_2$ 在地层水中溶解后，不会与地层水中成垢离子形成沉淀而降低油藏渗透率。

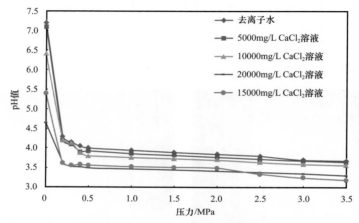

图 1-3-15　不同浓度的 $CaCl_2$ 溶液 pH 值与压力关系图

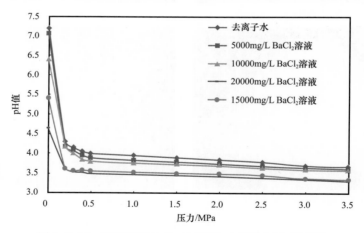

图 1-3-16　不同浓度的 $BaCl_2$ 溶液 pH 值与压力关系图

4）压力对无机沉淀量影响及定量表征

$CO_2$ 在地层水中的溶解量受压力的影响，随压力增加溶解量增加，随压力降低溶解量降低，地层水中溶解量的增加和减少，造成地层水中沉淀物的生成。通过研究明确了在温度恒定条件下，一定矿化度的地层水在不同压力变化下所生成的沉淀物的量，建立压力变化与沉淀量的数学关系。

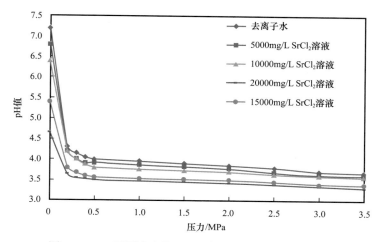

图 1-3-17 不同浓度的 $SrCl_2$ 溶液 pH 值与压力关系图

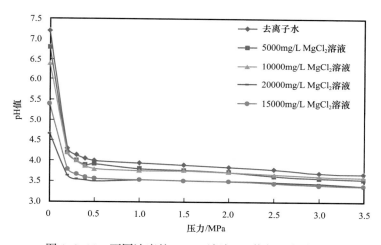

图 1-3-18 不同浓度的 $MgCl_2$ 溶液 pH 值与压力关系图

由前面研究可以知道沉淀物主要有 $CaCO_3$、$BaCO_3$、$SrCO_3$ 和 $MgCO_3$，因此通过测试不同压力下 $Ca^{2+}$、$Ba^{2+}$、$Sr^{2+}$ 和 $Mg^{2+}$ 在地层水中的含量变化就能够分别计算出 $CaCO_3$，$BaCO_3$，$SrCO_3$ 和 $MgCO_3$ 的沉淀量。本实验设计了巧妙的差值法来确定不同压力下 $Ca^{2+}$、$Ba^{2+}$、$Sr^{2+}$ 和 $Mg^{2+}$ 在地层水中浓度的变化量。在升压和降压过程中的不同压力下，保持反应容器内压力不变取出部分反应液，利用盐酸对取出样品进行滴定，然后，测出取出反应液中 $Ca^{2+}$、$Ba^{2+}$、$Sr^{2+}$ 和 $Mg^{2+}$ 的浓度，然后用初始地层水中 $Ca^{2+}$、$Ba^{2+}$、$Sr^{2+}$ 和 $Mg^{2+}$ 的浓度减去测出的离子浓度，得到由于沉淀而减少的离子浓度，从而计算出 $CaCO_3$、$BaCO_3$、$SrCO_3$ 和 $MgCO_3$ 的沉淀量。

利用电感耦合等离子体发射光谱分析测定每次取出的液体和初始地层水的 $Ca^{2+}$、$Sr^{2+}$、$Ba^{2+}$ 和 $Mg^{2+}$ 的浓度，利用初始地层水的 $Ca^{2+}$、$Sr^{2+}$、$Ba^{2+}$ 和 $Mg^{2+}$ 的浓度减去每次取出液体的 $Ca^{2+}$、$Sr^{2+}$、$Ba^{2+}$ 和 $Mg^{2+}$ 的浓度，得到不同温度与压力条件下地层水的 $Ca^{2+}$、$Sr^{2+}$、$Ba^{2+}$ 和 $Mg^{2+}$ 的浓度的变化量，再根据沉淀物的分子量计算出 $CaCO_3$、$SrCO_3$、$BaCO_3$ 和

$MgCO_3$ 沉淀的质量。

（1）压力对 $CO_2$ 与地层水反应生成 $CaCO_3$ 沉淀量的影响。

图 1-3-19 所示为恒温下，地层水中注入 $CO_2$ 过程中 $CaCO_3$ 沉淀量与 $CO_2$—地层水体系压力关系图，$CO_2$ 压力升高过程中取出样品的钙离子浓度变化不大，由此算出 $CaCO_3$ 沉淀量很小；但在 $CO_2$ 压力降低过程中，取出样品的钙离子浓度变化较大，钙离子的浓度随 $CO_2$ 压力降低而降低，在 7MPa 后降低速度明显增加，由此算出 $CaCO_3$ 沉淀量很大。这是由于 $CO_2$ 压力增加过程中，$CO_2$ 在水中的溶解量增加，碳酸浓度增大进而电离出的 $HCO_3^-$ 和 $H^+$ 增加，抑制了 $HCO_3^-$ 的进一步电离，压力增加过程中 $HCO_3^-$ 不断增加，而 $CO_3^{2-}$ 几乎没有增加，因此没有沉淀生成。在 $CO_2$ 压力降低过程中，$CO_2$ 在水中的溶解度降低，$CO_2$ 从溶液中逸出，反应向负方向移动，$Ca(HCO_3)_2$ 分解形成 $CaCO_3$ 沉淀。$CO_2$ 压力降低到 10MPa 后，$CO_2$ 在水中的溶解量急剧减少，因此 $CaCO_3$ 沉淀量在 $CO_2$ 压力降低到 10MPa 之后迅速增加。

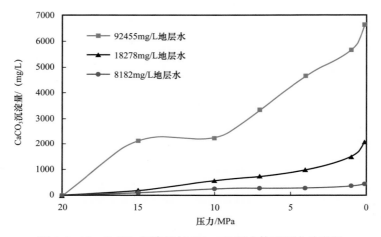

图 1-3-19　$CaCO_3$ 沉淀量与 $CO_2$—地层水体系压力关系图

（2）压力对 $CO_2$ 与地层水反应生成 $SrCO_3$ 沉淀量的影响。

图 1-3-20 为恒温下地层水中注入 $CO_2$ 过程中 $SrCO_3$ 沉淀量随压力变化历程，在 $CO_2$ 压力升高过程中取出样品的 $Sr^{2+}$ 浓度基本不变，说明在压力升高过程中没有生成 $SrCO_3$ 沉淀；但在 $CO_2$ 压力降低过程中，取出样品的 $Sr^{2+}$ 的浓度随 $CO_2$ 压力降低而降低，说明在降压过程中生成了 $SrCO_3$ 沉淀；在压力由 20MPa 降低到大气压过程中，$SrCO_3$ 沉淀量达到了 743mg/L。生成沉淀的变化规律和 $BaCO_3$ 的规律类似，锶和钙属于同一族元素，因此 $SrCO_3$ 和 $CaCO_3$ 具有相同的性质。在 $HCO_3^-$ 不断增加时，生成 $Sr(HCO_3)_2$，在溶液中 $CO_2$ 减少时，反应向左侧进行，$Sr(HCO_3)_2$ 分解形成 $SrCO_3$ 沉淀。

（3）压力对 $CO_2$ 与地层水反应生成 $BaCO_3$ 沉淀量的影响。

图 1-3-21 为恒温下，地层水中注入 $CO_2$ 过程中 $BaCO_3$ 沉淀量随压力变化历程。钡和锶属于同一族元素，$BaCO_3$ 和 $SrCO_3$ 的性质相似，在 $CO_2$ 压力升高过程中取出样品

的 Ba²⁺ 浓度不变，在 CO₂ 压力降低过程中，取出样品的 Ba²⁺ 浓度随 CO₂ 压力降低而降低，说明在升压过程中不生成 BaCO₃ 沉淀，在降压过程中产生 BaCO₃ 沉淀。由于地层水中 Ba²⁺ 的浓度低于 Sr²⁺ 的浓度，并且 SrCO₃ 在 25℃时的电离平衡常数 $K_{sp}$ 为 $1.6×10^{-9}$，BaCO₃ 在 25℃时的电离平衡常数 $K_{sp}$ 为 $8.1×10^{-9}$，大于 SrCO₃ 的电离平衡常数，因此相同压力变化下 BaCO₃ 的沉淀量低于 SrCO₃ 的沉淀量。

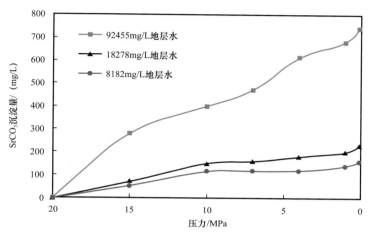

图 1-3-20　SrCO₃ 沉淀量随压力升高和降低变化图

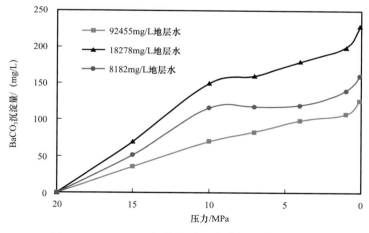

图 1-3-21　BaCO₃ 沉淀量随压力升高和降低变化图

（4）压力对 CO₂ 与地层水反应生成 MgCO₃ 沉淀量的影响。

图 1-3-22 为在恒定温度下，地层水中注入 CO₂ 过程中 MgCO₃ 沉淀量随压力变化历程。镁和钙属于同一族元素，MgCO₃ 和 CaCO₃ 的性质相似，在 CO₂ 压力升高过程中取出样品中的 Mg²⁺ 浓度不变，在 CO₂ 压力降低过程中，取出样品中的 Mg²⁺ 浓度随 CO₂ 压力降低而降低，说明在升压过程中不生成 MgCO₃ 沉淀，在降压过程中生产 MgCO₃ 沉淀。由于地层水 Mg²⁺ 的浓度低于 Ca²⁺ 的浓度，并且 CaCO₃ 在 25℃时的电离平衡常数 $K_{sp}$ 为 $0.87×10^{-8}$，MgCO₃ 在 25℃时的电离平衡常数 $K_{sp}$ 为 $6.8×10^{-6}$，远大于 CaCO₃ 的电离平衡

常数，因此相同压力变化下 $MgCO_3$ 的沉淀量低于 $CaCO_3$ 的沉淀量。

（5）压力对 $CO_2$ 与地层水反应生成总沉淀量的影响。

图 1-3-23 为压力对 $CO_2$ 与地层水反应生成总沉淀量的影响，由图可见，不同矿化度的地层水与 $CO_2$ 反应生成总的沉淀的量随压力上升而增大，这与单个组成沉淀随压力的变化规律一致。且在不同压力和矿化度下，总沉淀量约等于各沉淀量之和。

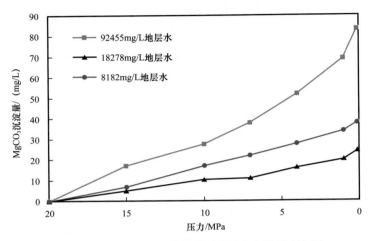

图 1-3-22　$MgCO_3$ 沉淀量随压力升高和降低变化图

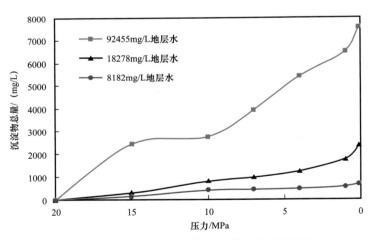

图 1-3-23　沉淀物总量随压力升高和降低变化图

根据实验数据选择合理的函数类型，拟合回归出压力与沉淀量的数学关系分别为：

矿化度为 92455mg/L 的地层水，压力与沉淀量的数学关系

$$y=-1.734x^3+57.2x^2-818.2x+7426 \qquad (R=0.956) \qquad (1-3-1)$$

矿化度为 18278mg/L 的地层水，压力与沉淀量的数学关系

$$y=-0.53x^2-20.55x+623.2 \qquad (R=0.926) \qquad (1-3-2)$$

矿化度为 8182mg/L 的地层水，压力与沉淀量的数学关系

$$y = 4.47x^2 - 193.5x + 2136 \qquad (R = 0.964) \qquad (1-3-3)$$

式中　$y$——沉淀物总量，mg/L；

　　　$x$——地层压力，MPa。

　　5）温度对无机沉淀量影响及定量表征

　　温度对$CO_2$与地层水反应生成无机盐沉淀物的影响，$CO_2$在地层水中的溶解量受温度的影响，随温度升高溶解量降低，地层水中溶解量的增加和减少，导致地层水中沉淀物的生成，同时各沉淀在水中的溶解度随温度上升而降低，因此温度升高有利于沉淀的析出。

　　图1-3-24至图1-3-28分别为碳酸钙、碳酸锶、碳酸钡和碳酸镁以及总沉淀的量随温度的变化。这4种沉淀的量随着温度变化的规律基本一致，都是随温度的升高沉淀量增大，相应的总沉淀的量也增大。

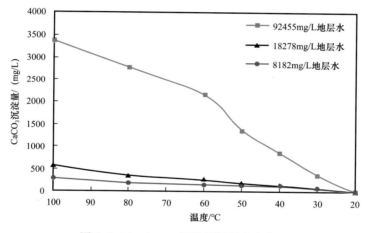

图1-3-24　$CaCO_3$沉淀量随温度变化图

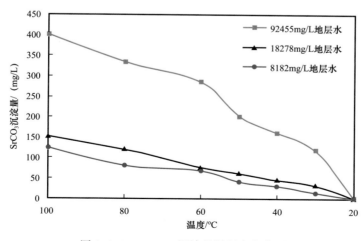

图1-3-25　$SrCO_3$沉淀量随温度变化图

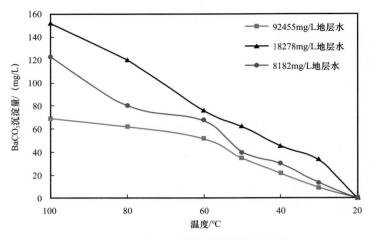

图 1-3-26  $BaCO_3$ 沉淀量随温度变化图

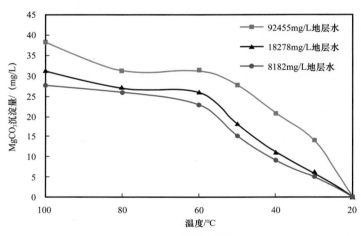

图 1-3-27  $MgCO_3$ 沉淀量随温度变化图

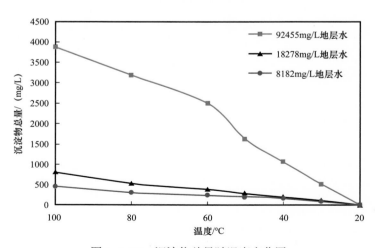

图 1-3-28  沉淀物总量随温度变化图

根据实验数据选择合理的函数类型，拟合回归出温度、矿化度与沉淀量的关系分别为：

矿化度为 92455mg/L 的地层水温度与沉淀量的数学关系

$$y = 503.9\exp(0.021x)\qquad(1-3-4)$$

矿化度为 18278mg/L 的地层水温度与沉淀量的数学关系

$$y = 9.63x - 194.3\qquad(1-3-5)$$

矿化度为 8182mg/L 的地层水温度与沉淀量的数学关系

$$y = 5.152x - 76.9\qquad(1-3-6)$$

式中　$y$——沉淀物总量，mg/L；

　　　$x$——地层温度，℃。

6）溶蚀作用及其对储层物性影响

（1）溶蚀反应过程。

根据溶蚀反应的化学方程式，随着地层水中 $CO_2$ 量增大（酸性增大），溶蚀反应增强。岩石矿物中，参与 $CO_2$ 溶蚀反应的物质包括方解石、白云石和长石。一方面，$CO_2$ 溶于地层水形成的酸性流体会溶蚀岩石中的胶结物，进而提高储层的渗透率；另一方面，由于地层水中成垢离子的不断增加，在储层压力和温度等条件发生变化时生成次生矿物，堵塞孔隙使储层渗透率降低。

$$CO_2 + H_2O + CaCO_3 \longrightarrow Ca^{2+} + 2HCO_3^-\quad（方解石、白云石溶解过程）\qquad(1-3-7)$$

$$CaAl_2Si_2O_8 + H_2CO_3 + H_2O \longrightarrow CaCO_3 + Al_2Si_2O_5(OH)_4\quad（长石溶解过程）\qquad(1-3-8)$$

（2）$CO_2$ 在地层水中溶解度测试。

首先从 $CO_2$ 在地层水中的溶解角度分析，在不同温度和压力下，$CO_2$ 在水中的溶解度是不同的。因此，在不同温度和压力下，$CO_2$ 在地层水中的溶解量是不同的，随压力增加，$CO_2$ 在地层水的溶解量增加，如图 1-3-29 所示；随温度增加，$CO_2$ 在地层水的溶解量减小，如图 1-3-30 所示。

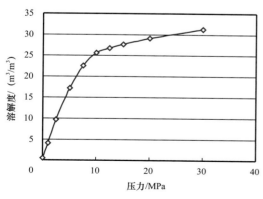

图 1-3-29　50℃时压力对 $CO_2$ 在水中
的溶解度的影响

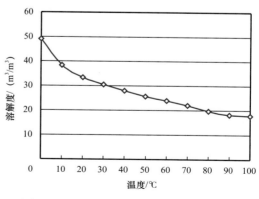

图 1-3-30　10MPa 下温度对 $CO_2$ 在水中
的溶解度的影响

（3）溶蚀作用对储层物性影响及内因分析。

① 溶蚀反应前后对储层物性的影响。为了避免无机沉淀和沥青质沉积对储层物性的影响，实验过程用水为去离子水，岩心为特低渗透油藏长 6 岩心，对比 $CO_2$ 驱替去离子水前后岩心的物性变化情况。

随压力升高，岩心渗透率和孔隙度增加，岩石干重降低，如图 1-3-31 所示；随温度升高，溶蚀作用加强，溶蚀量增多，如图 1-3-32 所示。

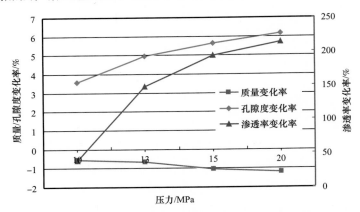

图 1-3-31　杏北区块长 6 储层物性随压力变化情况

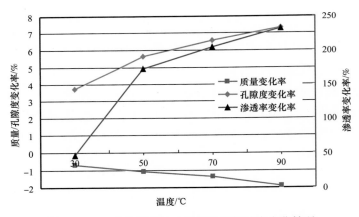

图 1-3-32　杏北区块长 6 储层物性随温度变化情况

② 溶蚀反应对孔隙结构的影响。

为研究 $CO_2$ 驱过程中地层水—$CO_2$ 作用生成沉淀对孔隙结构的影响，分别对驱替前后的岩心进行核磁共振测量。实验采用的 $CO_2$ 气体浓度为 99.95%，地层水为长庆油田超低渗透油藏典型区块的地层水，原油样品长庆油田超低渗透油藏典型区块的原油，实验采用超低渗透油藏典型区块天然岩心。

定义核磁共振横向弛豫时间小于 5ms 对应小孔隙、5～50ms 对应中孔隙、大于 50ms 对应大孔隙，相应的孔喉半径分类为小于 2.1μm、2.1～21.5μm 和大于 21.5μm。

图 1-3-33 和图 1-3-34 为 10MPa 压力条件下，$CO_2$ 驱替前后岩心的核磁共振图谱及

其差值，从图谱可以看出，实验前岩心的孔隙半径小于 2.1μm 的占主要部分，岩心孔隙主要为小孔隙，这也是油藏渗透率低的原因。从图 1-3-33 和图 1-3-34 中还可以看出，岩心孔隙分布的范围延伸到 200μm 处。这也是长庆油田岩石孔隙结构不同于大庆油田的地方，大庆油田低渗透油藏岩石孔隙半径分布的范围比较小，没有大孔隙的存在，长庆油田低渗透油藏由于有少量大孔隙的存在，通过大孔隙带动小孔隙，长庆油田低渗透油藏开发效果要好于大庆油田低渗透油藏。

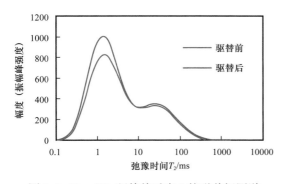

图 1-3-33　CO₂ 驱替前后岩心核磁共振图谱
（压力 10MPa）

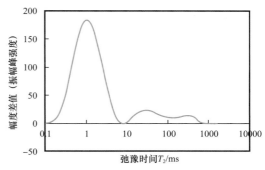

图 1-3-34　CO₂ 驱替前后岩心核磁共振图谱差值
（压力 10MPa）

　　图 1-3-35 至图 1-3-40 是不同压力下 CO₂ 驱替前后岩心的核磁共振图谱，每个压力下 CO₂ 驱替前后孔隙半径分布的变化趋势基本相同，对比 CO₂ 驱替前后发现小孔隙和大孔隙的分布概率增加，中孔隙分布概率降低。超低渗透油藏中渗透率主要是由大孔隙贡献。这和前面研究的 CO₂ 驱替后，岩心渗透率增加的结论是一致的。小孔隙分布概率增大：一方面，由于岩心中的矿物和 CO₂ 反应会产生次生的微小孔隙；另一方面，由于反应过程中溶蚀导致岩石及黏土颗粒分散运移导致中孔隙转变成小孔隙。大孔隙分布概率增加：一方面由于 CO₂ 与岩石反应溶蚀岩石增加了大孔隙半径；另一方面，中孔隙由于溶蚀作用半径变大，转变为大孔隙。中孔隙分布概率减小：一方面因为岩石原有的中孔隙发生溶蚀的转变成了大孔隙；另一方面，有被颗粒堵塞转变成了小孔隙。

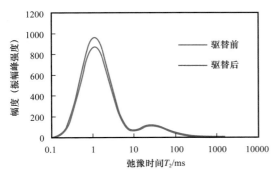
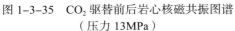

图 1-3-35　CO₂ 驱替前后岩心核磁共振图谱
（压力 13MPa）

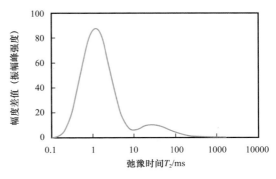

图 1-3-36　CO₂ 驱替前后岩心核磁共振图谱差值
（压力 13MPa）

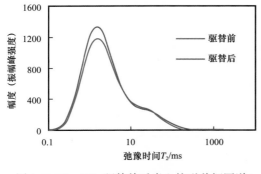

图 1-3-37　$CO_2$ 驱替前后岩心核磁共振图谱
（压力 15MPa）

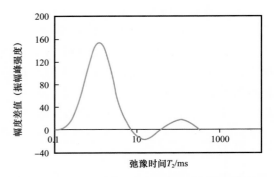

图 1-3-38　$CO_2$ 驱替前后岩心核磁共振图谱差值
（压力 15MPa）

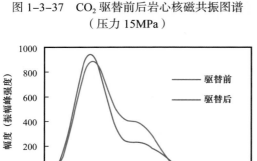

图 1-3-39　$CO_2$ 驱替前后岩心核磁共振图谱
（压力 20MPa）

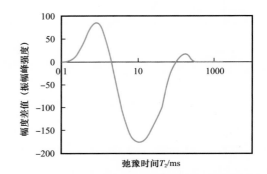

图 1-3-40　$CO_2$ 驱替前后岩心核磁共振图谱差值
（压力 20MPa）

大孔隙分布概率变化情况。从图 1-3-41 中可以看出随压力降增加小孔隙分布概率增加的幅度先降低后增加，中孔隙分布概率先增加后降低。而大孔隙随着压力降的增大而增大，接近线性增长。压力降小于 13MPa 时，大孔隙、中孔隙和小孔隙的孔隙体积均增大，说明压力在一定范围内增大时，$CO_2$ 对岩石的溶蚀整体比较弱，使各类孔隙都发生了轻微的溶蚀，反应程度较弱而不至于使孔隙有较大的转变。

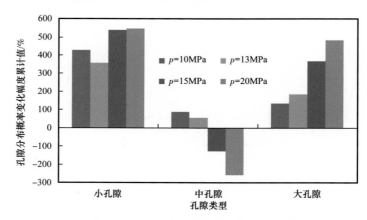

图 1-3-41　不同压力降下 $CO_2$ 驱替前后孔隙分布概率变化图（去离子水实验组）

但随着压力降进一步增大，小孔隙的孔隙体积增大，这是由于小孔隙的结构复杂且半径较小，比表面比较大。在 CO$_2$ 注入过程中，由于较大的毛细管力作用，导致小孔隙中进入的 CO$_2$ 气体量较少，影响 CO$_2$ 与岩石的反应。随着压力的增大，CO$_2$ 与岩石反应会产生一些次生小孔隙；相反对于大孔隙而言，进入的 CO$_2$ 的量较大，并且大孔隙的连通性好，相同注入压力下，大孔道中 CO$_2$ 气体流速较高，更易于 CO$_2$ 的及时补充和更新，并且在反应过程中由于反应溶蚀下来的小颗粒在大孔隙中更容易运移；而对于中孔隙，反应程度界于大孔隙和小孔隙之间，由于孔喉结构的复杂程度不同，最终中孔隙向两端分化的趋势不同。若中孔隙与较多的半径更小的喉道相连接，则反应过程中溶蚀下来的小颗粒无法较好地运移出，就会堵塞孔隙，使反应前的中孔隙转变为小孔隙；而若中孔隙与大孔隙相连接，则反应过程中溶蚀下来的小颗粒能够较好地运移出，就会使反应前的中孔隙转变为大孔隙。

图 1-3-42 是去离子水实验组不同温度变化下 CO$_2$ 驱替前后小孔隙、中孔隙和大孔隙分布概率变化情况。可以看出，随着温度升高，小孔隙分布概率增加的幅度没有明显的规律，这是由于小孔隙结构比较复杂，影响 CO$_2$ 与岩石作用的因素也比较复杂，但总体是温度升高，小孔隙分布概率增大。大孔隙分布概率增加的幅度随温度升高增加越来越大，这是由于进入的 CO$_2$ 的量较大，并且大孔隙的连通性好，相同注入压力下，温度越高大孔道中 CO$_2$ 气体流速较高，更易于 CO$_2$ 的及时补充和更新，岩石溶蚀程度越大，大孔隙的孔隙体积占的比例越大。中孔隙分布概率降低的幅度随温度升高总体是变小的，这是由于 CO$_2$ 进入小孔隙中的量有限，即使温度升高也不易发生溶蚀使小孔隙转变为中孔隙，但由于溶蚀和堵塞作用导致中孔隙向两端转变，因此中孔隙的分布概率变小。

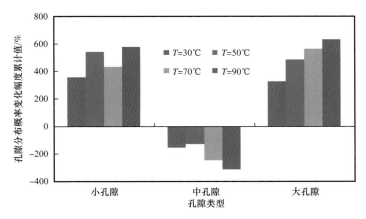

图 1-3-42　不同温度变化下 CO$_2$ 驱替前后孔隙分布概率变化图（去离子水实验组）

### 3. CO$_2$ 埋存能力评估

油藏中注 CO$_2$ 提高采收率同时进行 CO$_2$ 地质埋存。CO$_2$ 在油藏中封存的主要形式是溶解在剩余油相、溶解在水相和以游离状态被构造封存，微观上被毛细管压力束缚（表 1-3-3）。

表 1-3-3 油藏 $CO_2$ 埋存机理及主控因素

| 封存形式 | 封存机理 | 主控因素 |
|---|---|---|
| 构造封存 | 部分 $CO_2$ 进入微小孔道被永久封存 | 毛细管压力 |
| 溶解封存 | $CO_2$ 部分溶解于盐水和原油，增加其黏度、体积，同时也增加埋存量 | 盐水矿化度、原油和盐水组成、温度、压力 |
| 游离封存 | $CO_2$ 过饱和后，部分 $CO_2$ 游离存在 | 温度、压力、岩石压缩系数、盖层封闭性 |
| 矿物封存 | $CO_2$—地层水—岩石相互作用，最终以矿物的形式固结 | 矿物组成、反应时间、$CO_2$ 含量、温度、压力 |

1）$CO_2$ 在地层水和原油中溶解

黄 3 区地层温度为 84℃，在矿化度为 80g/L、压力为 20MPa 时 $CO_2$ 溶解度约为 24.7m³/m³；在矿化度为 25g/L、压力为 18MPa 时 $CO_2$ 溶解度约为 26.5m³/m³。

随着压力的升高，$CO_2$ 在油中溶解度增加。在地层温度 84℃，压力处于 20MPa 时，$CO_2$ 在地层原油中的溶解度在 200m³/m³ 左右，压力处于 16.6MPa 时，$CO_2$ 在地层原油中的溶解度在 134m³/m³ 左右，同等压力下是 $CO_2$ 在水中溶解度的 6～7 倍（图 1-3-43 和图 1-3-44）。

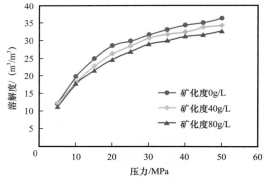

图 1-3-43 84℃下 $CO_2$ 在不同矿化度水中溶解度测定结果

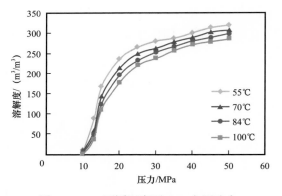

图 1-3-44 不同温度下 $CO_2$ 在原油中溶解度测定结果

2）孔隙尺度流体分布状态

基于微纳米 CT 在线扫描技术，开展岩心 $CO_2$—水驱的孔隙尺度流体表征实验工作，评价油、气、水的孔隙尺度分布规律，评价 $CO_2$ 埋存的微观机理。

某岩心渗透率 0.97mD，通过"饱和原油—水驱—$CO_2$ 驱—水驱"这样的水气交替组合的方式可以驱替出更多的原油，在微观尺度观察到波及孔隙空间更大，如图 1-3-45 所示。通过微米 CT 实验得到 $CO_2$ 驱替后的油、气、水三维空间体积占比，计算得到 $CO_2$ 自由态下的埋存率为 40%～50%。

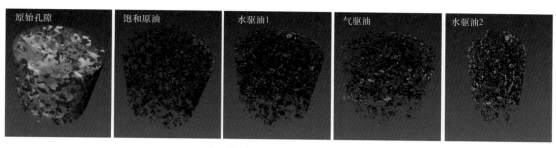

图 1-3-45 岩心孔隙尺度流体分布演变图（0.97mD）

蓝色为岩样孔隙，绿色为注入水，黄色为注入的 $CO_2$，红色为剩余油

3）$CO_2$ 矿物封存能力

储层岩石中一般含有的碎屑矿物主要有石英、长石（包括钾长石和斜长石）、部分方解石、铁白云石、少量黄铁矿和黏土矿物。这些矿物成岩共生序列为黄铁矿→斜长石次生加大→石英次生加大→钾长石次生加大→微晶石英和钠长石→黄铁矿包壳→方解石→白云石→铁白云石→伊利石。斜长石、钾长石、方解石和铁白云石是研究 $CO_2$ 流体敏感性的主要矿物类型；黏土矿物组成中主要有高岭石、伊利石、绿泥石和蒙皂石，在岩石矿物中含量虽少，却对储层和地层水性质产生较大影响。岩石中各种矿物的组成及固碳能力见表 1-3-4。

表 1-3-4 黄 3 区试验区矿物化学反应动力学参数

| 矿物名称 | | 含量（基于岩石骨架）/ % | 单位体积岩石含量 / % | 纯矿物固碳能力 / $10^{-3}t（CO_2）/m^3$ | 单位体积岩石固碳能力 / $10^{-3}t（CO_2）/m^3$ | 备注（化学式） |
|---|---|---|---|---|---|---|
| 石英 | | 32.9 | 35.4 | 0 | 0 | $SiO_2$ |
| 长石 | 斜长石 | 32.14 | 34.6 | 0 | 0 | $NaAlSi_3O_8$ |
| | 钾长石 | | | 0 | 0 | $KAlSi_3O_8$ |
| 岩屑 | | 23.96 | 25.8 | — | — | $Ca[Fe/Mg]（CO_3）_2$ |
| 黏土矿物 | 绿泥石 | 1.7 | 1.82 | 1218.33 | 22.17 | $[Fe/Mg]_5Al_2Si_3O_{10}（OH）_8$ |
| | 高岭石 | 3.2 | 3.44 | 0 | 0 | $Al_2（Si_2O_5）（OH）_4$ |
| | 水云母 | 0.4 | 0.43 | 78.81 | 0.338 | $KAl_2（AlSi_3O_{10}）（OH）_2$ |
| | 方解石 | 1 | 1.08 | 0 | 0 | $CaCO_3$ |
| | 铁方解 | 1.9 | 2.05 | 0 | 0 | $FeCa（CO_3）_2$ |
| | 白云石 | 2 | 2.16 | 0 | 0 | $CaMg（CO_3）_2$ |

4）不同影响因素对 $CO_2$ 埋存率的影响

通过储层岩心 $CO_2$ 驱油埋存率实验工作，初步认识到不同因素对 $CO_2$ 埋存率的影响。

（1）渗透率对埋存率的影响。

气体突破前，$CO_2$ 完全滞留；突破后滞留率快速下降，最终 $CO_2$ 滞留率为 50%～60%。高渗透率岩心容易过早突破导致滞留率降低，渗透率较低有利于滞留。

（2）混相与非混相对埋存率的影响。

混相驱较非混相驱驱替更均匀，气体更不容易突破，对应滞留率较高。

（3）不同驱替方式对埋存率的影响。

连续注气驱油相对注水后转注气驱油滞留率较高。

5）试验区 $CO_2$ 埋存潜力评价

在室内实验研究的基础上，利用工区井组模型，选择最优工作制度，利用数值模拟技术评价了黄 3 试验区 $CO_2$ 的埋存潜力。评价期驱油阶段为 30 年，埋存阶段为 20 年。

埋存期结束时，$CO_2$ 埋存在油藏中主要有 3 种分布形态，分别是游离气态、油中溶解态和水中溶解态。三者分布比例关系接近于 6：2：1，游离气态 $CO_2$ 主要分布在储层高部位。

根据机理模型的研究评价出黄 3 区油藏 $CO_2$ 驱油及埋存潜力见表 1-3-5。试验区埋存总量为 $120.95 \times 10^4 t$，埋存率为 0.658，埋存后采收率为 26.8%，在此基础上按埋存率估算黄 3 区长 8 油藏 $CO_2$ 潜力埋存量为 $1134.68 \times 10^4 t$。

**表 1-3-5 黄 3 区油藏 $CO_2$ 驱油及埋存潜力**

| 区块 / 油藏 | 埋存总量 / $10^4 t$ | 埋存率 | 采收率 / % | 游离态 $CO_2$/ $10^4 t$ | 油中溶解 $CO_2$/ $10^4 t$ | 水中溶解 $CO_2$/ $10^4 t$ |
|---|---|---|---|---|---|---|
| 试验区 | 120.95 | 0.658 | 0.268 | 82.157 | 25.866 | 12.933 |
| 黄 3 区长 8 油藏 | 1134.68 | 0.658 | 0.268 | 770.676 | 242.595 | 121.411 |

## 二、$CO_2$ 驱地质建模

长庆油田超低渗透油藏微裂缝发育，准确描述裂缝特征和建立三维模型可实现对裂缝系统从几何形态到渗流行为的有效描述。

### 1. 裂缝发育及分布特征

铜川市漆水河（金锁关）剖面、崇信县汭水河剖面、灵武市石沟驿剖面 3 个露头点观测发现：长 8 层宏观裂缝延伸距离长，裂缝面平直，可见雁列、尾折等特征，裂缝分布范围广、常见呈组系分布，总体表现为区域构造剪切裂缝特征；长 8 层在地面皆没有大型裂缝出现，但是存在很多垂直理构造，可看作小裂缝，还有一些交错层理构造。

姬塬油田长 8 层岩心未观察到大且特别明显的裂缝的发育，存在很多发育的微裂缝，见表 1-3-6。天然构造裂缝以垂直缝和高角度缝为主，倾角多分布在 75°～90° 之间，延伸距离长，裂缝面平直，常见组系分布，主要为剪裂缝。

姬塬油田长 8 层裂缝走向存在 4 个优势方向，即 NE70°、NW307°、NE56° 和 NW348°，两两共轭，形成于两个不同的构造时期。NE70° 和 NW307° 走向的裂缝形成于燕山期，NE56° 和 NW348° 走向的裂缝形成于喜马拉雅期，如图 1-3-46 所示。

表 1-3-6　黄 3 区部分取心井岩心观察裂缝描述

| 井号 | 深度 /m | 岩性 | 裂缝规模 | 产状 | 充填物 | 含油性 |
|---|---|---|---|---|---|---|
| H**1 | 2872.78～2883.52 | 细砂岩 | 长 50cm，宽 2～3mm | 垂直裂缝 | 方解石 | 含油 |
| Y**-1 | 2554.28～2556.05 | 细砂岩 | 长 10cm 左右，宽约 0.5mm | 低角度 | 碳质 | 含油 |
| Y**-2 | 2585.88～2589.19 | 泥岩粉砂岩 | 长度 10cm，宽 5mm | 垂直裂缝 | 泥质 | 上下细砂岩井段含油 |

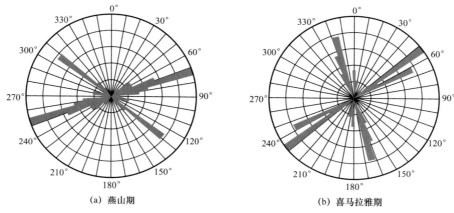

(a) 燕山期　　　　　　(b) 喜马拉雅期

图 1-3-46　裂缝走向玫瑰花图

　　薄片分析表明微观裂缝类型多样，包括层间缝、穿粒缝和粒内缝等，沉积作用或成岩作用形成，以张裂缝为主。粒间孔与裂缝沟通，裂缝被溶蚀以及充填，充填物为泥质、方解石或砂质，裂缝切割的粉砂岩、细砂岩中普遍含油，或被切割的泥岩上下临近的细砂岩中含油，以未充填—半充填为主。

　　微裂缝对储层孔隙度贡献不大，但对渗透率影响较大。在同一小层内，微裂缝发育的井段比微裂缝不发育的井段的渗透率高得多，高达 2.13～16.34 倍；而孔隙度增大不明显，高 1.02～2.71 倍，见表 1-3-7。

表 1-3-7　黄 3 区长 8 油层组裂缝发育段物性统计表

| 井号 | 层段 | 孔隙度 | | | | 渗透率 | | | |
|---|---|---|---|---|---|---|---|---|---|
| | | 全层段 /% | 裂缝段 /% | 非裂缝段 /% | 增大倍数 | 全层段 /mD | 裂缝段 /mD | 非裂缝段 /mD | 增大倍数 |
| Y**-1 | 长 8₁ | 9.87 | 15.32 | 9.0 | 1.7 | 1.47 | 6.97 | 0.59 | 11.81 |
| Y**-2 | 长 8₂ | 14.03 | 14.96 | 13.8 | 1.08 | 1.26 | 2.19 | 1.03 | 2.13 |
| Y**-3 | 长 8₂ | 12.97 | 15.93 | 12.97 | 1.23 | 1.67 | 5.53 | 0.84 | 6.6 |
| Y**-4 | 长 8₂ | 11.9 | 13.61 | 11.35 | 1.2 | 1.46 | 4.16 | 0.59 | 7.06 |
| Y**-5 | 长 8₂ | 12.08 | 13.95 | 11.45 | 1.22 | 2.71 | 9.05 | 0.55 | 16.34 |

### 2. 建立离散裂缝模型（DFN）

**1）测井裂缝密度曲线生成**

裂缝密度（又称裂缝强度）是描述裂缝发育程度最重要的参数，也是产生中小尺度裂缝网络的关键数据。通常密度大的地方，裂缝发育程度高，形成良好的储层，而裂缝密度低的地方往往形成致密储层。

裂缝密度曲线一般来源于成像测井裂缝解释的成果数据。在缺少成像测井资料的情况下，岩心和测井解释资料表明，黄 3 区长 8 层因高角度裂缝的存在，会引起深浅双侧向电阻率测井值降低，同时两条曲线会产生幅度差，可根据深浅侧向电阻率的差异计算每个井点处的裂缝孔隙度。裂缝越发育，计算的裂缝孔隙度值越高，在一定程度上，裂缝孔隙度与裂缝发育强度（裂缝密度）关系密切。通过式（1-3-9）计算出裂缝密度曲线：

$$I = 1.619\phi_f + 0.3061 \qquad (1-3-9)$$

式中　$I$——裂缝密度，条 /m；

　　　$\phi_f$——裂缝的孔隙度，%。

**2）裂缝属性分析**

通过收集整理研究区岩心观察测井裂缝数据，获取研究区域内的定性和定量裂缝参数（倾角、倾向、开度等），进而分析裂缝参数所服从的概率分布规律，并依据此概率分布规律采用随机建模的方法来表征天然裂缝在空间上的分布情况。

（1）裂缝方位。

描述裂缝空间方位的产状三要素为：倾向、倾角、走向。

基于裂缝发育特征及分析结果，将研究区天然裂缝倾向划分为体呈北东向和北西向，以北东向为主，裂缝以高角度斜交缝和垂直缝为主，水平缝和低角度斜交缝不发育。

（2）裂缝密度。

通过获取的裂缝密度曲线，进一步在应力场与距离模型协同约束下，建立离散裂缝密度模型，最终建立裂缝模型。断层附近裂缝较为发育，裂缝的方向与断裂方向一致或呈低角度，与主应力方向垂直。

（3）裂缝长度与开度。

裂缝开度是指裂缝面之间的距离，是裂缝孔隙度和渗透率的主要构成要素，可以从岩心或薄片上量取，但并不能反映地下裂缝的真实开启情况，只能作为地下裂缝开度的上限值，需要进行校正。

目前主要用岩心实测的裂缝开度或在岩心上所测量的裂缝充填脉宽度来代表宏观裂缝在地下的真实开度。由于地面所测裂缝开度要大于地下的真实开度，因此应对其进行校正。经验修正值 2/π，以实测裂缝开度乘以修正值 2/π 就得到裂缝地下的真实开度。通过裂缝建模，建立了黄 3 区离散裂缝模型，如图 1-3-47 所示。

**3）离散裂缝网络模型**

将中小尺度的裂缝模型粗化到统一的三维网格中，形成整体的离散裂缝网络系统，不同颜色代表不同的裂缝片，可以看出本区储层裂缝在三维空间中主要呈北西向展布。离散裂缝模型（DNF）中，每个裂缝片包含裂缝孔隙度、裂缝渗透率等属性信息，通过粗化方法，得到黄3区裂缝孔隙度和裂缝渗透率模型。沿断层裂缝发育，储层孔隙度和渗透率较高，裂缝密度为 2～9 条 /km²，储层孔隙度在 0.2%～1.3% 之间，渗透率在 0.01～50mD 之间。该模型为数值模拟提供了地质基础。

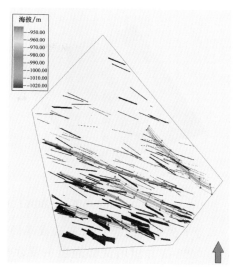

图 1-3-47 黄 3 区裂缝分布图

## 三、CO₂ 驱注采参数优化设计

对于超低渗透油藏而言，优势通道对 CO₂ 驱注采和措施效果影响很大，这要求充分掌握油田地质情况，确定优势通道的分布及发育程度，结合精细油藏数值模拟技术，形成超低渗透油藏 CO₂ 驱注采参数优化技术，为有效提升开发效果提供理论支撑。

### 1. 优势通道对驱油的影响

#### 1）建立菱形反九点注采单元机理模型

根据黄 3 区长 8 油藏物性资料和精细地质建模的成果，建立典型井组机理模型，用于注 CO₂ 驱油及地质埋存油藏工程研究。

2017 年 9 月，Y**-3 井组采出程度为 8.4%，平均地层压力为 13.5MPa。图 1-3-48 为机理模型的含水饱和度分布图，优势通道周围含水饱和度较高，其与示踪剂测试结果和生产动态一致。图 1-3-49 为历史拟合结束时储量分布图，由于高导流通道的存在，剩余油主要广泛分布于井间未波及区域。图 1-3-50 为该井组地层压力分布图，优势通道附近的相对压力较高。图 1-3-51 为该井组内优势通道的分布图，其主要分布于 Y**-2 井—Y**-4 井方向，与该区块主裂缝方向一致。

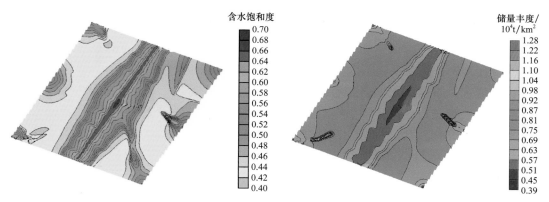

图 1-3-48 Y**-3 井组含水饱和度分布图（2017 年 9 月）　图 1-3-49 Y**-3 井组储量丰度（2017 年 9 月）

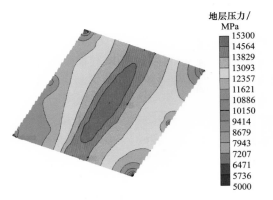

图 1-3-50　Y**-3 井组地层压力分布图（2017 年 9 月）　　图 1-3-51　Y**-3 井组内优势通道分布图

2）优势通道对 $CO_2$ 驱油效率的影响

Y**-3 井组内优势通道主要存在于 Y**-2 井—Y**-3 井—Y**-4 井连线附近，优势通道的存在影响了单元内水驱前缘的宏观形态。由于 $CO_2$ 的强流动性，优势通道的存在对于气驱的影响将更加明显。存在优势通道时，注入 $CO_2$ 为 0.5PV 时采收率为 25.1%，不存在优势通道时采收率为 32.6%，可见优势通道对于气驱开发的不利影响。如图 1-3-52 所示，当无优势通道时，驱替前缘首先向边井突进，其次为短对角线的角井，长对角线的角井容易形成滞留区。当存在优势通道时，注入气主要沿与 Y**-3 井连接的优势通道流动，形成类似于排状井网的驱替前缘，驱替前缘平行于优势通道延伸方向。此时优势通道能够延伸注入井在平面上的控制范围，这对于 $CO_2$ 驱替是有利的，但其需要建立在对优势通道分布及发育程度充分认识的基础之上，否则沿着优势通道注入气反而会加重气体窜逸。

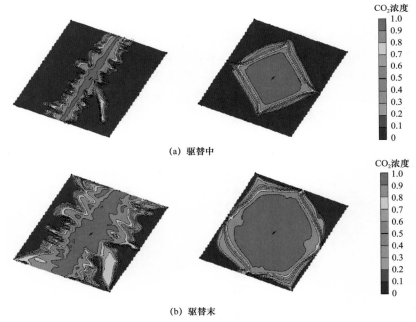

(a) 驱替中

(b) 驱替末

图 1-3-52　优势通道对 $CO_2$ 驱油前缘形态的影响

左右图分别为存在与不存在优势通道

模拟计算 CO₂ 连续注入且气窜后转注，注入量为 0.5PV，驱替末时优势通道会降低 CO₂ 在平面上与垂向上的波及与洗油效率。存在优势通道时原油采收率为 14.2%，不存在优势通道时采收率为 21.4%，优势通道使得 CO₂ 驱油效率下降了 51%。同时驱替过程中优势通道的存在使得生产气油比上升较快。

3）优势通道与注采井的匹配

优势通道的存在会加重气窜，但同时也提供了气体扩大波及的可能，对于 Y\*\*-3 井组而言，对于优势通道较发育的生产井（Y\*\*-2 井和 Y\*\*-4 井）实施气窜关井，后续注入气能够沿着裂缝流动，进而增大注入能力，井组内形成"排状井网"驱替模式，CO₂ 驱有效率仍然能够达到 25.1%，因此对于优势通道的利用对于改善驱替效果是可行。

建立优势通道和注采井匹配的方式主要有：

（1）优势通道生产井气窜后及时关井。

（2）优势通道生产井气窜后及时关井并转注（注水或注气）。

（3）根据优势通道分布特征调整井网，形成"近排状井网"注采模式，使得气驱前缘推进方向与优势通道延伸方向垂直。

2. CO₂ 驱注采参数优化

1）CO₂ 注入速度

选取 4 注 21 采连续注入且优势通道井气窜后关井，模拟计算注入速度为 1000～20000m³/d 时的 CO₂ 驱油效果。各方案注入量相同均为 0.5PV，故不同注入速度的注入时间不同，注入速度越小，生产时间越长。注入速度越大，采收率与换油率均越小，且埋存量和滞留系数均越大，说明注入速度较大，对于驱油是不利的，但有利于埋存，如图 1-3-53 至图 1-3-55 所示。鉴于驱替过程中地层压力需保持在 70% 左右，故最优注入速度应为 5000～10000m³/d，如图 1-3-56 所示。

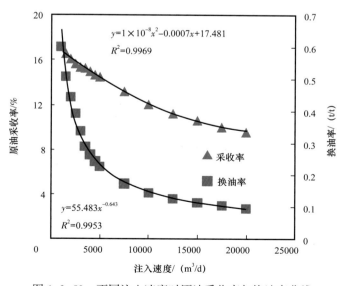

图 1-3-53　不同注入速度时原油采收率与换油率曲线

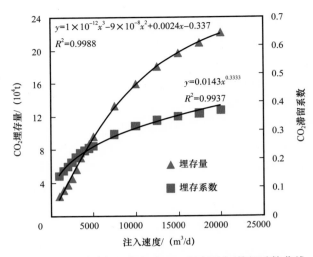

图 1-3-54　不同注入速度时 $CO_2$ 埋存量与滞留系数曲线

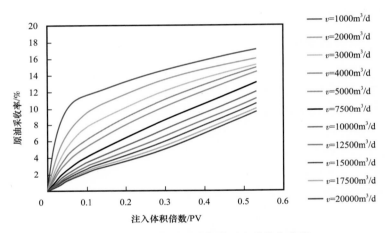

图 1-3-55　不同注入速度时原油采收率曲线

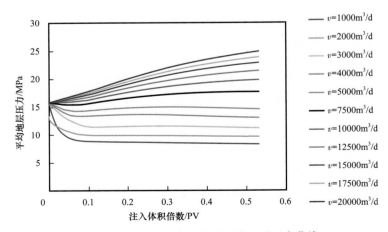

图 1-3-56　不同注入速度时平均地层压力曲线

2）生产井井底流压

模拟计算生产井井底流压（BHP）为5～13MPa时CO$_2$驱油效率。井底流压越高，产油量高峰越滞后，但产油量峰值越大，即提高井底流压降低了油藏流体流动能力。井底流压越高，气油比越低，即CO$_2$—原油混相性越好，如图1-3-57至图1-3-59所示。兼顾驱油与埋存效果时，井底流压宜取9MPa，此时生产压差为14MPa。

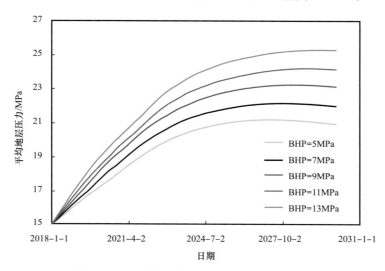

图1-3-57　不同井底流压时平均地层压力对比

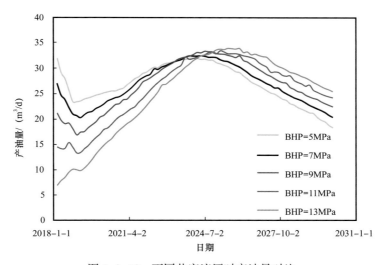

图1-3-58　不同井底流压时产油量对比

3）关井条件

模拟计算优势通道井气驱过程关井条件为：不关井、关井气油比（GOR）为500～4000m$^3$/m$^3$时CO$_2$驱油效果。计算结果表明优势通道井关井对于埋存效果是尤其重要的。不关井滞留系数仅为0.058，而关井后滞留系数为0.285（图1-3-60和图1-3-61），建议优势通道井关井气油比为2000m$^3$/m$^3$。

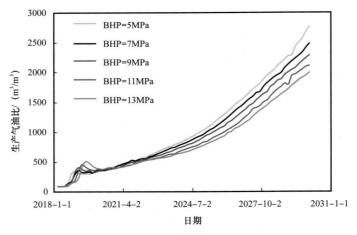

图 1-3-59　不同井底流压时生产气油比对比

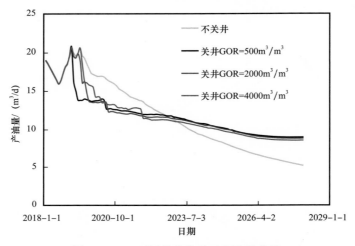

图 1-3-60　不同关井条件时产油量曲线

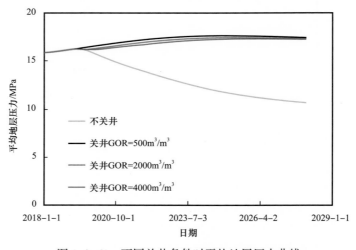

图 1-3-61　不同关井条件时平均地层压力曲线

4）注入量

采用优势渗流通道井在气窜后转注气的井网调整模式，原 4 注 21 采井网转换为 9 注 16 采（图 1-3-62），开展 $CO_2$ 驱注入量优化。

模拟计算注入量为 1PV～1.8PV 时 $CO_2$ 驱油效率，单井注入速度为 10t/d，生产井井底流压为 9MPa。注入 0.72PV 时，换油率达最大为 0.21；注入 0.53PV 时，产油量最大，单井平均产油 2m³/d。当注入量大于 0.53PV 时，产量开始递减，如图 1-3-63 和图 1-3-64 所示。考虑换油率最大，推荐最优注入量为 0.72PV。

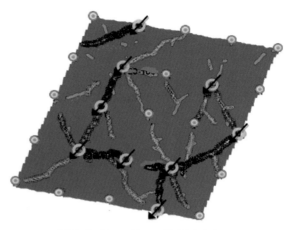

图 1-3-62  9 注 16 采井网示意图

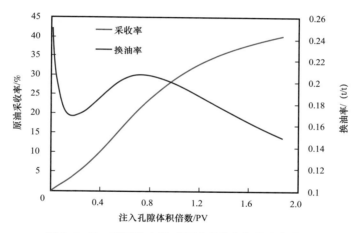

图 1-3-63  不同注入量时原油采收率与换油率曲线

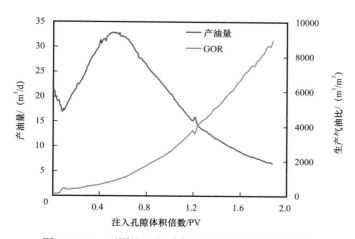

图 1-3-64  不同注入量时产油量与生产气油比曲线

### 3. $CO_2$ 驱扩大波及对策研究

#### 1）优势通道井气窜关井

采用 9 注 16 采井网评价优势通道井关井效果，模拟计算生产井不关井、仅优势通道井气窜关井、优势与次优势通道井关井和优势通道井转注且次优势通道井关井时的驱油和埋存效果。各方案注入总量为 0.5PV，注入速度均为 5000m³/d。

计算结果见表 1-3-8：优势通道井气窜后及时关井增加采收率约 5%；次优势通道井同时关井时采收率有所降低；优势通道井转注且次优势通道井关井时，采收率仅仅增加0.1%，说明气窜井关井和转注均不能大幅度扩大 $CO_2$ 波及，提高注气量、采收率以及换油率的能力有限。

**表 1-3-8 优势通道关井效果评价方案**

| 方案编号 | 关井条件 | 采收率 / % | 累计产油量 / $10^4$ t | $CO_2$ 注入量 / $10^4$ t | 换油率 / t/t | $CO_2$ 埋存量 / $10^4$ t | 滞留系数 |
|---|---|---|---|---|---|---|---|
| 1 | 优势通道井关井 | 14.18 | 4.51 | 20.84 | 0.217 | 14.78 | 0.360 |
| 2 | 优势与次优势通道井关井 | 13.39 | 4.26 | 22.23 | 0.192 | 19.91 | 0.455 |
| 3 | 优势通道井转注且次优势通道井关井 | 14.29 | 4.55 | 22.61 | 0.201 | 20.04 | 0.450 |

#### 2）注入井优势通道封堵

采用气窜后转排状井网进行注入井优势通道封堵效果评价，井网依次经历井网 I 和井网 II（图 1-3-65）。模拟注入井采取封堵措施时，措施有效距离为 30m 以内，措施引起优势通道渗透率下降的比例定义为封堵程度（$K/K_i$）（$K$—封堵后地层平均渗透率；$K_i$—封堵前裂缝的渗透率）。模拟计算 $K/K_i=0.04\sim1$ 时的 $CO_2$ 驱油效率，$K/K_i$ 越小则表示封堵程度越高，措施越有效。模型注入量均为 0.5PV，注入速度相同且为 5000m³/d。

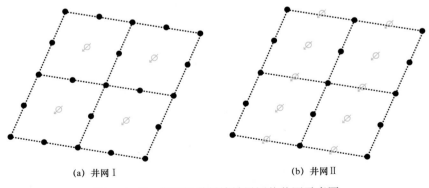

(a) 井网 I  (b) 井网 II

**图 1-3-65 优势通道封堵效果评价井网示意图**

计算结果如图 1-3-66 和图 1-3-67 所示，措施引起的优势通道渗透率降低越多，采收率和换油率、埋存量和滞留系数均满足幂函数下降；对于黄 3 区超低渗透率储层优势通道实施封堵，堵剂封堵性越强，$CO_2$ 驱效果越好。

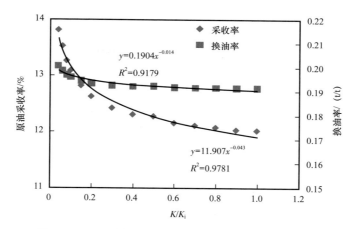

图 1-3-66　不同封堵程度 CO₂ 驱采收率与换油率曲线

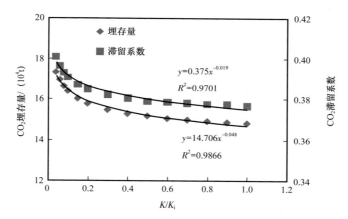

图 1-3-67　不同封堵程度 CO₂ 埋存量与滞留系数曲线

# 第二章 CO₂驱油注采工程技术

注采工程技术是 $CO_2$ 驱油与埋存的关键环节之一。国外北美地区油田多采用耐蚀合金钢管材防腐、气水交替及泡沫防气窜等注采工艺，但成本较高；国内大庆油田、江苏油田和吉林油田等也相继开展了矿场试验，多采用缓蚀剂防腐为主（李向良等，2013）气水交替及凝胶防气窜等注采工艺，但管理难度大、抗温耐盐差。与国内外已实施 $CO_2$ 驱的区块相比，长庆油田开展 $CO_2$ 驱存在储层微裂缝发育气窜风险大、地层水矿化度高（长庆油田 H3 区块平均 78g/L、吉林油田 H59 区块平均 15g/L、美国 Ward Estes 油田最高 80g/L）腐蚀结垢严重、油藏原始气液比高（70～120m³/t）气体影响严重、注入井关键工具及测试技术亟需攻关等重大技术瓶颈，因此缓解管材腐蚀、气体窜逸、提高举升效率、研发关键工具等配套的注采工程技术，成为该项技术在油田能否成功应用的关键环节。

## 第一节 注采工程中 CO₂驱油防腐防垢技术

早在 1940 年国外学者已经开始了 $CO_2$ 对油气井腐蚀问题的研究（Ikeda et al.，1984），1970 年以后，随着油藏开发技术的发展，$CO_2$ 驱提高采收率新兴技术得到了前所未有的发展及应用，但是随之而来的 $CO_2$ 腐蚀问题也越来越得到业内人士的重视，越来越多的研究人员参与到 $CO_2$ 腐蚀问题的研究工作，美国成立了专门的研究机构对 $CO_2$ 腐蚀机理进行研究，为以后 $CO_2$ 腐蚀防护措施研究提供了大量的理论基础（Yoon–Seok Choi，2013）。

长庆油田属典型的低渗透油藏，经过多年的注水开发，油水井贯通水窜和结垢腐蚀等问题均有呈现，实施 $CO_2$ 驱的姬塬油田地层水矿化度高、结垢严重的问题尤为突出，受结垢和侵蚀性 $CO_2$ 影响，井下管柱腐蚀程度加剧，给井筒完整性防护带来新的问题和挑战。

### 一、CO₂驱注采井腐蚀和结垢分析

美国 Mississipi 的 Little Greek 油田在进行 $CO_2$ 的 EOR 现场试验时发现，在未采取抑制 $CO_2$ 腐蚀措施时，生产井的管壁不到 5 个月即腐蚀穿孔，折算成腐蚀速率相当于 12.5mm/a；美国 Sacroc 油田进行 $CO_2$ 的 EOR 采油，井口虽采用了 AISI 410 不锈钢材料，但仍遭 $CO_2$ 严重腐蚀；类似的例子还包括 Nigeria 的 Okopok 油田，现场条件为 $CO_2$ 分压 $p_{CO_2}$ 小于 0.02MPa，温度为 58℃，设备腐蚀率为 3.3mm/a（吕祥鸿等，2008）。

$CO_2$ 驱油注采过程中由于温度和压力的不同，$CO_2$ 将处于不同状态，在临界温度 31.06℃以下根据压力分为固相、液相和气相，而在临界温度 31.06℃以上以及压力超过 7.39MPa 时为超临界状态，此状态为气相和液相达到平衡的混相状态。此时如果 $CO_2$ 气

体含有一定水分，则会均匀地分布，因此在含水 $CO_2$ 环境下管柱的运行将存在明显的腐蚀隐患。与此同时，温度和压力的变化，会使得水中成垢离子的平衡状态打破，溶解度下降从而析出沉淀。

### 1. 注入环境的腐蚀与结垢

$CO_2$ 驱注入工艺有液相注入和 $CO_2$ 超临界注入两种，国内主要采用液相注入方式（孟良，2013）。在排除气体的纯净度问题（含 $H_2S$）后，注入环节主要考虑的是低温环境管柱的性能变化以及低温管柱密封问题。

$CO_2$ 驱油注入环境为低温，井口温度范围为 –20～40℃，注入压力为 20MPa 左右，因此管柱在井口区域基本在低温条件下服役。油管柱材料主要为碳钢 N80/J55，国家相关标准规定碳钢管道使用温度下限为 –20℃，而国外 ASTM 标准的碳钢温度使用下限为 –25℃，因此在目前 $CO_2$ 驱注入温度范围内，管柱不会发生冷脆转变。

从注入气体方面考虑，注入纯 $CO_2$ 对材质基本没有腐蚀性，一般腐蚀速率小于 0.01mm/a。因此从管柱完整性考虑有必要保证气体的纯净度以及含水率，尽量避免腐蚀隐患（赵雪会等，2017）。

$CO_2$ 连续注入时，井筒和近井地带的地层均不太可能生成碳酸钙垢，但是，停注和返排时，可能有垢物返出至井筒。

### 2. 采出环境的腐蚀与结垢

$CO_2$ 驱采油井见气后 $CO_2$ 含量高，且部分区块含 $H_2S$ 等腐蚀气体，$CO_2$ 和 $H_2S$ 溶于地层水成为酸性介质，对高温高压井底油管柱造成较严重的腐蚀和损害，管柱穿孔和刺漏等现象层出不穷。

$CO_2$ 对油套管柱的腐蚀破坏，主要是内部腐蚀产物膜局部破坏的点蚀引发环状或台面的蚀坑或蚀孔。这种局部腐蚀由于阳极面积小，往往穿孔速度很高，尤其在 $CO_2$ 驱油过程中，$CO_2$ 含量及分压远远高于常规开采的油气井，管柱面临的腐蚀环境更为苛刻，而且从井底至井口，随着温度和压力降低，井筒内结垢趋势严重，疏松多孔的结垢产物会给基体腐蚀带来更多的渗透通道，加剧基体腐蚀。油套管柱的腐蚀和接头密封性两大问题对井筒的完整性影响越来越突出。

## 二、CO₂驱井筒腐蚀和结垢规律

长庆油田开采环境较为苛刻，井底温度一般为 80℃，井筒下部处于腐蚀敏感温度区间；地层压力为 20MPa 左右，在 $CO_2$ 高压环境下腐蚀问题更为严重。与此同时，试验区在注水开发过程中已表现出较为严重的结垢现象，$CO_2$ 的引入将带来更为复杂的井筒结垢问题。

### 1. 腐蚀规律

模拟长庆油田地层水环境（表 2-1-1），采用正交实验法，进行不同腐蚀因素（温度 40℃、60℃、80℃，$CO_2$ 分压 5MPa、10MPa、15MPa，流速 0m/s、0.2m/s、0.5m/s）下

J55 材料腐蚀速率测定试验。通过 9 次试验，进行极差分析，得出各腐蚀因素的主次权重排序为：温度＞$CO_2$ 分压＞流速。

表 2-1-1　地层水离子浓度

| 名称 | $BaCl_2$ | $Na_2SO_4$ | $NaHCO_3$ | $CaCl_2$ | NaCl |
|------|------|------|------|------|------|
| 浓度 /（mg/L） | 1976.4 | 167.56 | 157.92 | 848 | 23882 |

1）温度对油套管材料的腐蚀影响

试验条件：试验时间 168h，试验材料为 J55 和 N80 试片。试验压力：$p_{CO_2}=10MPa$，流速 $v=0.2m/s$，试验温度 $T=40℃$，$60℃$，$80℃$。

试验条件分为气相和液相，实验结束后从气、液两相试样中各取出一个作为腐蚀形貌观察、成分分析，其余三个用去膜液清除腐蚀产物后经自来水冲洗，放入 60g/L 的 NaOH 溶液浸泡 30s 进行中和处理，再用自来水冲洗，放入无水酒精脱水两次，冷风吹干，放入干燥箱干燥 24h 后称重，计算腐蚀速率。为修正酸液腐蚀带来的误差，在清洗腐蚀产物过程中，将空白试样按照上述过程进行处理，对数据进行修正。

不同温度下材料的平均腐蚀速率见表 2-1-2。可见在模拟地层水介质条件下，随着温度的升高，平均腐蚀速率呈先逐渐增大后减小趋势，在 80℃ 材料平均腐蚀速率达到最大值。

表 2-1-2　不同温度下材料的平均腐蚀速率

| 温度 /℃ | 平均腐蚀速率 /（mm/a） | | | |
|---------|------|------|------|------|
| | J55 | | N80 | |
| | 气相 | 液相 | 气相 | 液相 |
| 40 | 0.071 | 2.136 | 0.144 | 1.852 |
| 60 | 0.264 | 7.422 | 0.481 | 8.179 |
| 80 | 0.366 | 10.171 | 0.515 | 11.059 |
| 100 | 0.024 | 1.749 | 0.0316 | 2.107 |

2）$CO_2$ 分压对油套管材料的腐蚀影响

试验条件：试验时间 168h，试验材料为 J55 和 N80 试片。试验温度：$T=80℃$，流速 $v=0.2m/s$，试验压力 $p_{CO_2}=0MPa$、3MPa、5MPa、7MPa、10MPa。

图 2-1-1 为腐蚀速率变化直观图，可看到在相同腐蚀环境下，不论 J55 或 N80 钢，其在液相中的平均腐蚀速率均高于在气相中的平均腐蚀速率，N80 的腐蚀速率均相对低于 J55，但都在同一个数量级。随着 $CO_2$ 分压的增大，两种材料的腐蚀速率也是波折增大，当 $CO_2$ 分压在 0～5MPa 范围变化时，腐蚀速率随 $CO_2$ 分压的增大呈直线增大趋势。当 $CO_2$ 分压为 7MPa 时，腐蚀速率相对减小后又增大。由 $CO_2$ 相态变化条件知，当 $CO_2$ 分压为 7.39MPa、温度 31℃ 时为超临界状态，因此当试验条件为 7MPa、80℃ 时，试验系

统已经基本接近超临界状态，此时气相、液相和固相达到一个平衡相态，相比前面的试验条件，液相中的$CO_2$浓度溶解小一些，腐蚀相对有所减缓，因此推测腐蚀速率在7MPa时出现降低是受$CO_2$超临界态相态变化影响（赵雪会等，2019）。

3）流速对油套管材料的腐蚀影响

试验是在动态高温高压釜进行，试验时间168h，试验材料为J55和N80。试验参数：$p_{CO_2}=5MPa$，温度$T=80℃$。

静态和不同流速下两种材料腐蚀速率变化趋势如图2-1-2所示，可看出在实验环境下随着溶液流速的增大，材料的腐蚀速率呈逐渐增大趋势；静态条件下材料腐蚀速率相对较小。可见流体冲刷导致的材料表面腐蚀膜损伤会进一步造成材料的电化学损伤，说明流体流态对冲刷腐蚀具有十分重要的影响（郑玉贵等，2000）。

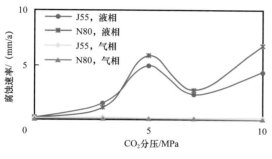

图2-1-1　不同$CO_2$分压下两种材料的腐蚀速率

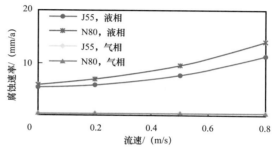

图2-1-2　不同流速下两种材料的腐蚀速率

4）含水率对油套管材料的腐蚀影响

试验条件：试验时间168h，试验材料为J55和N80，$p_{CO_2}=5MPa$，流速$v=0.2m/s$，温度$T=80℃$，含水率（质量分数）分别为10%、30%、50%和70%。

考虑到含水率不同时，试样接触的介质会有区别，试验时试样在高压釜中的放置保持在同一个高度，试样均可接触到原油和水溶液介质。不同含水率条件下材料的平均腐蚀速率如图2-1-3所示，在模拟地层水介质条件下，含水率低于30%，腐蚀速率变化不大，曲线平缓；当含水率超过30%后，材料的平均腐蚀速率直线上升。

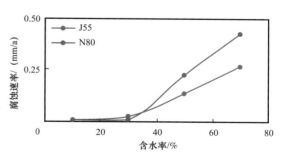

图2-1-3　不同含水率下两种材料的腐蚀速率

## 2. 结垢规律

油田井下环境中的结垢过程是一个非常复杂的过程，受热力学、结晶动力学和流体动力学等多种因素的影响。具体主要有温度、压力、pH值、流体流速、流体的性质、配伍性、成垢离子浓度等，一般结垢是以上多种因素共同作用的结果。

当存在高压$CO_2$时，钙镁离子与$CO_2$形成可溶性的碳酸氢盐，无碳酸盐垢生成。但是，在井筒快速泄压过程中，可溶性的碳酸氢盐可能会分解为碳酸盐垢。硫酸钡和硫酸锶溶度积极小，在 $CO_2$ 驱工艺环境下，超高压 $CO_2$ 是否会与钡离子和锶离子形成可溶的碳酸氢盐，需要结合实验与理论计算进行研究。

为了揭示矿物存在的条件下，$CO_2$—岩石—地层水体系的结垢规律，通过等离子体电感耦合发射光谱仪分析、SEM 电镜分析、液滴法接触角分析，XRD 分析等方法来重点考察 $CO_2$ 升压以及泄压过程对钙镁垢和钡锶垢的成垢影响。

升压过程，随压力的增大，岩心表面溶蚀程度增大，如图 2-1-4 所示。在压力为 5MPa 时，岩心表面只是出现很少的溶蚀现象，而当压力上升到 15MPa 时，岩心的表面出现明显的溶蚀现象，这主要由于 $CO_2$ 溶解度随压力而升高后，岩心中的不溶蚀性盐反向溶解为可溶的碳酸氢盐，从而使储层岩心的渗透率因溶蚀而发生变化。

 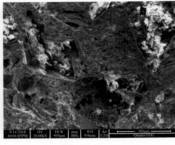 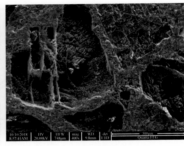

(a) 5MPa  (b) 10MPa  (c) 15MPa

图 2-1-4　80℃去离子水环境中反应完成后岩心切片表面微观形貌

降压过程，岩心表面有碳酸盐沉淀析出。这主要是由于 $CO_2$ 溶于溶液中时，岩心中的矿物首先被溶解，使溶液中的 $Ca^{2+}$、$Ba^{2+}$ 和 $Sr^{2+}$ 等离子浓度增加，这些离子在溶液中以碳酸氢盐的形式存在。当压力下降时，$CO_2$ 从溶液中逸出，$Ca^{2+}$ 浓度上升，$Ba^{2+}$ 和 $Sr^{2+}$ 浓度下降，见表 2-1-3。此时溶液中原先处于溶解状态的碳酸氢盐分解形成 $BaCO_3$、$SrCO_3$ 和 $CaCO_3$ 等次生矿物质垢，其中以 $BaCO_3$ 和 $SrCO_3$ 为主，$CaCO_3$ 较少。

表 2-1-3　驱替前后采出水离子浓度的变化表

| 水样编号 | 温度 /℃ | 回压 /MPa | 离子浓度 /（mg/L） | | |
| --- | --- | --- | --- | --- | --- |
| | | | 钙离子 | 钡离子 | 锶离子 |
| 空白 | — | — | 1637.6 | 4108 | 1135.6 |
| 水样 1 | 40 | 4 | 4208 | 1197.6 | 268.8 |
| 水样 2 | 40 | 8 | 5944 | 1059.6 | 1041.6 |
| 水样 3 | 60 | 4 | 3970 | 300.4 | 54 |
| 水样 4 | 60 | 8 | 3925.2 | 617.2 | 267.2 |
| 水样 5 | 80 | 8 | 3933.6 | 49.2 | 8.8 |
| 水样 6 | 80 | 8 | 3922.4 | 134 | 15.2 |

### 3.腐蚀与结垢的相互作用

通常情况下，腐蚀与结垢是相互作用、相互促进的。但是室内难以模拟结垢对腐蚀的影响，只能在腐蚀试片表面先形成垢，再开展腐蚀模拟试验，发现结垢产物膜会在一定程度上抑制腐蚀的加剧，对腐蚀试片起到一定的保护作用。

1）不同温度下结垢对腐蚀的影响

通过在 5MPa，不同温度情况下，N80 试片在不同反应条件下的腐蚀速率对比来考察不同温度下结垢对腐蚀的影响。

由图 2-1-5 可以看出，垢下腐蚀的腐蚀速率在同样的条件下比空白腐蚀的低，而且在 70℃左右时垢下腐蚀与空白腐蚀的腐蚀速率差值达到最大，这说明在不同温度下，结垢对试片起到了保护作用，降低了腐蚀速率。主要原因是在地层水和注入水混合条件下，由于地层水与注入水的配伍性差，会首先在试片表面形成一层垢膜，阻止了腐蚀性组分向基底金属表面的扩散，从而对试片起到了一定的保护作用，抑制腐蚀。

2）不同压力下结垢对腐蚀的影响

通过在 80℃，不同 $CO_2$ 分压下，N80 试片在不同反应条件下的腐蚀速率对比来考察不同压力下结垢对腐蚀的影响。

由图 2-1-6 可以看出，在不同的 $CO_2$ 分压下，垢下腐蚀的腐蚀速率比空白腐蚀的腐蚀速率普遍较低，在 2.7MPa 左右，此时垢下腐蚀与空白腐蚀的腐蚀速率基本相同。这说明在不同的 $CO_2$ 分压下，结垢过程降低了试片的腐蚀速率起到了保护作用。主要原因是在地层水和注入水混合条件下，会首先在试片表面形成一层垢膜，阻止了腐蚀性组分向基底金属表面的扩散，从而对试片起到了一定的保护作用，抑制腐蚀。而在最低点处，由于垢膜的产生，从而削弱了腐蚀产物膜对腐蚀速率的影响，在此时起保护作用的主要是附着在金属表面的垢膜。

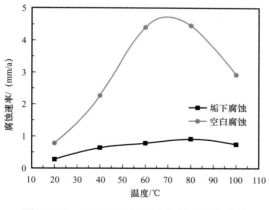

图 2-1-5　5MPa 下 N80 试片腐蚀速率对比　　　图 2-1-6　80℃下 N80 试片腐蚀速率对比

3）$Fe^{2+}$ 浓度对结垢速率的影响

由于井筒的腐蚀产物主要以 Fe 的化合物为主，在实验中通过在注入水中加入 $Fe^{2+}$ 来模拟腐蚀对结垢的影响。

由图2-1-7可以看出，在相同流速，相同温度下，$Fe^{2+}$ 的加入缩短了垢晶的形成时间，使毛细管压差随时间的变化加快，说明 $Fe^{2+}$ 的加入促进了结垢。这是因为 $Fe^{2+}$ 的加入使其与 $CO_3^{2-}$ 结合生成 $FeCO_3$ 沉淀，增大了垢晶的形成速率，使生成的 $FeCO_3$ 的含量越来越大。

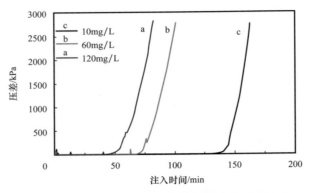

图2-1-7 不同 $Fe^{2+}$ 浓度条件下毛细管压差随时间的变化

## 三、井筒防腐和防垢技术

长庆油田 $CO_2$ 驱试验区注入水和地层水矿化度高且不配伍，注入井和采油井井筒腐蚀和结垢严重，开展 $CO_2$ 驱将导致井下管柱和井口设施腐蚀和结垢更加突出，同时管柱完整性及螺纹连接处密封性受到考验。针对此种情况，研发适合于高矿化度和 $CO_2$ 环境的兼具缓蚀和阻垢功能的缓蚀阻垢一体化剂，提出"涂/镀层管材为主、缓蚀阻垢剂为辅"的防腐工艺技术，为井下管柱安全性提供有力保障。

### 1. 缓蚀阻垢一体化剂研发

常规的缓蚀阻垢剂多用于中性或偏碱性环境，目前针对 $CO_2$ 腐蚀及结垢共存环境，多采用分别添加 $CO_2$ 缓蚀剂与阻垢剂的方式来解决腐蚀与结垢问题。但是这种方式需要添加两种药剂，增加了工艺难度与成本。而将 $CO_2$ 缓蚀剂与阻垢剂直接混合容易出现试剂絮凝析出，严重影响两种试剂的添加效果。因此需要制备出兼具缓蚀性能和阻垢性能的缓蚀阻垢一体化剂，使得缓蚀剂和阻垢剂能同时添加，降低工艺难度。

#### 1）合成思路

常规 $CO_2$ 缓蚀剂和阻垢剂存在拮抗效应，两者混合后会发生絮凝，形成絮状不溶物，影响试剂的缓蚀性能和阻垢性能。对于絮凝原因，通过研究发现主要存在两种机制。

长链缠绕机制：由于油田使用的大多数阻垢剂都为高分子聚合物，在溶液中以类似于胶体状态存在，呈现为亚稳态组成。而目前广泛使用的油酸咪唑啉缓蚀剂，因其分子上带有十七烷基链，在溶液中若与高分子链进行缠绕，必将包裹在高分子链外围，形成絮状物析出。同时，绝大多数阻垢剂都为亲水性药剂，而缓蚀剂多为油溶性药剂，二者在油溶性介质下因分子间作用力容易发生排斥效应，导致试剂在溶液中聚集，在局部形成高浓度胶束，极大促进了试剂的缠绕析出。

电荷不平衡机制：绝大多数阻垢剂都是以螯合金属阳离子发挥阻垢作用，因此阻垢剂以阴离子型居多，在溶液中带有明显的负电荷。而以季铵盐类和酰胺类为主要成分的缓蚀剂，分子上会携带有正电荷，能在累积负电荷的碳钢表面进行吸附。但二者混合在一起，首先就会有静电引力的作用，二者会紧密结合缠绕，也容易发生电荷不平衡而析出。

基于上述分析，可从以下两个方向对咪唑啉缓蚀剂进行改性：

（1）缩短缓蚀剂分子上的烷基链长，增加亲水基团。

油酸咪唑啉类缓蚀剂是目前市场上最为成熟的 CO$_2$ 缓蚀剂：一方面，油酸咪唑啉分子中氮原子上的孤对电子与金属表面铁原子上的空 d 轨道配位成键，产生化学吸附；另一方面，分子中的双键也可以通过 π 键的作用在金属表面发生化学吸附；再一方面，在酸性水溶液中，具有含氮五元杂环的咪唑啉可生成带正电的季铵阳离子，被带负电的金属表面所吸附，阻止 H$^+$ 接近金属表面，对 H$^+$ 放电具有较大的抑制作用。同时，十八碳的疏水烷基链覆盖在碳钢表面能有效阻止腐蚀性介质的侵入，当油酸咪唑啉中加入少量表面活性剂后，可增加缓蚀剂在酸性介质中的分散性和渗透性，增强缓蚀剂的缓蚀效果。

但是钡锶垢抑制极其困难，在实际使用过程中，可能需要将油酸咪唑啉缓蚀剂与钡锶阻垢剂复配，因此需要考虑缓蚀剂和阻垢剂之间的配伍性，而传统的油酸咪唑啉缓蚀剂与阻垢剂存在拮抗效应，两者无法兼容。从缠绕理论中可以发现，如果缩短缓蚀剂分子上烷基链长，那么很有可能避免二者的相互缠绕。因此，可以考虑减少烷基链的长度等方法来解决这一问题。

咪唑啉分子中的疏水基不同，其缓蚀性能也有所不同。可见疏水基团（非极性基）中的碳链长度及其结构对其缓蚀性能都有影响。这些基团由碳钢表面指向溶液，在碳钢表面上定向形成了分子膜层并覆盖在上面，阻止腐蚀介质向碳钢表面的扩散，从而起到了保护基体的作用。同时咪唑啉缓蚀剂要在溶液中发挥较好的作用，其必须能在溶液中分散开来，这一点也是缓蚀剂分子能够牢固地吸附在碳钢／水界面的前提。

尽管降低碳链长度可能解决咪唑啉与阻垢剂之间由于缠绕导致的絮凝问题，但是降低碳链长度却导致咪唑啉类缓蚀剂的缓蚀性能下降。通过实验研究，最终确定采用苯甲酸取代长链脂肪酸。

（2）在缓蚀剂分子上引入钝化基团，维持电荷平衡。

从现有缓蚀剂出发，通过对缓蚀剂分子上易带电荷的活性吸附原子引入钝化基团，降低活性原子携带电荷能力，从而减少缓蚀剂分子所带电荷，减弱两种试剂因电荷静电作用而发生的不稳定絮凝问题。

2）缓蚀剂制备与性能评价

（1）缓蚀剂合成原料选择。

利用苯甲酸取代长链脂肪酸，不仅可以避免长链烷基与阻垢剂产生的缠绕，同时苯环与长链烷烃同样具有疏水性，而且还可以增强缓蚀剂的吸附。

实验结果表明，苯甲酸类咪唑啉，可以与聚天冬氨酸很好地互溶，加入聚天冬氨酸后的复配试剂阻垢性能好，放置后无沉淀产生。以二乙烯三胺和四乙烯五胺制备的缓蚀剂为测试对象，利用动电位扫描，在添加量为 100mg/L，$CO_2$ 饱和的模拟地层水中测试其缓蚀剂性能，结果见图 2-1-8 和表 2-1-4。

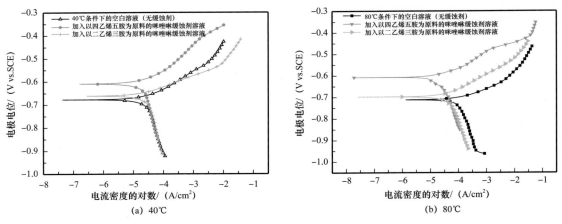

(a) 40℃　　　　　　　(b) 80℃

图 2-1-8　不同原料的缓蚀剂极化曲线

**表 2-1-4　不同原料的缓蚀剂极化曲线拟合结果**

| 温度/℃ | 缓蚀剂 | 常用对数 Tafel 斜率/（mV/dec[①]） | | 腐蚀电流密度/mA/cm² | 腐蚀速率/mm/a |
| --- | --- | --- | --- | --- | --- |
| | | 阳极反应 | 阴极反应 | | |
| 40 | 空白 | 56.91 | 151.65 | 0.0223 | 0.5231 |
| | 二乙烯三胺为原料 | 54.12 | 175.87 | 0.00479 | 0.112 |
| | 四乙烯五胺为原料 | 57.25 | 149.29 | 0.00358 | 0.08398 |
| 80 | 空白 | 47.15 | 4636.42 | 0.1382 | 3.2418 |
| | 二乙烯三胺为原料 | 66.27 | 157.83 | 0.00986 | 0.2313 |
| | 四乙烯五胺为原料 | 51.39 | 508.62 | 0.00754 | 0.1769 |

① dec—电流的对数。

由以上分析可知，40℃时，以二乙烯三胺和四乙烯五胺为原料的苯甲酸咪唑啉都表现出了较好的缓蚀效果，其中四乙烯五胺制备的缓蚀剂使体系腐蚀电位明显正移，采用弱极化区三参数拟合可以发现四乙烯五胺为原料的缓蚀剂腐蚀电流密度最小，相对于空白体系而言，缓蚀效率可以达到 80% 以上。80℃时，缓蚀剂的效果更加明显，两种原料制备的缓蚀剂都表现出非常突出的缓蚀性能，缓蚀效果可以达到 90% 以上，且极化曲线中以阳极抑制过程最为明显，说明在高温下苯甲酸咪唑啉缓蚀剂是以抑制阳极反应为主的混合型缓蚀剂。

综上所述，用苯甲酸替代长链脂肪酸后，可以有效地解决缓蚀剂与阻垢剂之间的拮抗现象，使得制备得到的咪唑啉化合物与聚天冬氨酸阻垢剂能够较好地进行复配，同时以四乙烯五胺为原料制备的苯甲酸咪唑啉缓蚀性能优于以二乙烯三胺制备的苯甲酸咪唑啉。

（2）制备硫脲基咪唑啉。

在咪唑啉结构中直接引入硫脲基团，化合物中含有未共用电子对的氮原子和硫原子与金属形成配位键，形成了化学吸附膜，在降低活性原子携带电荷的同时，也增加了硫脲基这一吸附中心，使得缓蚀剂呈现多吸附中心，还可以增强缓蚀剂的疏水效应，使得吸附膜更加完整，阻止腐蚀介质与金属表面接触，增强缓蚀剂抗高温、高压 $CO_2$ 腐蚀能力。

另外，硫脲基烷基咪唑啉化合物是阳离子型缓蚀剂，能产生分子量较大的有机阳离子和无机阴离子。阳离子化合物与带负电的金属表面阴极产生静电吸引，阻碍了氢离子在金属阴极区放电，增加了析氢反应的过电位，减缓了酸腐蚀的阴极腐蚀，从而抑制腐蚀；同时，腐蚀电位明显正移，表明硫脲基烷基咪唑啉化合物使得腐蚀过程的阴极和阳极同时受到抑制，其极化曲线的阴极和阳极斜率小于空白值，是一种混合型缓蚀剂。

硫脲基咪唑啉合成产物的红外分析结果如图 2-1-9 所示：$3294cm^{-1}$ 处为氨基 N—H 键伸缩振动峰，$3000cm^{-1}$ 左右为烷基链中—$CH_3$ 伸缩振动峰，$2050cm^{-1}$ 处为季铵盐 $N^+$ 的伸缩振动峰，$1643cm^{-1}$ 处为咪唑啉环的 C═N 特征吸收峰，$1303cm^{-1}$ 处为硫脲 C═S 伸缩振动吸收峰，$716cm^{-1}$ 处主要为烯氢 C—H 面外弯曲振动峰。

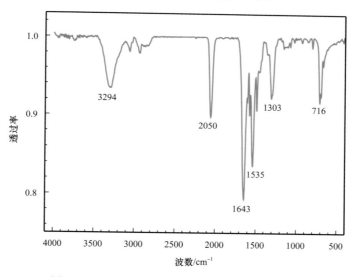

图 2-1-9　硫脲基咪唑啉合成产物红外测试谱图

（3）硫脲基咪唑啉的缓蚀效果。

在缓蚀剂含量 250mg/L，温度 65℃，$CO_2$ 分压 3MPa 条件下，测得腐蚀速率为 0.15mm/a，可见咪唑啉上嫁接硫脲基团后，能有效抑制高压 $CO_2$ 对碳钢产生的电化学腐蚀。

3）一体化剂合成

一体化药剂的制备主要有两条路线：一条路线是以高分子聚合物阻垢剂为载体，直接将缓蚀剂与高分子链上的官能团进行反应，生成的产物既能保留阻垢剂长链，又含有缓蚀剂官能团，从而实现缓蚀阻垢一体化功能；另外一条合成路线是将阻垢官能团嫁接在缓蚀剂分子上，这样以缓蚀剂为主体的合成产物能更好地发挥缓蚀效果。

（1）以高分子链为主体进行一体化嫁接。

① 阻垢剂筛选。油田水的结垢过程是一个受热力学、流体动力学和结晶动力学等多种因素共同影响的复杂过程。其主要因素有温度、成垢离子浓度、盐浓度、压力、pH 值和配伍性等。而钡锶垢大体是由这两种原因引起：一是注入水和地层水相互混合时不配伍的离子反应产生沉淀；二是温度和压力等热力学条件的改变导致水中原有的离子平衡状态遭到破坏，硫酸钡的溶解度降低，成垢离子聚集成垢，沉淀析出。而结垢过程可以分为三个步骤组成：形成过饱和溶液；生成晶核；晶核成长，形成晶体。

这 3 个步骤中有一个遭到破坏，结垢过程即被减缓或抑制。阻垢剂的作用就是有效阻止这些步骤中的一个或几个，以达到阻垢目的。而阻垢剂的阻垢机制也可以分为三种：螯合增溶作用、晶格畸变作用、吸附与分散作用。

对各种结构的阻垢剂进行了初步筛选，考察它们对钡锶垢的阻垢效果。实验选取羟基乙叉二磷酸（HEDP）、氨基三甲叉膦酸（ATMP）、乙二胺四甲叉膦酸（EDTMP）、2-羟基膦酸基乙酸（HPA）、水解聚丙烯酸（HPAA）、马-丙共聚物（MA-AA）、聚天冬氨酸（PASP）、聚环氧琥珀酸（PESA）、水解聚马来酸酐（HPMA）进行阻硫酸钡垢的性能评价实验。结果表明，聚天冬氨酸和聚环氧琥珀酸具有最优异的阻钡垢性能。

② PASP 与硫脲基咪唑啉嫁接。合成物为聚硫脲基咪唑啉天冬氨酸，均聚物分子量为8000～10000。缓蚀性能评价见表 2-1-5 和表 2-1-6。

**表 2-1-5 不同缓蚀剂的腐蚀速率**

| 缓蚀剂 | 浓度 /（mg/L） | 条件 | 腐蚀速率 /（mm/a） |
|---|---|---|---|
| 聚油酸基咪唑啉天冬氨酸 | 50 | | 0.460 |
| 聚苯甲酸咪唑啉天冬氨酸 | 50 | | 0.410 |
| 聚硫脲基苯甲酸咪唑啉天冬氨酸（固） | 50 | 50℃，0.1MPa | 0.150 |
| 聚硫脲基苯甲酸咪唑啉天冬氨酸（液） | 50 | | 0.076 |
| 聚硫脲基苯甲酸咪唑啉天冬氨酸（液） | 100 | | 0.052 |

**表 2-1-6 不同流速条件下聚硫脲基苯甲酸咪唑啉天冬氨酸腐蚀速率**

| 缓蚀剂 | 浓度 /（mg/L） | 条件 | 腐蚀速率 /（mm/a） |
|---|---|---|---|
| 聚硫脲基苯甲酸咪唑啉天冬氨酸 | 100 | 1MPa，60℃，0.3m/s | 0.16 |
| | | 1MPa，60℃，1m/s | 0.09 |
| | | 1MPa，60℃，0.7m/s | 0.14 |

阻垢性能评价：依照 SY/T 5673—1993《油田用防垢剂性能评定方法》，分别进行抑制硫酸钡垢的性能评价实验和抑制硫酸锶垢的性能评价实验，所选测试方法为电感耦合等离子体质谱仪（ICP-MS）法。

制备的缓蚀阻垢一体化剂阻垢性能评价结果见表 2-1-7。

表 2-1-7　缓蚀阻垢一体化剂阻垢性能评价结果

| 类别 | 含钡溶液 / mg/L | 含锶溶液 / mg/L | 阻垢率 /% | |
|---|---|---|---|---|
| | | | 钡垢 | 锶垢 |
| 原始溶液 | 233.436 | 4519.960 | | |
| 无阻垢剂空白 | 35.02 | 176.728 | | |
| 100mg/L 聚硫脲基苯甲酸咪唑啉天冬氨酸 | 77.54 | 1479.24 | 21.43 | 29.99 |

　　不管是在饱和 $CO_2$ 还是高压下，合成的缓蚀阻垢剂都有比较好的缓蚀效果。饱和 $CO_2$ 条件下，嫁接硫脲基团的咪唑啉和主链反应后的产物缓蚀效果比没有嫁接硫脲基团的明显更佳。此试剂兼具缓蚀功能和阻垢功能，但钡锶阻垢率较低。

　　③ 聚丙烯酸（PAA）和丙烯基脲嫁接。结合目前所使用的高分子聚合物阻垢剂，尝试将缓蚀剂融入阻垢剂合成的小分子原料中，这样进行聚合的分子既可以保留阻垢剂的效果，又可以发挥缓蚀剂的功能，PAA 和丙烯基脲嫁接产物红外分析结果如图 2-1-10 所示。

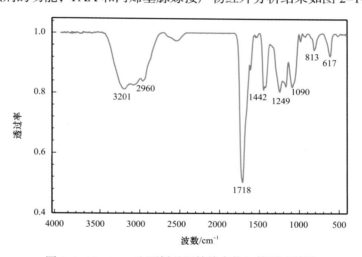

图 2-1-10　PAA 和丙烯基脲嫁接产物红外测试谱图

PAA 和丙烯基脲聚合物缓蚀性能测试，见表 2-1-8。

表 2-1-8　PAA 和丙烯基脲的腐蚀速率

| 缓蚀剂 | 条件 | 腐蚀速率 /（mm/a） |
|---|---|---|
| PAA 和丙烯基脲聚合物 100mg/L | 60℃，0.1MPa | 0.13 |
| | 50℃，3MPa | 0.16 |
| | 50℃，8.5MPa | 0.74 |
| 丙烯基脲 100mg/L | 50℃，9MPa | 0.074 |
| | 80℃，8.5MPa | 0.98 |

实验结果表明，单纯的丙烯基脲抑制超临界 $CO_2$ 腐蚀效果很明显，在 50℃、9MPa 环境下，100mg/L 的丙烯基脲可以使碳钢体系腐蚀速率降低到 0.076mm/a 以下，满足 SY/T 5273—2014《油田采出水处理用缓蚀剂性能指标及评价方法》要求。当温度升到 80℃后，腐蚀速率也上升到 0.98mm/a，说明在高温条件下，丙烯基脲很难抑制超临界 $CO_2$ 的腐蚀。与丙烯酸共聚以后，缓蚀效果发生一定程度的下降，说明用丙烯基脲与阻垢试剂共聚后，产生了拮抗效应，无法获得性能优良的一体化药剂。

④ 制备聚丙烯酸基咪唑啉。根据相关专利报道，聚合性咪唑啉有较好的水溶性，尝试用低分子量的聚丙烯酸和二乙烯三胺反应，将咪唑啉基团挂在聚丙烯酸的支链上。使得制备的一体化试剂具有阻垢基团羧基及缓蚀基团咪唑啉。

在 $CO_2$ 饱和模拟地层水介质中，40℃下，利用电化学工作站测量体系的阻抗谱和极化曲线，如图 2-1-11 所示。

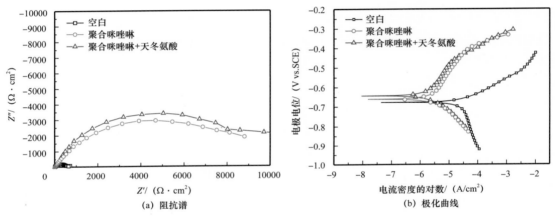

图 2-1-11　聚合咪唑啉的电化学性能
$Z'$, $Z''$—实部阻抗和虚部阻抗

从阻抗谱图中可以发现，相比于空白体系而言，添加聚合咪唑啉后，阻抗明显变大，图形呈现双容抗规律，说明此时缓蚀剂在碳钢表面形成致密的保护膜。

电化学测试结果表明，聚合咪唑啉具有很好的缓蚀性能，特别是与聚天冬氨酸复合后得到的复合药剂具有更好的缓蚀效果，这表明聚天冬氨酸与聚合咪唑啉类缓蚀剂之间具有很好的缓蚀协同作用。

（2）以缓蚀剂分子为主体嫁接阻垢基团。

① 缓蚀剂筛选。通过对咪唑啉、杂环季铵盐、酰胺和炔氧甲基胺等缓蚀剂进行对比评价，结果表明在含 $CO_2$ 的介质环境中，咪唑啉缓蚀剂缓蚀性能最佳。但是在 $CO_2$ 驱环境下，$CO_2$ 在井下处于超临界状态，而咪唑啉缓蚀剂在超临界 $CO_2$ 环境下性能如何，国内外均未进行深入研究。因此在 $CO_2$ 驱环境下对油酸基咪唑啉的缓蚀性能进行探究，并根据实验结果，对缓蚀基团进行改造和设计。

从阻抗谱图 2-1-12（a）和图 2-1-12（b）中可以看出，相比于空白条件，加入咪唑啉缓蚀剂后，容抗弧明显增大，非超临界状态（4MPa 和 6MPa）的阻抗谱由双容抗构成，超临界状态（8MPa）的阻抗谱由高频容抗，中频感抗，低频容抗构成。另外，在非超临界状态下，容抗弧直径随着压力的升高没有明显变化，一旦压力达到超临界容抗弧直径明显变小。如图 2-1-12（c）和图 2-1-12（d）所示，同时加入咪唑啉缓蚀剂和碘化钾（KI），在 6MPa（非超临界状态）下，两条阻抗谱几乎重合，而在 8MPa（超临界状态）下，加入 KI 后，容抗弧直径随着明显变大。进一步通过微分电容曲线测试发现，非超临界 CO₂ 介质中，碳钢表面携带过剩负电荷；而在超临界 CO₂ 介质中，碳钢表面携带过剩的正电荷。因此在 CO₂ 驱工艺中，碳钢表面不利于阳离子型咪唑啉缓蚀剂的物理吸附，但是添加 KI 后，由于 I⁻ 的吸附，使得超临界条件下碳钢表面携带过剩负电荷，油酸基咪唑啉的缓蚀效果显著增强。

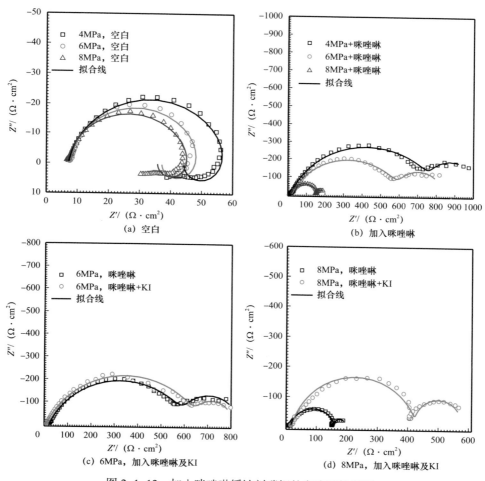

图 2-1-12  加入咪唑啉缓蚀剂碳钢的交流阻抗谱图

因此，对于超临界状态，应当尽量避免将缓蚀剂阳离子化，或者加入阴离子吸附剂。

② 苯甲酸硫脲基嫁接磷酸酯基团。在制备的咪唑啉硫脲试剂上，与含磷试剂反应嫁接磷羧酸基团，可以进一步加强缓蚀性能，同时获得一体化药剂，兼具良好的阻垢性能。苯甲酸硫脲基嫁接磷酸酯基团产物红外分析结果如图 2-1-13 所示：3288cm⁻¹ 处为氨基

N—H 伸缩振动吸收峰，2943cm$^{-1}$ 处及右侧分峰分别为—$CH_2$—不对称伸缩振动和对称伸缩振动吸收峰，2054cm$^{-1}$ 处为叠氮峰对应为咪唑啉环上被季铵化的 $N^+$，1650cm$^{-1}$ 处为咪唑啉环上 C═N 特征吸收峰，1490cm$^{-1}$ 处为—$CH_2$—面内变角振动吸收峰，1222cm$^{-1}$ 处为硫脲中 C═S 键吸收峰，1052cm$^{-1}$ 处为 P—O—C 弯曲振动吸收峰，810cm$^{-1}$ 处为苯环上烯烃 ═C—H 面外弯曲振动吸收峰。

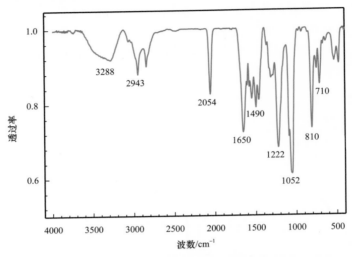

图 2-1-13　苯甲酸硫脲基嫁接磷酸酯基团产物红外测试谱图

在 $CO_2$ 分压为 3MPa、温度为 65℃时，考察苯甲酸硫脲基咪唑啉磷酸酯抑制高压 $CO_2$ 腐蚀的作用，结果见表 2-1-9。

表 2-1-9　苯甲酸硫脲基咪唑啉磷酸酯的腐蚀速率

| 介质 | 空白 | 100mg/L 缓蚀剂 | 100mg/L 缓蚀剂 +50mg/L PASP |
|---|---|---|---|
| 腐蚀速率 /（mm/a） | 3.38 | 0.157 | 0.139 |

数据分析可见，在高压 $CO_2$ 条件下，苯甲酸硫脲基咪唑啉磷酸酯具有较好的缓蚀性能，其与聚天冬氨酸阻垢剂具有一定的协同作用。

从缓蚀阻垢剂制备结果来看，以高分子链为主体进行嫁接，由于分子量急剧增大造成产物大多为固体，经过测试确认既有缓蚀功效也有阻垢效果，但是缓蚀阻垢能力较弱；以缓蚀剂分子为主体嫁接阻垢基团，在介质温度及 $CO_2$ 分压相对较高时，单一的缓蚀阻垢剂也不能满足缓蚀要求，还需通过复配进一步提升性能。

4）一体化剂复配

研究发现，苯甲酸硫脲基咪唑啉磷酸酯具有很好的抗 $CO_2$ 腐蚀性能，对钡锶垢和钙镁垢也有一定的抑制作用，另外该组分由于没有长链烷基，与阻垢剂相溶性良好，没有拮抗效应；杂环季铵盐具有非常显著的抗高温 $CO_2$ 腐蚀性能，喹啉具有毒性低、生物容忍性好的特点。因此，采用苯甲基硫脲基咪唑啉为主体，适当复配喹啉季铵盐、聚环氧琥珀酸或聚天冬氨酸，加入一定量的助剂，获得最终的一体化剂（表 2-1-10）。

表 2-1-10 一体化剂内各成分的主要作用及配制原理

| 成分 | 作用及配置原理 |
|---|---|
| 改性咪唑啉 | 主缓蚀剂,兼具缓蚀阻垢功效,能有效抑制 $CO_2$ 分压较低(≤3MPa)环境下的腐蚀 |
| 聚环氧琥珀酸(PESA) | 阻垢剂,与改性咪唑啉复配使用,提高一体化试剂阻垢能力,尤其对钡锶垢的抑制 |
| 喹啉季铵盐 | 复配缓蚀剂,和改性咪唑啉复配使用能有效抑制 $CO_2$ 高温(≤80℃)和高压(≤10MPa)腐蚀 |
| 异丙醇 | 缓蚀剂溶解的主要溶剂,有一定分散作用 |
| PX-10 | 表面活性剂,降低溶剂表面张力,促进缓蚀剂和阻垢剂的混合溶解 |
| 乙酸 | 助剂,调节溶液 pH 值,维持体系稳定 |
| 水 | 主要溶剂 |

对一体化剂进行缓蚀性能和阻垢性能评价,评价结果见表 2-1-11。

表 2-1-11 不同条件下一体化剂缓蚀和阻垢性能评价表

| 温度/℃ | 腐蚀速率/(mm/a) | | | | | | 阻垢率/% |
|---|---|---|---|---|---|---|---|
| | 3MPa | | | 10MPa | | | |
| | N80 | J55 | 20# | N80 | J55 | 20# | |
| 80 | 0.049 | 0.047 | 0.061 | 0.086 | 0.090 | 0.098 | 82 |
| 50 | 0.026 | 0.031 | 0.048 | 0.041 | 0.049 | 0.051 | 84 |

由宏观观察可以发现,80℃,N80 试样表面有一层致密的缓蚀膜存在,去除缓蚀膜后,碳钢试样光洁如初(图 2-1-14);而扫描电镜(SEM)观察可以清晰看到钢片表面的划痕(图 2-1-15),说明试片在一体化剂的保护下基本未腐蚀。一体化剂具备高温条件下,抑制超临界 $CO_2$ 腐蚀的能力,在 $CO_2$ 气窜环境下仍能满足井筒管柱的缓蚀阻垢要求(戚建晶等,2018)。

图 2-1-14 试片表面宏观形貌观察

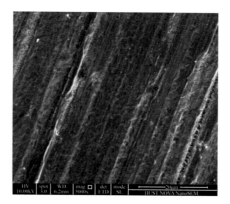

图 2-1-15 试片表面 SEM 形貌观察

5）现场实验

在 36 口采出井开展一体化药剂加注试验，并通过工程测井进行药剂长期缓蚀效果评价。

对某试验井分别于 2017 年 10 月 27 日（加药前）及 2019 年 11 月 24 日（加药 695 天）开展工程测井，两次测井结果显示套管腐蚀均较轻微，如图 2-1-16 所示。由于该井对应的注入井于 2017 年 9 月开始 $CO_2$ 注入，在 2017 年 10 月 27 日开展测井时该井井筒尚未处于高含 $CO_2$ 环境，套管腐蚀较轻微；而该井在 3 个月后开始见气，期间一直连续加注一体化药剂。2019 年 11 月 24 日的测井结果与 2017 年 10 月 27 日的测井结果基本一致，说明一体化药剂对套管起到良好的保护作用。

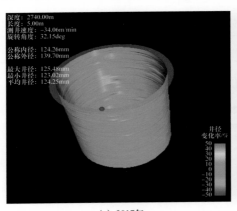
(a) 2017 年

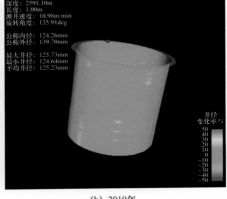
(b) 2019 年

图 2-1-16　试验井轻微内腐蚀成像图

2. 涂镀层高温高压耐蚀性能评价

在模拟长庆油田地层水环境及温度等工况条件下，对涂镀层进行高含 $CO_2$ 条件下腐蚀性能的对比评价试验。实验条件：$CO_2$ 分压 10MPa；温度 80℃；试验周期 360h。

1）钨镍镀层（W–Ni）耐腐蚀性能评价

钨镍镀层实验后的宏微观腐蚀形貌如图 2-1-17 所示。

(a) 气相宏观

(b) 液相宏观

(c) 气相微观

(d) 液相微观

图 2-1-17　钨镍镀层试验后宏观和微观形貌

从试样宏观和微观（放大 100 倍）形貌可见，实验后钨镍镀层表面均匀、致密、未出现鼓泡、脱落痕迹，未见裂纹，说明在该模拟环境镀层耐蚀性相对较好（唐泽玮等，2020）。

2）有机内涂层耐腐蚀性能评价

DPE 型涂层和 DPC 型涂层在气相和液相条件下实验后的宏观形貌如图 2-1-18 所示。DPE 型涂层和 DPC 型涂层在气相和液相条件下表面均未出现鼓泡及开裂现象，表明在该实验环境下两种涂层耐蚀性能较好。

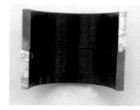   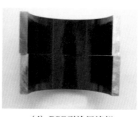

(a) DPC型涂层气相　　(b) DPC型涂层液相　　(c) DPE型涂层气相　　(d) DPE型涂层液相

图 2-1-18　DPE 型涂层和 DPC 型涂层实验后的宏观形貌

3）耐磨涂层腐蚀性能评价

耐磨涂层在气相和液相条件下实验后的宏观形貌如图 2-1-19 所示。气相条件下，试样表面上端和下端边缘处出现鼓泡现象。液相条件下涂层表面均未出现鼓泡及开裂现象，表明在该液相实验环境下耐磨涂层耐蚀性能较好。

(a) 气相　　　　　　　　　　　　　(b) 液相

图 2-1-19　耐磨涂层实验后的宏观形貌

### 3. 油井管柱实物腐蚀拉伸完整性研究与现场试验

1）油井管柱实物腐蚀拉伸试验

全尺寸油管柱腐蚀拉伸试验是一种相对较接近油田工况环境的室内模拟试验，适用于模拟实物油套管内部接触腐蚀性介质，同时承受轴向拉伸应力作用的耐蚀性能及接头密封性能的测试，实物全尺寸拉伸应力腐蚀示意图如图 2-1-20 所示。

实物腐蚀试验材料：有机涂层（DPC）、耐磨涂层（A3520）和钨镍镀层的 J55 油管；介质：模拟水；介质体积：50L；$CO_2$ 分压：8.0MPa；总内压：8.0MPa；拉力：260kN；试验温度：80℃。

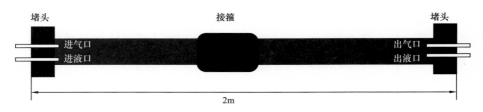

图 2-1-20　实物全尺寸拉伸应力腐蚀示意图

实物腐蚀试验结果：将全尺寸实验后的涂镀层管柱对剖，涂镀层管柱试验后腐蚀形貌如图 2-1-21 所示，可见耐磨涂层有明显的鼓泡现象，接头端面涂层干裂脱落；有机涂层出现鼓泡现象，主要集中在气液界面附近，螺纹端面未出现开裂或脱落现象；钨镍镀层管柱在液相部位内壁环向锈斑较明显，接头螺纹处无腐蚀现象或粘扣。

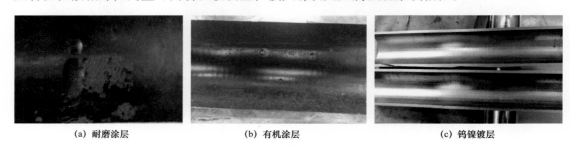

　　　（a）耐磨涂层　　　　　　　　（b）有机涂层　　　　　　　　（c）钨镍镀层

图 2-1-21　涂镀层管柱试验后腐蚀形貌图

2）钨镍镀层油管现场应用

2017 年 8 月，长庆油田某 $CO_2$ 吞吐井下入内外镀钨镍合金防腐油管 187 根，2018 年 3 月，因检泵作业起出镍钨镀层油管进行防腐效果检查，油管实际服役时间为 240 天，从管体外观色泽观察，井口上段管体呈现金属光泽，中部以下管体呈暗红褐色光泽。

（1）钨镍镀层现场取样选择。

考虑管子承受拉应力对镀层的影响，选取距井口 9m 处油管，观察横截面镀层的形貌以及有无裂纹。

现场观察管体表面形貌，从井口开始 96m 处油管开始出现不同程度的微小麻点，因此选取 249m 处油管作为样管进行分析，分析麻点状微观形貌及表面产物。

泵液面附近，管体表面也发现有麻点形貌，选取泵下 9m 和 19m 处的油管进行分析。

对 4 根油管对剖管体进行观察，内外壁腐蚀宏观形貌如图 2-1-22 所示，9m 和 249m 处油管内壁呈现金属光泽，无明显的腐蚀现象；而泵下油管内壁可看到麻状腐蚀点，无明显的局部腐蚀现象。观察清洗后的外壁形貌，249m 处油管发现明显的麻状腐蚀坑，泵下 9m 处的油管也可发现较分散的点蚀坑形貌。

（2）钨镍镀层现场取样微观分析。

对现场取的样品管体清洗干净后进行对剖，对剖后进行微观形貌观察，如图 2-1-23 和图 2-1-24 所示，井口 9m 处油管表面内外有污垢，无明显的腐蚀坑点；249m 处油管内外壁明显污垢和盐结晶，外壁有轻微的腐蚀产物；泵下 9m 处油管内壁污垢和盐沉积较明显，外壁有明显的腐蚀坑点；泵下 19m 处油内壁无明显的污垢，外壁发现局部腐蚀产物。

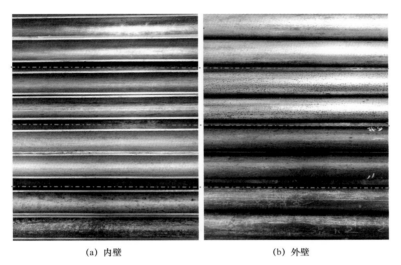

(a) 内壁　　　　　　　　　　　　　(b) 外壁

图 2-1-22　4 根油管（由上至下）内外壁宏观形貌图

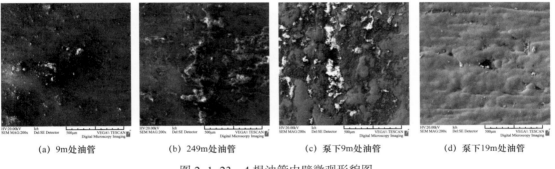

(a) 9m处油管　　(b) 249m处油管　　(c) 泵下9m处油管　　(d) 泵下19m处油管

图 2-1-23　4 根油管内壁微观形貌图

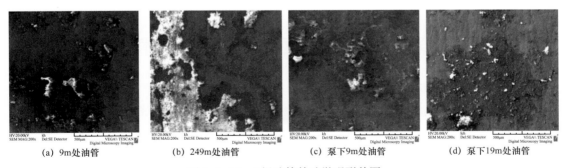

(a) 9m处油管　　(b) 249m处油管　　(c) 泵下9m处油管　　(d) 泵下19m处油管

图 2-1-24　4 根油管外壁微观形貌图

　　对现场镀层油管取样进行横截面和纵截面观察，形貌如图 2-1-25 和图 2-1-26 所示。纵截面观察，管壁未发现明显的镀层裂纹，表明在现场服役工况，管柱并未受到较明显的拉应力或在实际现场一定的拉应力条件下，镀层未见明显的开裂。内外镀层横截面对比分析，内镀层存在褶皱或缺陷相对较多，引起点蚀较明显。因此提高管壁的表面粗糙度和镀层的平整度，可避免褶皱和缺陷存在。

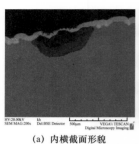 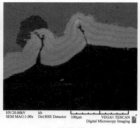 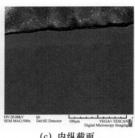 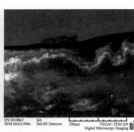

（a）内横截面形貌　　　（b）外横截面　　　（c）内纵截面　　　（d）外纵截面

图 2-1-25　9m 处油管横纵截面形貌

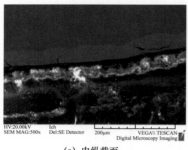 

（a）内纵截面　　　　　　　　（b）外纵截面

图 2-1-26　249m 处油管纵截面形貌

### 4. 认识

（1）若利用老井开展 $CO_2$ 驱油，采出井井筒腐蚀结垢风险高，镀层油管加缓蚀阻垢一体化药剂的方式可以延缓油套管腐蚀，但无法从根本上消除腐蚀。

（2）若新建井开展 $CO_2$ 驱油，为确保井筒完整性，建议采出井套管优选耐蚀管材或涂/镀层管材。

# 第二节　$CO_2$ 驱油气窜防治技术

$CO_2$ 驱油技术在低渗透油田适应性好，具有很好的应用前景（李曼平等，2020）。国内油田多为陆相沉积油藏，层间非均质性严重。大多数低渗透油藏天然裂缝发育，连通的天然裂缝构成了注水和注气的窜流通道，在 $CO_2$ 驱油过程中，由于 $CO_2$ 气体黏度低、油层非均质性强，形成不利的流度比，易导致 $CO_2$ 黏性指进及窜流（韦琦等，2019）。长庆油田三叠系储层非均质性强、微裂缝发育，油井压裂投产存在人工裂缝及长期注水形成的水驱优势通道，$CO_2$ 在油藏中的窜流风险大，将严重影响波及效率，为扩大注入 $CO_2$ 在油藏中波及体积，确保气驱的有效性，研制了适合 $CO_2$ 驱的耐酸耐盐耐温堵剂，形成了"凝胶—泡沫"两级气窜防治技术（王石头等，2018）。

## 一、储层非均质性对 $CO_2$ 驱气窜规律的影响

储层非均质性会严重影响 $CO_2$ 的驱油效果，本章节从储层的非均质性出发，研究了

不同渗透率级差以及裂缝存在条件下的气驱效果，分析研究了储层非均质性对 $CO_2$ 驱气窜规律的影响（赵习森等，2017；高慧梅等，2014）。不同渗透率级差（5、10、15 和 20 以及裂缝）的人造非均质岩心（4.5cm×4.5cm×30cm）的 $CO_2$ 驱油实验结果见表 2-2-1，气驱动态曲线如图 2-2-1 所示。

表 2-2-1　不同渗透率级差下 $CO_2$ 连续气驱实验结果

| 岩心编号 | 岩心基础数据 | | | | | 驱替实验结果 |
|---|---|---|---|---|---|---|
| | 孔隙体积 /cm³ | 孔隙度 /% | 含油饱和度 /% | 气测渗透率 /mD | 渗透率级差 | 最终采出程度 /% |
| CQFJZ-5 | 98 | 16.13 | 48.98 | 5/25 | 5 | 47.29 |
| CQFJZ-10 | 130 | 21.40 | 42.31 | 5/50 | 10 | 43.27 |
| CQFJZ-15 | 135 | 22.22 | 44.44 | 5/75 | 15 | 41.33 |
| CQFJZ-20 | 128 | 21.07 | 35.94 | 25/500 | 20 | 40.21 |
| CQLF | 148 | 24.63 | 57.63 | — | 裂缝 | 31.37 |

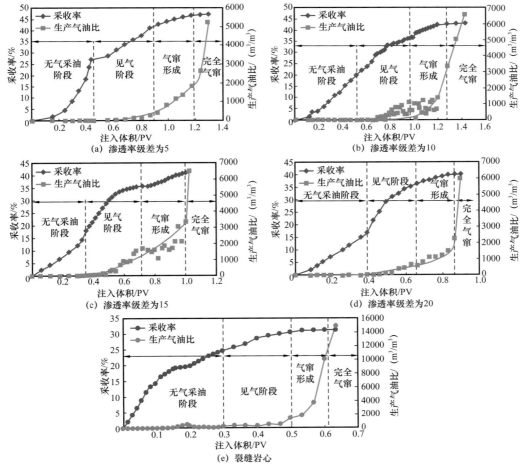

图 2-2-1　非均质岩心 $CO_2$ 连续气驱动态曲线

图 2–2–2 为 $CO_2$ 气驱采收率随渗透率级差关系曲线（15MPa）。均质岩心的采出程度明显高于非均质岩心，注入的 $CO_2$ 在均质岩心内部均匀推进，驱替前缘较为稳定，注入气体的波及体积较大，驱替效果较好。非均质岩心的 $CO_2$ 驱油的效果变差，随着岩心非均质性的变强，$CO_2$ 气驱总采收率随渗透率级差增加而降低。由于非均质性的存在，注入气体沿高渗透层突进，波及效率变差，采出程度较低。当渗透率级差为 10 时，层内非均质岩心 $CO_2$ 驱最终采收率为 43.26%，注入 0.45PV（PV 为孔隙体积的简称）后开始见气，0.85PV 后发生气窜；当渗透率级差为 20 时，层内非均质岩心 $CO_2$ 驱最终采收率为 40.22%，注入 0.39PV 后开始见气，0.66PV 后发生气窜；当岩心中存在裂缝时，注入水仅能采出裂缝中的原油，注入 $CO_2$ 气体后，气体沿裂缝突进，无法驱替基质中的原油，气驱采出程度仅为 31.37%。

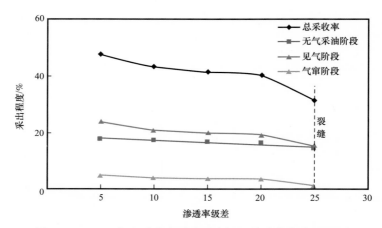

图 2–2–2　$CO_2$ 气驱采收率随渗透率级差关系曲线（15MPa）

图 2–2–3 为注入量随渗透率级差的关系曲线。与均质岩心相比，非均质岩心 $CO_2$ 驱的无气采油阶段、见气阶段、气窜阶段明显缩短。无气采油阶段、见气阶段以及气窜阶段的注入量均随着非均质性的增强而降低。储层的非均质性越强，气体沿高渗透层突破及窜逸速度越快，这将严重影响 $CO_2$ 的注入量。

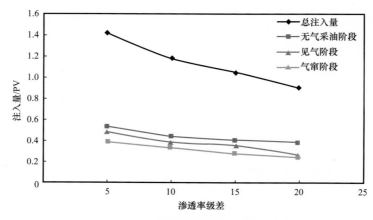

图 2–2–3　注入量随渗透率级差的关系曲线

$CO_2$驱总采收率随渗透率级差增大而降低，无气采油阶段采出程度相差不大，见气阶段采收率和气窜阶段采收率随渗透率级差增大呈明显降低趋势，大部分原油在无气采油阶段和气窜阶段被采出。

## 二、防窜泡沫体系及封堵材料

国内吉林油田已开展$CO_2$驱的相关研究及现场试验，取得了较好的增油效果，与吉林油田相比，长庆油田黄3区长8油藏储层非均质性更强、微裂缝更发育、基质渗透率更低、地层水矿化度更高、油藏原始气油比更高，由试验区的储层物性、原油物性和$CO_2$流体特性决定了注气开发过程中必然出现气窜（刘祖鹏等，2015）。气窜后$CO_2$的波及体积会大幅度下降，严重影响注气开发效果（Shen等，2021）。通过国内外调研及室内实验表明，由于试验区块为高温高盐油藏，目前国内常用堵剂不能满足长庆油田黄3区$CO_2$驱防气窜工艺要求，需要开展减缓气窜发生的防窜泡沫体系和气窜后能够大大降低气窜程度的封堵材料的研发（Jiang等，2021；Zhang等，2020）。

本节针对长庆油田试验区的油藏特征，在传统泡沫体系及凝胶封堵体系的基础上，研发出了适应于长庆油田黄3区块$CO_2$驱油藏气窜发生前减缓$CO_2$气窜的稳定泡沫体系以及气窜发生后的适合封堵的耐酸耐温耐盐型气窜封堵材料，并通过静态与动态实验评价了泡沫体系和封堵材料的相关性能参数。

### 1. 防窜$CO_2$泡沫体系的优选

根据长庆油田黄3区块高温高盐的油藏条件，研发优选了一种适应于该区$CO_2$驱过程中的防窜泡沫体系。

#### 1）起泡剂溶液与地层水配伍性研究

在常温、常压、中性条件下对潜在起泡剂进行配伍性研究，然后改变温度及pH值等条件，观察其配伍性，其结果见表2-2-2。由表可知，阴离子型起泡剂对长庆油田地层水的配伍性比较差，生成较多沉淀，主要由于长庆油田地层水中二价阳离子含量较高，极易与阴离子型表面活性剂生成不溶沉淀物，致使起泡剂溶液的有效浓度降低，整体起泡性能变差，且可能对储层造成伤害。

表2-2-2　起泡剂在地层水中的配伍性对比表

| 序号 | 表面活性剂 | 类型 | 地层水配伍性 | pH值为3地层水配伍性 |
|---|---|---|---|---|
| 1 | N-NP-7c，N-NP-9c，N-NP-10c，N-NP-13c，N-NP-15c，N-NP-18c | 非离子型 | 较差 | 较差 |
| 2 | TMN-6 | 非离子型 | 一般 | 一般 |
| 3 | N-P-8，N-P-10，N-P-12 | 非离子型 | 一般 | 一般 |
| 4 | PBE-14 | 非离子型 | 一般 | 一般 |
| 5 | OSP-1310 | 非离子型 | 一般 | 一般 |

| 序号 | 表面活性剂 | 类型 | 地层水配伍性 | pH 值为 3 地层水配伍性 |
|------|-----------|------|------------|------------------|
| 6 | T-80 | 非离子型 | 一般 | 一般 |
| 7 | Span 20，Span 40，Span 60，Span 80 | 非离子型 | 一般 | 一般 |
| 8 | ABS | 阴离子型 | 一般 | 一般 |
| 9 | A-S-12 | 阴离子型 | 一般 | 好 |
| 10 | BS-1 | 阴离子型 | 较差 | 较差 |
| 11 | YX-2 | 阴离子型 | 较差 | 较差 |
| 12 | PBE-14-H | 阴离子型 | 一般 | 一般 |
| 13 | AEP | 阴离子型 | 一般 | 一般 |
| 14 | TXP-10 | 阴离子型 | 一般 | 一般 |
| 15 | OS（MS-1） | 阴离子型 | 一般 | 一般 |
| 16 | N-NP-10c-H，N-NP-15c-H，N-NP-21c-H | 阴离子—非离子型 | 较好 | 较好 |
| 17 | N-NP-15c-S | 阴离子—非离子型 | 较好 | 较好 |
| 18 | N-NP-15c-P | 阴离子—非离子型 | 较好 | 较好 |
| 19 | N-NP-15c-CH | 阴离子—非离子型 | 较好 | 较好 |
| 20 | CAB-35 | 阴离子—阳离子型 | 一般 | 一般 |
| 21 | EC-1 | 阴离子—非离子型 | 较好 | 较好 |

整体而言，阴离子—非离子型表面活性剂及工业品 EC-1 与地层水配伍性较好，在常温、高温及 pH 值为 3 的情况下均极少有沉淀生成。

2）不同类型起泡剂的起泡性能及稳定性能评价

针对质量分数 1.5% 不同类型的起泡剂溶液，选择在温度 125℃、压力 5MPa 的条件下，使用 $10^5$ mg/L（2000mg/L $Ca^{2+}$）矿化度的模拟地层水，借助高温高压泡沫仪来评价 $CO_2$ 泡沫体系的起泡性能及稳定性，按照起泡剂不同种类分类研究，其结果如图 2-2-4 至图 2-2-7 所示。

由以上实验结果可知，由于非离子型表面活性剂在温度较高时存在浊点，除 NP-12 之外，大部分非离子型表面活性剂对温度的敏感度高，在温度升至 70～80℃时无法维持较好的稳定性，泡沫半衰期骤降，类似现象在 N-NP 系列的阴离子—非离子型起泡剂中也可观察到。而部分阴阳离子型及阴离子型表面活性剂的起泡性能和稳泡性能均较好，除此之外，工业品 EC-1 在起泡性能及稳定性上也表现突出，总体而言，EC-1、CAB-35、YX-2、A-S-12 和 BS-1 表现较好，均能产生较为稳定的 $CO_2$ 泡沫。

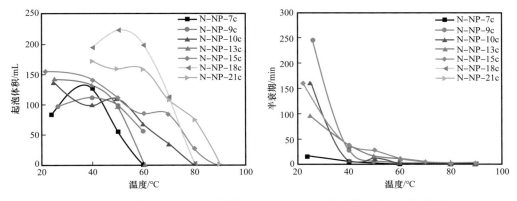

图 2-2-4　非离子型表面活性剂产生 CO$_2$ 泡沫的起泡体积和半衰期曲线

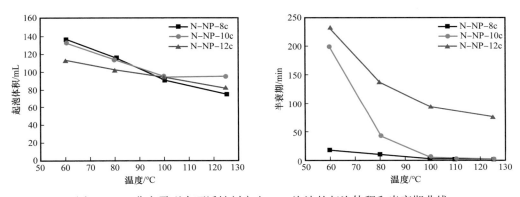

图 2-2-5　非离子型表面活性剂产生 CO$_2$ 泡沫的起泡体积和半衰期曲线

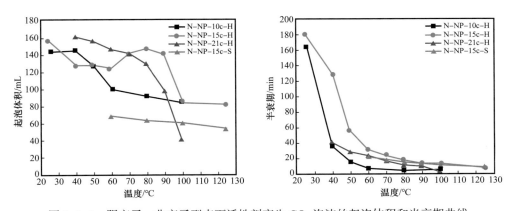

图 2-2-6　阴离子—非离子型表面活性剂产生 CO$_2$ 泡沫的起泡体积和半衰期曲线

针对泡沫性能较好的 N-P-12、N-NP-15c-H、A-S-12、BS-1、YX-1 和 EC-1 进行进一步优化及评价。

（1）常温常压起泡性能及稳定性评价。

在 25℃、常压下对质量分数为 0.5% 的起泡剂溶液用 Waring Blender 法起泡，并对泡沫稳定性及起泡性能进行评价，其结果见表 2-2-3。

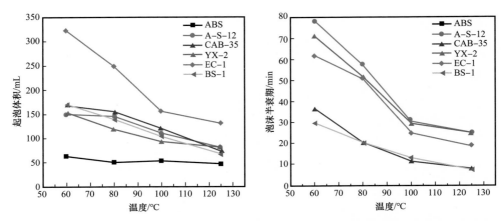

图 2-2-7　阴离子—阳离子型及阴离子型表面活性剂产生 $CO_2$ 泡沫的起泡体积和半衰期曲线

**表 2-2-3　表面活性剂样品 $CO_2$ 泡沫的常温常压性能评价**

| 起泡剂类型 | 溶液状态 | 质量分数 /% | 液体体积 /mL | 气泡体积 /mL | 泡沫半衰期 /s |
|---|---|---|---|---|---|
| YX-2 | 存在固体颗粒 | 0.5 | 100 | 420 | 18060 |
| N-P-12（50%） | 存在絮状物 | 0.5 | 100 | 490 | 15120 |
| A-S-12 | 存在固体颗粒 | 0.5 | 100 | 500 | 9120 |
| BS-1 | 存在固体颗粒 | 0.5 | 100 | 330 | 3780 |
| EC-1 | 澄清透明溶液 | 0.5 | 100 | 760 | 7920 |
| N-NP-15c-H（50%） | 澄清透明溶液 | 0.5 | 100 | 635 | 1230 |

由表 2-2-3 中数据可看出，EC-1 在起泡性能方面表现极其优异，且产生泡沫稳定性较好，而 YX-2 与 NP-12 在稳定性上表现较好，但起泡性能略差，且其余各起泡剂与地层水配伍性均不及 EC-1，综上所述，在常温常压、浓度为 0.5% 的条件下，EC-1 为最佳起泡剂。

（2）高温常压起泡性能及稳定性评价。

在 85℃、常压下对质量分数 0.5% 的起泡剂溶液用 Ross-Miles 法进行评价，其结果见表 2-2-4，可看出温度对泡沫稳定性影响非常大，随着温度的升高泡沫稳定性迅速降低。对比其他起泡剂，EC-1 在起泡性能和稳定性上均较好，但是其稳定性并不能满足矿场实际要求，因而进一步优选稳泡剂，形成适合黄 3 区的耐温、耐盐、稳定的 $CO_2$ 泡沫体系。

3）防窜泡沫体系稳泡剂优选

（1）稳泡剂类型优选。

① 宏观泡沫稳定性评价。选择不同类型的泡沫稳泡剂进行泡沫体系稳定性及起泡性能测试，实验温度为 85℃，起泡剂为 0.5% EC-1，使用 Ross-Miles 法进行泡沫性能评价，实验结果如图 2-2-8 所示，从图中可看出，各体系的泡沫半衰期均随温度的升高而减小。

在油藏温度（85℃）下纳米$SiO_2$体系泡沫半衰期最长，稳泡性能最好，而黏度较高的部分水解聚丙烯酰胺（HPAM）及两亲聚合物体系的析液半衰期较长。

**表 2-2-4 表面活性剂样品$CO_2$泡沫的85℃常压性能**

| 起泡剂类型 | 溶液状态 | 质量分数/% | 液体体积/mL | 气泡体积/mL | 泡沫半衰期/s |
|---|---|---|---|---|---|
| YX-2 | 存在固体颗粒 | 0.5 | 5 | 290 | 38 |
| N-P-12（50%） | 存在絮状物 | 0.5 | 5 | 160 | 35 |
| BS-1 | 存在固体颗粒 | 0.5 | 5 | 310 | 34 |
| EC-1 | 澄清透明溶液 | 0.5 | 5 | 750 | 42 |
| A-S-12 | 澄清透明溶液 | 0.5 | 5 | 295 | 32 |
| N-NP-15c-H（50%） | 澄清透明溶液 | 0.5 | 5 | 305 | 32 |

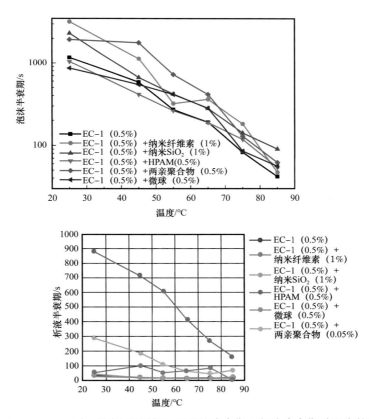

图 2-2-8 0.5%EC-1与不同稳泡剂复配后泡沫半衰期和析液半衰期随温度的变化曲线

中低温下，纳米纤维素、两亲聚合物及纳米$SiO_2$的稳泡性能比较好。随着温度升高，各泡沫体系的稳定性均下降，高温影响液膜析液速度，高温下液体易蒸发、析液速度快，泡沫的析液半衰期迅速下降。从图 2-2-8 还可看出，在高温条件下（85℃），两亲聚合物和纳米$SiO_2$的泡沫半衰期较长，两亲聚合物和HPAM的析液半衰期较长。在高温条件下，纳米纤维素和微球均会出现一定程度的聚集和沉降现象，稳泡能力下降。综合而言，纳米 $SiO_2$ 和两亲聚合物在高温下的稳泡效果较好。

② 宏观泡沫特征。如图 2-2-9 至图 2-2-11 所示，纳米纤维素的加入可增加泡沫溶液的黏度，纳米纤维素主要存在于泡沫液膜上及析出的溶液中，在析出的溶液中易观察到沉降现象，温度越高下部沉降的纳米纤维素越多。但在观察上部泡沫破灭过程可看到，纳米纤维素在析液后期的泡沫液膜中仍可起到骨架的作用。

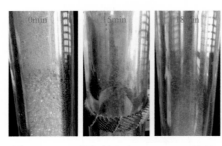

图 2-2-9　不同时间下 0.5% EC-1 泡沫
溶液起泡情况

图 2-2-10　纳米纤维素泡沫上部观察情况及
纳米纤维素溶液下部析液沉降情况

如图 2-2-12 所示，加入纳米 $SiO_2$ 后，泡沫半衰期有一定延长。观察消泡过程可看出，加入纳米 $SiO_2$ 的溶液消泡过程与不加稳泡剂的溶液消泡过程有很大区别，加入纳米 $SiO_2$ 的泡沫液膜在排液过程中逐渐变薄，当液膜达到一定的厚度时，液膜的排液速度基本为 0，泡沫之间开始缓慢地聚并。相比于纳米纤维素，纳米 $SiO_2$ 在常温下的稳泡作用略差。纳米 $SiO_2$ 的稳泡机理是通过多层纳米颗粒稳定液膜、纳米颗粒之间的桥接作用和纳米颗粒之间的毛细管力等机理来稳定泡沫，并在一定程度上为泡沫提供一个高强度骨架，延缓泡沫中气体的扩散和气泡之间的聚并，提高了泡沫整体的稳定性（Kang et al., 2021）。纳米 $SiO_2$ 在高温下的稳泡作用要强于纳米纤维素，主要由于在高温下纳米纤维素有严重的团聚现象。

图 2-2-11　不同时间下 0.5% EC-1+1%
纤维素泡沫溶液起泡情况

图 2-2-12　0.5% EC-1+0.5% 纳米 $SiO_2$
泡沫溶液起泡情况随时间变化

如图 2-2-13 所示，微米级聚合物微球会在高温下出现较为严重的沉降现象，且微米级微球的颗粒较大，稳泡效果有限。尽管也可提供泡沫骨架，但效果不明显。

如图 2-2-14 所示，在常温下，HPAM 的加入增加了起泡剂溶液的黏度，一定程度上削弱了起泡剂的起泡能力，在气流法起泡过程中可明显观察到泡沫的粒径大于其他起泡剂溶液；加入 HPAM 后溶液的黏度明显增加，将起泡剂溶液的析液半衰期增加了几倍甚至十几倍，泡沫在消泡的过程中泡沫由仪器顶部向下逐渐聚并，其余部分泡沫的液膜厚度基本不变。由于 HPAM 耐温能力有限，高温下泡沫液体系的黏度很低，但析液半衰期仍高于其余 3 种稳泡剂体系的析液半衰期，可以考虑使用耐温型两亲聚合物作为稳泡剂。

图 2-2-13　不同时间下 0.5% EC-1+
0.5% 微米级聚合物微球泡沫溶液起泡情况

图 2-2-14　不同时间下 0.5% EC-1+
0.5% HPAM 泡沫溶液起泡情况

如图 2-2-15 所示，两亲聚合物也能够增加泡沫溶液的黏度，有效增加析液半衰期，相比HPAM，其泡沫半衰期更长，在高温条件下表现也较为稳定。在不同温度条件下，泡沫半衰期及析液半衰期均较长。

③ 微观泡沫特征及稳泡机理。对比图 2-2-16至图 2-2-19 中的泡沫微观特征可看出，加入稳泡剂后泡沫析液速度减缓，加入 SiO$_2$ 后液膜达到最低点的时间是未加入稳泡剂的 2 倍。同时，开始阶段液膜厚度有短暂的上升，这是由于刚开始

图 2-2-15　不同时间下 0.5% EC-1+
0.05% 两亲聚合物泡沫溶液起泡情况

时泡沫液膜挥发量较小，液量几乎无变化，当气体发生扩散，泡沫比表面积下降，液膜厚度相应变大。而加入稳泡剂后奥式熟化现象（小气泡中的气体向大气泡中扩散的现象）发生的时间点后移，说明稳泡剂的加入对气体扩散有抑制作用。主要是因为 SiO$_2$ 等颗粒状稳泡剂分布在液膜上时存在相互作用力，如颗粒周围弯液面引起的毛细管力，形成空间网络结构，使能量势垒增加，从而抑制析液。

观察加入不同稳泡剂时的微观照片可看出（图 2-2-17 至图 2-2-19），稳泡剂均匀分布在泡沫液膜表面用来稳泡，随着液膜排液，SiO$_2$ 逐渐聚集在 Plateau 边界处。未加入稳泡剂的泡沫体系在起始时刻泡沫粒径较大，随着时间延长，粒径迅速增大；当 SiO$_2$ 作为稳泡剂时，随着时间延长，粒径先缓慢增加，接着快速增大，最后增长速度减缓，小于未加入稳泡剂时的速度。显然，稳泡剂的加入抑制了泡沫的气体扩散。

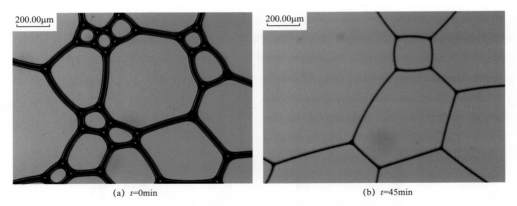

(a) $t$=0min  (b) $t$=45min

图 2-2-16　0.5% EC-1 泡沫体系的泡沫微观形态及随时间变化情况

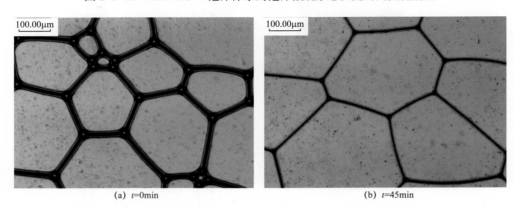

(a) $t$=0min  (b) $t$=45min

图 2-2-17　0.5% EC-1+0.5% $SiO_2$ 泡沫体系的泡沫微观形态及随时间变化情况

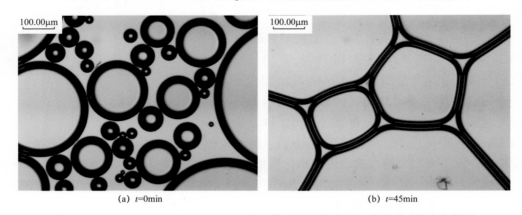

(a) $t$=0min  (b) $t$=45min

图 2-2-18　0.5% EC-1+0.5% HPAM 泡沫体系的泡沫微观形态及随时间变化情况

　　观察不同泡沫体系的气体扩散和析液情况可知，当没有加入稳泡剂时，粒径增长速度和析液速度均较快；在30min左右干泡沫形态已经非常明显，泡沫破灭速度快。当 $SiO_2$ 作为稳泡剂时，0～15min泡沫始终处于较为细密状态，泡沫粒径略有增加，但变化不大；而在15～30min期间，泡沫粒径迅速增大，仍小于未加入稳泡剂时的体系，整个过程中液膜厚度无明显变化。

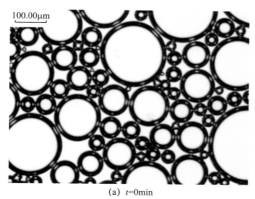 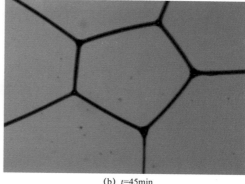

(a) $t=0$min　　　　　　　　　　　　　　　(b) $t=45$min

图 2-2-19　0.5% EC-1+0.05% 两亲聚合物泡沫体系的泡沫微观形态及随时间变化情况

同时稳泡剂的加入还抑制了泡沫的聚并。实验中使用的 $SiO_2$ 为纳米颗粒，纳米颗粒在液面上的脱附能较大，且位于界面之间的颗粒提供了一种毛细压力将相邻气泡分开，抑制了泡沫的聚并。可看出泡沫消泡过程中，纳米 $SiO_2$ 会在液膜上形成骨架，有效地抑制了泡沫的聚并。

综上所述，增加泡沫液黏度可有效降低液膜析液速度，控制液膜厚度下降，颗粒类稳泡剂可控制气体扩散速度，为泡沫提供具有一定支撑能力及强度的骨架，抑制聚并，减缓排液。除此之外，不同稳泡剂的稳定机理不尽相同，需具体分析。表面活性剂可通过液膜黏弹性改变等机理提高稳泡效果，纳米颗粒可以附在液膜上稳泡，黏度增加类的稳泡剂主要是降低析液速度。

④ 纳米 $SiO_2$ 稳泡剂对泡沫动态衰变过程的影响。首先利用 TURBISCAN Lab Expert 型稳定性分析仪观察对比加入不同稳泡剂的 $CO_2$ 泡沫体系时的消泡情况和稳定性参数（TSI），TSI 值越小，说明泡沫体系越稳定。

如图 2-2-20 所示，中线左侧为析液过程，随着时间延长，通过透射光的区域从左往右不断增大，且透射光强较高，约 85% 左右，背射光不断减小，最低降至 15% 左右；线右侧为消泡过程，随着时间延长，通过透射光的区域从右往左不断增大，且透射光强不断升高，最终达到 28% 左右，背射光强从右往左不断减小，最低降至 15% 左右。说明在最开始瓶中充满泡沫，光多被散射，难以发生透射；随着泡沫逐渐消泡，同时下端液体不断析出，且析出溶液澄清透明，故透射光强较高（Yin et al.，2018）。

从图 2-2-20 中还可看出，从 4h 开始，透射光强和背射光强变化不大，说明泡沫已经消泡完毕。如图 2-2-21 所示，在析出液体顶部仍存在一些细小泡沫，结果说明 2h 时界面上仍存在一部分难透光区域。

如图 2-2-22 所示，图中线左侧为析液过程，随着析出液体增多，透射光强不断增大，在析液的过程中，纳米 $SiO_2$ 虽在缓慢沉降，但整体呈悬浮状于溶液中，所以透射光强平行上升，且最大达到 80%，小于未加稳泡剂时的情况；线右侧为消泡过程，消泡之后仍有少量纳米 $SiO_2$ 挂在瓶壁上，透射光强最大达到 20%，略低于未加稳泡剂的情况。而且当 3h 时，透射光强和背射光强几乎无变化，但在实际观察中可看到中下部的泡沫仍然存在（图 2-2-23），说明加入稳泡剂后能够有效延长泡沫的存在时间。

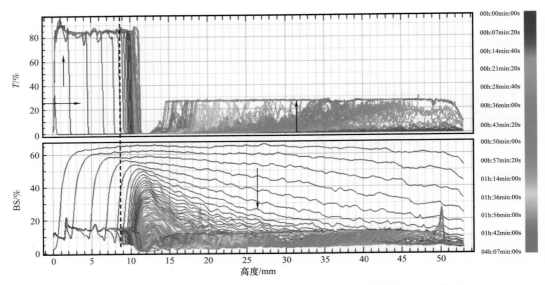

图 2-2-20　60℃下未加稳泡剂时透射光强（$T$）和背射光强（$BS$）曲线

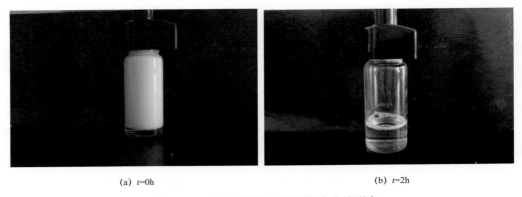

（a）$t=0$h　　　　　　　　　　　　　（b）$t=2$h

图 2-2-21　未加稳泡剂时乳化瓶中泡沫形态

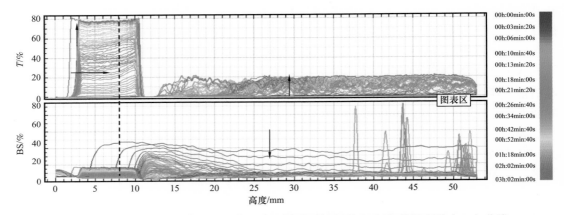

图 2-2-22　60℃下 1% 纳米 $SiO_2$ 作为稳泡剂时透射光强（$T$）和背射光强（$BS$）曲线

(a) $t$=0h　　　　　　　　　　　　　(b) $t$=3h

图 2-2-23　1% 纳米 $SiO_2$ 稳泡剂时乳化瓶中泡沫形态

　　如图 2-2-24 所示，线左面为析液过程，纳米 $SiO_2$ 悬浮在溶液中，析出液体呈乳白色，光难以发生透射，表现为无透射光强，背射光强较高；线右边为消泡过程，随着时间延长，泡沫不断消泡，表现为透射光强从右往左不断增大，最大到 25% 左右，背射光强不断减小。而在 3h 之后可看到中下部的泡沫仍然存在，而无稳泡剂的泡沫已经在 2h 左右就完成了泡沫的破灭，尤其是在上 1/3 部泡沫迅速在 10min 之内破灭，而加入纳米 $SiO_2$ 则稳定存在至少 1h。以上结果充分说明了纳米 $SiO_2$ 可有效延长泡沫析液过程，进而延长泡沫的存在时间。

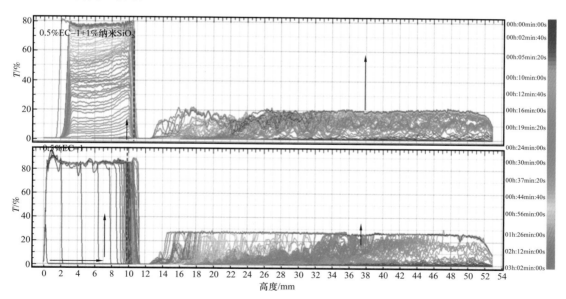

图 2-2-24　60℃下泡沫剂体系透射光强曲线

　　对比加入稳泡剂和不加稳泡剂时泡沫完成消泡的时间，单独 EC-1 时完成消泡较早，其次是加入纳米 $SiO_2$。未加入、加入 0.3% 和 1% 纳米 $SiO_2$ 时的 TSI 值如图 2-2-25 所示。

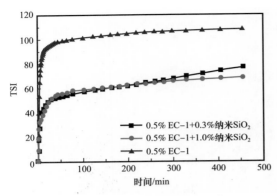

图 2-2-25　60℃下不同稳泡剂 TSI 值对比

由图 2-2-25 可看出，EC-1 的 TSI 值最高，且 TSI 值先达到稳定，其次是 1%EC-1+0.3% 纳米 $SiO_2$，而最稳定的体系是 1%EC-1+1.0% 纳米 $SiO_2$，且 TSI 值最后达到稳定。说明加入纳米 $SiO_2$ 时，泡沫体系的稳定性加强，而对比不同纳米 $SiO_2$ 浓度（0.3% 和 1%）的实验结果可看出，浓度为 1% 的体系稳定性更好，但二者稳定性相差不大，在考虑经济成本的情况下可降低稳泡剂的用量。不同浓度稳定性对比情况与观察透射光强和背射光强得出的结论一致。

综上所述，可看出在高温高盐的条件下，纳米 $SiO_2$ 颗粒在稳定泡沫效果上表现最好。纳米 $SiO_2$ 颗粒密度低、生成泡沫稳定性好，泡沫析液速度慢。不同浓度对比中可看到，尽管最优体系是 EC-1+1% 纳米 $SiO_2$，但 EC-1+0.3% 纳米 $SiO_2$ 已经可以保持符合要求的较稳定泡沫，且稳定性与前者差异较小。

纳米 $SiO_2$ 颗粒的稳泡机理主要是纳米颗粒通过吸附在界面及泡沫液膜上，来抑制泡沫的气体扩散作用，并在液膜上形成骨架来抑制泡沫的聚并作用，从而降低了 $CO_2$ 泡沫的排液、气体扩散以及聚并速度，因而提高了泡沫的稳定性。

（2）稳泡剂浓度优选。

在选定质量分数 0.5% 为起泡剂最优浓度的情况下，改变稳泡剂 $SiO_2$ 的浓度，依照实验流程进行实验，实验条件为 85℃、8MPa。稳泡剂浓度与泡沫特征综合指数的关系如图 2-2-26 所示。

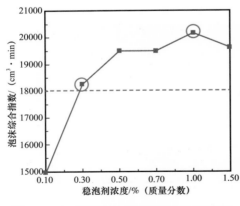

图 2-2-26　泡沫综合指数随稳泡剂浓度的变化（0.5%EC-1）

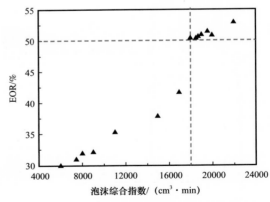

图 2-2-27　裂缝性岩心提高采收率随泡沫综合指数的变化关系（8MPa，85℃）

从图 2-2-26 中可以看出，泡沫特征综合指数随着稳泡剂浓度的增加先增大后减小，在 1% 时取得最大值，最优体系为 0.5% EC-1+1.0% $SiO_2$。此外利用裂缝性岩心开展防窜泡沫体系提高采收率实验，在 85℃、8MPa 条件下，采收率与泡沫体系的综合指数存在如

图 2-2-27 所示的关系，从图中可看出，当泡沫综合指数大于 $18000cm^3 \cdot min$ 时，采收率值逐渐稳定，且低于 $18000cm^3 \cdot min$ 时，采收率值急剧下降。因此综合考虑采收率，兼顾经济成本，优化后的泡沫体系为：0.5% EC-1+0.3% $SiO_2$。

### 2. 耐酸耐盐封堵材料的研发

1）实验材料及方法

（1）实验材料：聚丙烯酰胺聚合物结构如图 2-2-28 所示，交联剂 YA，分析纯，LS系列、TM 系列、SM 系列纳米硅溶胶，氯化钠、氯化镁、氯化钙、碳酸氢钠，蒸馏水（实验室自制），模拟地层水（实验室自制），见表 2-2-5 和表 2-2-6。

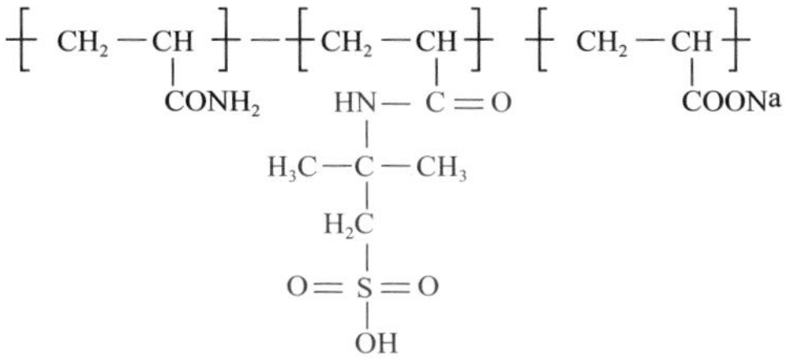

图 2-2-28　实验中使用的聚丙烯酰胺聚合物结构

表 2-2-5　实验中制备的凝胶类型及相应的聚合物参数

| 凝胶类型 | 样品编号 | 聚合物分子量 /$10^6$Da | 水解度 /% |
|---|---|---|---|
| 凝胶类型 I | No.905 | 8～10 | 1～10 |
| | No.907 | 9～10 | |
| | No.105 | 10～15 | |
| 凝胶类型 II | No.3230 | 5～8 | 27～32 |
| | No.3430 | 10～15 | |
| | No.3630 | 17～20 | |

表 2-2-6　长庆油田矿化水组成　　　　　　　　　　　单位：mg/L

| 离子含量 | | | | | 总矿化度 |
|---|---|---|---|---|---|
| $Ca^{2+}$ | $Ba^{2+}$ | $Na^+$ | $HCO_3^-$ | $Cl^-$ | |
| 1506 | 5076.57 | 28745.17 | 129.48 | 49596.26 | 85053.48 |

（2）实验仪器：恒温箱、滴定管、烧杯、量筒、磁力搅拌装置、高精度天平、Zetasizer Nano-ZS90 动态光散射仪（DLS）、Tecnai F20 扫描透射显微镜。

（3）实验方法：

①纳米硅溶胶的筛选。配制 3 种不同浓度和组分的 LS 系列、TM 系列和 SM 系列纳米硅溶胶。判断硅溶胶是否具备优良的地层水配伍性，进而完成对三种纳米硅溶液与地层水的配伍性的考察。

②耐酸耐盐聚合物的筛选。首先选取一种环保型的可交联 YA 聚合物作为有机交联剂，考虑到交联剂的使用成本，实验中选用的交联剂的分子量控制在 100000Da 以下，固定 YA 的用量为 2000mg/L。在此基础上，对两类 /6 种聚合物进行初步筛选。主剂类型 I

即低水解度聚合物，包括三种不同分子量的聚合物 No.905、No.907 和 No.105。主剂类型 Ⅱ 即高水解度聚合物，包括三种不同分子量的聚合物 No.3230、No.3430 和 No.3630。实验中使用固定的交联剂浓度，统一的聚合物 / 交联剂配比。以凝胶的热稳定性作为筛选标准，使用凝胶代码法对凝胶的强度进行评价，定期观察、比较各个样品的热稳定性，进而筛选出合适的聚合物体系。

根据上述实验，筛选出了三种水解度较低（水解度为 1%～10%）的聚合物作为主剂。以此为基础，进一步考察聚合物分子量、聚交比对凝胶成冻时间、成胶强度及热稳定性的影响。最终筛选出成冻时间较长、成胶后强度较好及热稳定性较好的凝胶配方。

③ PLS 凝胶体系的复配及优化。通过纳米硅溶胶筛选实验优选出了与地层水配伍性较好的纳米硅溶胶——LS 硅溶胶，以及稳定性最优、强度最好的聚合物凝胶体系 No.105。以上述两种材料为基础（同时考虑溶液的初始黏度即注入性），使用 4 种不同浓度的 LS 硅溶胶（1.25%、0.63%、0.31%、0.15%）与聚合物的凝胶 Ⅰ（聚合物用量 7500mg/L，交联剂用量 2000mg/L）进行复配。以成冻时间、成胶强度及热稳定性为评价标准（Zhou et al.，2021），研究不同浓度 LS 硅溶胶在复配体系中的最优用量，以及无机纳米材料对于基础凝胶体系在性能上的改善。为了进一步提高复合凝胶的性能，加入了调节剂（EDTA）以及除氧剂（$Na_2SO_3$）得到强度较好、耐冲刷的 PLS 强凝胶，以及初始黏度较低、易于注入的 PLS 弱凝胶。

2）纳米硅溶胶的筛选

使用 Zetasizer Nano-ZS90 动态光散射仪（DLS）和扫描透射显微镜（STEM）考察了 3 种纳米硅的粒径及其分布，根据实验结果，3 种硅溶胶的粒径分布均较为集中，其中 SM 硅溶胶中纳米硅的直径约为 6nm，其余两种硅溶胶，纳米颗粒的直径由小到大依次为 LS 硅溶胶（8nm）及 TM 硅溶胶（10nm），3 种硅溶胶中的纳米硅颗粒，粒度较好、分散均匀且粒径分布比较均一。在 DLS 测试和 STEM 表征实验的基础上，进一步研究地层水与纳米硅溶液配伍性，优选出符合矿场使用条件的纳米硅溶液配比。

通过初步筛选，发现 TM 系列和 SM 系列硅溶胶对 $CaCl_2$ 型地层水异常敏感，与地层水配伍性差。与 TM 系列和 SM 系列硅溶胶相比，LS 系列硅溶胶与地层水配伍性相对较好。由于 3 种硅溶胶粒径相近，配伍性存在差异的原因主要在于 TM 系列和 SM 系列硅溶胶中含有的稳定剂（分散剂）对地层水中的二价离子或总矿化度较为敏感。若在矿场配制中出现纳米硅与地层水不配伍的情况，则纳米硅颗粒无法在待成胶的溶液中充分分散，即无法起到复合改性的作用（Yang et al.，2019）。综上所述，根据实验结果选择配伍性较好的 LS 硅溶胶作为后续复合实验的原材料，如图 2-2-29 至图 2-2-32 所示，以及见表 2-2-7 至表 2-2-9。

**表 2-2-7　TM 系列纳米硅溶胶实验结果**

| 样品编号 | 纳米硅含量 /［%（质量分数）］ | 状态描述 | 与地层水配伍性 |
|---|---|---|---|
| TM1 | 50 | 混浊，分散液 | 中等 |
| TM2 | 25 | 膏状，半固体 | 差 |
| TM3 | 12.5 | 混浊，乳状液 | 差 |

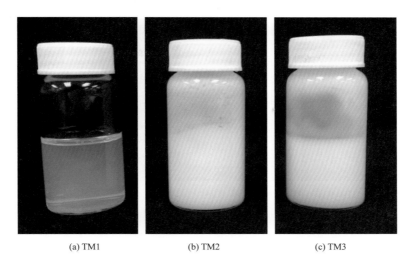

(a) TM1　　　　　　　　(b) TM2　　　　　　　　(c) TM3

图 2-2-29　由地层水配制的不同浓度 TM 系列硅溶胶

表 2-2-8　SM 系列纳米硅溶胶实验结果

| 样品编号 | 纳米硅含量/［%（质量分数）］ | 状态描述 | 与地层水配伍性 |
| --- | --- | --- | --- |
| SM1 | 30 | 澄清，黏着 | 中等 |
| SM2 | 15 | 胶状，固体 | 差 |
| SM3 | 7.5 | 上下分层 | 差 |

(a) SM1　　　　　　　　(b) SM2　　　　　　　　(c) SM3

图 2-2-30　由地层水配制的不同浓度 SM 系列硅溶胶

表 2-2-9　LS 系列纳米硅溶胶实验结果

| 样品编号 | 纳米硅含量/［%（质量分数）］ | 状态描述 | 与地层水配伍性 |
| --- | --- | --- | --- |
| LS1 | 30 | 澄清，透明 | 好 |
| LS2 | 15 | 较混浊，分散液 | 中等 |
| LS3 | 7.5 | 略混浊，分散液 | 中等 |

(a) LS1          (b) LS2          (c) LS3

图 2-2-31 由地层水配制的不同浓度 LS 系列硅溶胶

(a) LS1          (b) LS2          (c) LS3

图 2-2-32 加热后的 LS 系列硅溶胶

3）耐酸耐盐聚合物的筛选

通过对比凝胶Ⅰ与凝胶Ⅱ的试验结果，前者体现出了更加优异的热稳定性。而且经过一段时间的老化，类型Ⅰ/交联剂体系强度较高。而且在类型Ⅰ当中，分子量较高的样品表现出了更优的强度以及热力学稳定性，如图 2-2-33 和图 2-2-34 所示。

图 2-2-33 凝胶Ⅰ在地层温度（85℃）下老化一周效果对照

图2-2-34 凝胶Ⅱ在地层温度（85℃）下老化一周效果对照

因为凝胶Ⅱ由高水解度的聚合物制备而成，其分子链上的基团主要为羧基（—COOH）或羧酸酯（—COO⁻），然而这两种基团对于地层水中的二价离子较为敏感。如图2-2-35所示，在二价离子的屏蔽作用下，一方面第Ⅱ类凝胶的主链被压缩，造成不易成胶现象；另一方面，二价离子易于羧酸酯形成配合物导致聚合物主链收缩，凝胶失水（Zhao et al.，2015）。最终导致凝胶失水，热力学稳定性变差。

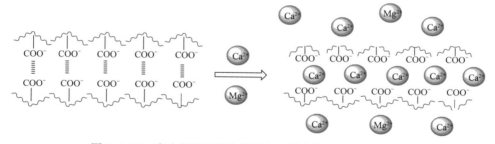

图2-2-35 高水解度的聚合物制备的凝胶易受二价离子影响

实验结果表明，随着主剂分子量及浓度的增加，体系的成冻时间缩短，与此同时，凝胶强度增大。通过比较三种聚合物形成的凝胶的稳定性，发现聚合物分子量越高形成的凝胶的稳定性越好。并且，增加交联剂（YA）的用量可使凝胶强度增大，但成冻时间也随之缩短。结合封堵裂缝介质的技术特点，凝胶体系强度越好越有益于封窜治理，并考虑初始黏度、凝胶稳定性及实际使用成本，推荐使用No.105聚合物。推荐使用聚合物浓度为7500mg/L，交联剂浓度为2000mg/L，如图2-2-36至图2-2-40所示，以及见表2-2-10至表2-2-12。

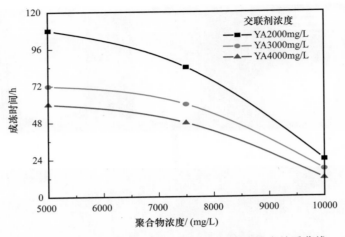

图 2-2-36　No.905 聚合物成冻时间与聚合物浓度关系曲线

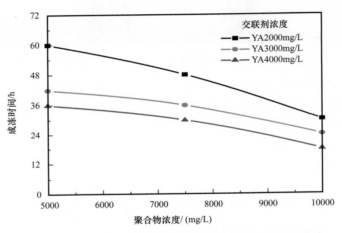

图 2-2-37　No.907 聚合物成冻时间与聚合物浓度关系曲线

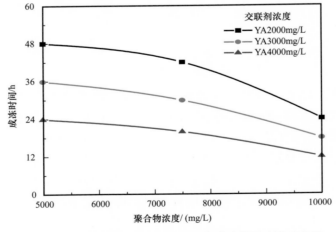

图 2-2-38　No.105 聚合物成冻时间与聚合物浓度关系曲线

表 2-2-10 以 No.905 聚合物为主剂的凝胶性能表现

| 主剂浓度/（mg/L） | 交联剂浓度/（mg/L） | 凝胶强度等级 | 热稳定性 |
|---|---|---|---|
| 5000 | 2000 | C | 96h 开始出现轻度脱水 |
| | 3000 | C | |
| | 4000 | D | |
| 7500 | 2000 | C | 108h 开始出现轻度脱水 |
| | 3000 | D | |
| | 4000 | D | |
| 10000 | 2000 | D | 132h 开始出现轻度脱水 |
| | 3000 | D | |
| | 4000 | D | |

表 2-2-11 以 No.907 聚合物为主剂的凝胶性能表现

| 主剂浓度/（mg/L） | 交联剂浓度/（mg/L） | 凝胶强度等级 | 热稳定性 |
|---|---|---|---|
| 5000 | 2000 | C | 100h 开始出现轻度脱水 |
| | 3000 | C | |
| | 4000 | D | |
| 7500 | 2000 | C | 120h 开始出现轻度脱水 |
| | 3000 | D | |
| | 4000 | D | |
| 10000 | 2000 | D | 144h 开始出现轻度脱水 |
| | 3000 | D | |
| | 4000 | D | |

表 2-2-12 以 No.105 聚合物为主剂的凝胶性能表现

| 主剂浓度/（mg/L） | 交联剂浓度/（mg/L） | 凝胶强度等级 | 热稳定性 |
|---|---|---|---|
| 5000 | 2000 | D | 192h 开始出现轻度脱水 |
| | 3000 | D | |
| | 4000 | D | |

续表

| 主剂浓度 /（mg/L） | 交联剂浓度 /（mg/L） | 凝胶强度等级 | 热稳定性 |
|---|---|---|---|
| 7500 | 2000 | E | 240h 开始出现轻度脱水 |
| | 3000 | D | |
| | 4000 | E | |
| 10000 | 2000 | F | 312h 开始出现轻度脱水 |
| | 3000 | E | |
| | 4000 | E | |

图 2-2-39　老化前的聚合物凝胶体系
所用聚合物由左至右为 No.105、No.907 和 No.905

图 2-2-40　老化 30 天后的聚合物凝胶体系
所用聚合物由左至右为 No.105、No.907 和 No.905

图 2-2-41　PLS 凝胶老化 20 天后
的外观形貌

4）PLS 凝胶体系的复配及优化

成胶实验表明，通过引入无机添加剂纳米硅溶胶，凝胶体系的热稳定性得到改善，脱水时间由 240h 增加至 580h（图 2-2-41 和表 2-2-13）。这是因为纳米硅颗粒属于无机纳米材料，对环境的敏感性较低，所以引入纳米硅颗粒后，整个体系的环境敏感性被降低，与此同时凝胶体系的热稳定性得以增强。

通过引入纳米硅颗粒，延长了成冻时间，即改变硅溶胶的用量可以调解凝胶体系的成冻时间。成冻时间的变化可通过微观反应动力学解释，由于纳米硅占据了聚合物的水动力学半径，以此降低了聚合物与交联剂接触—碰撞—反应的概率，所以成冻时间延长。

表 2-2-13　凝胶与纳米硅复配体系的成冻时间及热稳定性

| 时间 /h | 加入不同浓度纳米硅的凝胶强度等级 | | | | 时间 /h | 加入不同浓度纳米硅的凝胶强度等级 | | | |
|---|---|---|---|---|---|---|---|---|---|
| | 1.25% | 0.63% | 0.31% | 0.15% | | 1.25% | 0.63% | 0.31% | 0.15% |
| 1 | B | B | A | B | 240（10d） | D | E | E | F |
| 2 | A | A | B | A | 252 | E | E | F | F |
| 3 | A | A | A | A | 264 | E | E | F | F |
| 4 | A | A | A | A | 276 | E | E | F | G |
| 5 | A | A | A | A | 288 | E | E | F | G |
| 6 | A | A | A | A | 300 | E | E | G | G |
| 7 | A | A | A | A | 312 | E | F | G | G |
| 8 | A | A | A | A | 324 | E | F | G | G |
| 10 | A | A | A | A | 336 | E | F | G | G |
| 12 | A | A | A | A | 348 | E | G | G | G |
| 18 | A | B | B | B | 360 | E | G | G | G |
| 24 | B | B | B | B | 372 | E | G | G | G |
| 36 | B | B | B | C | 384（16d） | E | G | G | G |
| 48（2d） | B | C | C | C | 396 | E | G | G | G |
| 60 | B | C | C | C | 408（17d） | E | G | G | G |
| 72（3d） | B | C | C | D | 420 | E | G | G | G |
| 84 | B | C | C | D | 432（18d） | E | G | G | G |
| 96（4d） | B | C | C | D | 444 | E | G | G | G |
| 108 | B | C | D | E | 456（19d） | E | G | G | G |
| 120（5d） | C | C | D | E | 468 | E | G | G | G |
| 132 | C | D | D | E | 480（20d） | E | G | G | G |
| 144（6d） | C | D | E | E | 492 | E | G | G | G |
| 156 | C | D | E | E | 504（21d） | E | G | G | G |
| 168（7d） | C | D | E | E | 516 | E | G | G | G |
| 180 | C | E | E | E | 528（22d） | E | G | G | G |
| 192（8d） | C | E | E | E | 540 | E | G | G | G |
| 204 | D | E | E | E | 552（23d） | E | G | G | G |
| 216（9d） | D | E | E | E | 564 | E | G | G | G |
| 228 | D | E | E | F | 576（24d） | E | G | G | G |

| 时间 /h | 加入不同浓度纳米硅的凝胶强度等级 | | | | 时间 /h | 加入不同浓度纳米硅的凝胶强度等级 | | | |
|---|---|---|---|---|---|---|---|---|---|
| | 1.25% | 0.63% | 0.31% | 0.15% | | 1.25% | 0.63% | 0.31% | 0.15% |
| 588 | E | G | G | G | 672(28d) | E | 脱水 | 脱水 | 脱水 |
| 600(25d) | E | G | 脱水 | 脱水 | 684 | E | 脱水 | 脱水 | 脱水 |
| 612 | E | G | 脱水 | 脱水 | 696(29d) | E | 脱水 | 脱水 | 脱水 |
| 624(26d) | E | G | 脱水 | 脱水 | 708 | E | 脱水 | 脱水 | 脱水 |
| 636 | E | G | 脱水 | 脱水 | 720(30d) | 脱水 | 脱水 | 脱水 | 脱水 |
| 648(27d) | E | G | 脱水 | 脱水 | 732 | 脱水 | 脱水 | 脱水 | 脱水 |
| 660 | E | G | 脱水 | 脱水 | 709(31d) | 脱水 | 脱水 | 脱水 | 脱水 |

另外，纳米硅颗粒凝胶的强度即黏弹性亦有所增加，由原有的 E 级和 D 级增强至 G 级和 E 级。纳米硅使黏弹性增强的机理如图 2-2-42 所示，由于聚合物与纳米硅颗粒间形成了大量硅氧键和氢键，使得两者之间相互作用力得以增强，与此同时，如图 2-2-43 所示，由于纳米硅的加入，凝胶体系的微观构造得以改变，此时纳米硅通过缠结、包覆和填充等作用增加了凝胶体系的刚性。

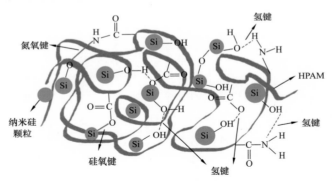

图 2-2-42　引入纳米硅实现无机改性的微观机理示意图

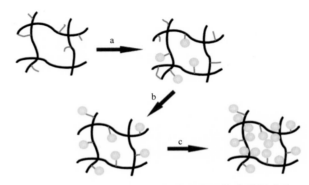

图 2-2-43　引入纳米硅对凝胶的微观构造进行改造
a—缠结；b—包覆；c—填充

但在实验中发现，加入过量的纳米硅颗粒不仅影响交联反应的进行，同时成胶后的凝胶变脆，成胶效果变差。根据上述实验结果推荐纳米硅的使用浓度为 0.31%，即 12420ppm。

为进一步增加凝胶体系的稳定性，考虑到长庆油田地层水中的高硬度，引入络合剂如 EDTA 屏蔽地层水中的二价离子和除氧剂 $Na_2SO_3$。在引入添加剂的情况下，凝胶强度、热力学稳定性进一步改善，凝胶强度由 G 级提高至 H 级。稳定时间可延长到 180 天，失水量小于 10%，如图 2-2-44 和图 2-2-45 所示。

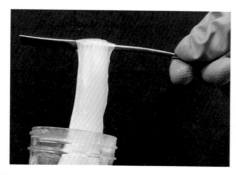
图 2-2-44　PLS 凝胶体系—强凝胶的外观形貌

图 2-2-45　PLS 凝胶体系—弱凝胶的外观形貌

### 3. 耐酸颗粒封堵材料的研发

1）耐酸颗粒堵剂的合成

采用反相微乳液聚合法制备耐酸颗粒堵剂。利用丙烯酰胺、4-苯乙烯磺酸钠、耐酸单体 ARM、$N, N'$-亚甲基双丙烯酰胺和不稳定交联剂 UCA，在 40℃、反应 2h 的条件下，合成了纳米级的耐酸颗粒堵剂。耐酸颗粒堵剂粒径范围为 100～300nm。

2）耐酸颗粒堵剂的性能评价

（1）膨胀性能。

图 2-2-46 为常规颗粒堵剂与耐酸颗粒堵剂在地层水和蒸馏水中不同温度下的膨胀性能，水的 pH 值均为 3。两种颗粒堵剂在酸性条件中的膨胀均为先增加后平稳的趋势，耐酸颗粒堵剂的膨胀高于常规颗粒堵剂。

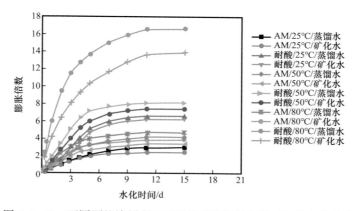
图 2-2-46　不同颗粒堵剂在不同温度下膨胀性能随时间的变化曲线

图 2-2-47 是两种颗粒堵剂在不同温度下的膨胀性能。常规颗粒堵剂膨胀性随温度的升高而升高，但改变较小；耐酸颗粒堵剂的膨胀性优于常规堵剂。耐酸颗粒堵剂具有高温下二次膨胀的特性，能够实现在地层温度下的延缓膨胀。

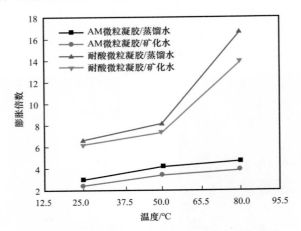

图 2-2-47　不同温度下颗粒堵剂的膨胀性能曲线

（2）超临界 $CO_2$ 下的长期稳定性。

图 2-2-48 所示为耐酸颗粒堵剂在 80℃、超临界 $CO_2$ 环境下粒径随时间的变化。耐酸颗粒堵剂在地层水中第 15 天粒径为 1718.47nm，230 天粒径为 1584.89nm，粒径保留率为 92.22%；在长庆油田地层水中第 15 天粒径为 1281.34nm，230 天粒径为 1176.44nm，粒径保留率为 91.81%。耐酸颗粒堵剂在超临界 $CO_2$ 环境下具有长期的高粒径保留率。

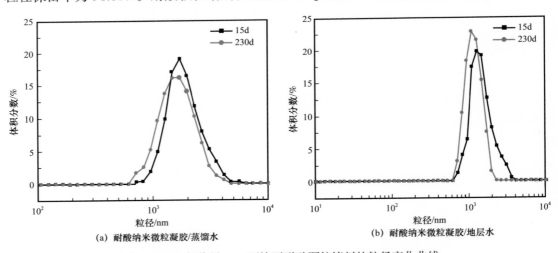

图 2-2-48　超临界 $CO_2$ 环境下耐酸颗粒堵剂的粒径变化曲线

图 2-2-49 为耐酸颗粒堵剂在超临界 $CO_2$ 环境下的黏弹性变化，随频率增加，储能模量（$G'$）和损耗模量（$G''$）均增加。耐酸颗粒堵剂膨胀 15 天时的黏弹性要略高于第 230 天时的黏弹性，但变化幅度很小，且损耗模量增加幅度很小，在超临界 $CO_2$ 环境中，耐酸颗粒堵剂能够保持较高的强度，这一结果与粒径变化一致。

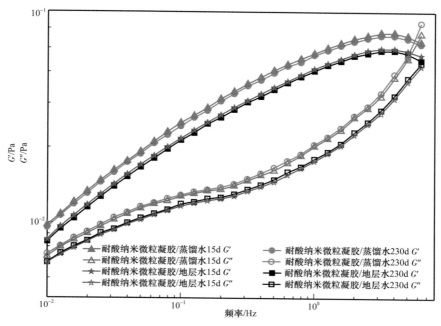

图 2-2-49 超临界 $CO_2$ 环境下耐酸颗粒堵剂黏弹性变化曲线

3）耐酸颗粒堵剂的封堵能力

表 2-2-14 为耐酸颗粒堵剂水驱封堵率统计表，耐酸颗粒堵剂在渗透率为 10mD 以下随着渗透率的增加封堵率增加，具有高封堵率。

表 2-2-14 各岩心渗透率及封堵率统计表

| 岩心编号 | 封堵前渗透率 /mD | 封堵后渗透率 /mD | 封堵率 /% |
| --- | --- | --- | --- |
| 3–5 | 1.68 | 0.49 | 70.66 |
| 10–12 | 3.15 | 0.30 | 90.47 |
| 50–35 | 10.69 | 0.34 | 96.82 |

耐酸颗粒堵剂总注入量为 0.8PV、浓度为 0.5%（质量分数）、注入速度为 0.5mL/min，图 2-2-50 为连续注入与交替注入时的注采压差曲线，图 2-2-51 为不同阶段的采出液。裂缝岩心缝宽为 0.03mm，渗透率为 35.79mD，含油饱和度为 63.53%。交替注入方式下超临界 $CO_2$ 驱的封堵率为 78.13%，后续超临界 $CO_2$ 驱提高采收率为 14.81%；连续注入方式下封堵率为 95.70%，提高采收率为 21.03%。连续注入的方式对低渗裂缝岩心的封堵效果更高，提高采收率效果更好。

### 三、两级气窜防治体系工艺段塞及参数

泡沫防窜体系无法有效封堵裂缝，而 PLS 凝胶可以封堵裂缝，但封堵后仍有较大提升空间（刘伟等，2008）。本部分主要研究两级封窜体系对裂缝的适应性效果，研究思路分两步走：第一步用高强度的凝胶封堵裂缝，第二步用泡沫来改善基质非均质性。本

部分对两级封窜体系的适应性界限、注入量、注入速度、注入轮次、注入时机等工艺参数进行优化研究，确定了两级封窜体系最佳的适用条件以及注入工艺参数（王凤刚等，2019；鲁国用，2019；王维波等，2017）。

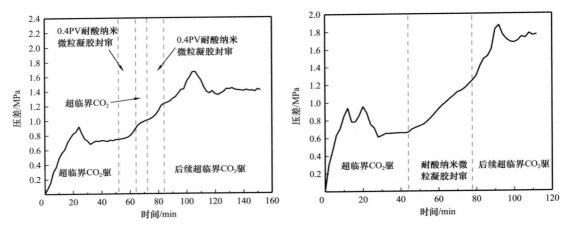

图 2-2-50　耐酸颗粒堵剂不同注入方式下的注采压差曲线

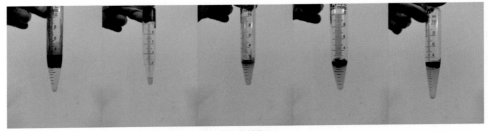

（a）交替注入

（b）连续注入

图 2-2-51　不同注入方式下各阶段提高采收率采出液

## 1. 两级封防窜体系适应性界限

选取不同渗透率级差（均质、5、10、15、20、裂缝）的人造非均质岩心（4.5cm×4.5cm×30cm）进行 $CO_2$ 驱油以及封窜实验，与均质岩心做对比，研究两级封窜体系的适应性界限，筛选出适合两级封堵体系的油藏非均质性条件，实验结果见表 2-2-15，不同渗透率级差下气驱动态曲线如图 2-2-52 所示。

表 2-2-15　两级封窜适应性界限实验结果

| 岩心编号 | 渗透率级差 | 采出程度 /% | | | 总采收率 /% | 注入体积 /PV | | | 总注入体积 / PV |
|---|---|---|---|---|---|---|---|---|---|
| | | 一次气驱 | 二次气驱 | 三次气驱 | | 一次气驱 | 二次气驱 | 三次气驱 | |
| CQJZ-3 | 1（均质） | 50.35 | 21.60 | 16.25 | 88.20 | 1.68 | 0.89 | 1.01 | 3.58 |
| CQFJZ-5 | 5 | 37.44 | 21.33 | 15.77 | 74.54 | 1.54 | 0.69 | 0.97 | 3.20 |
| CQFJZ-10 | 10 | 35.31 | 20.00 | 15.17 | 70.48 | 1.38 | 0.78 | 0.85 | 3.01 |
| CQFJZ-15 | 15 | 32.09 | 19.74 | 14.26 | 66.09 | 1.32 | 0.74 | 0.8 | 2.81 |
| CQFJZ-20 | 20 | 28.84 | 18.3 | 10.98 | 58.12 | 1.26 | 0.73 | 0.75 | 2.74 |
| CQLF | （裂缝） | 23.32 | 14.38 | 10.17 | 47.87 | 0.93 | 0.64 | 0.72 | 2.29 |

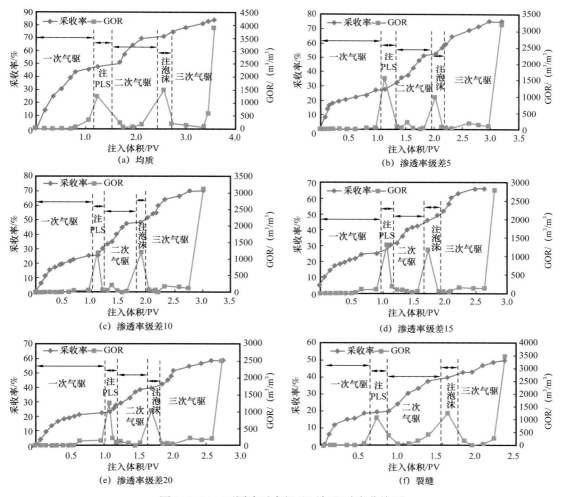

图 2-2-52　不同渗透率级差下气驱动态曲线图

图 2-2-53 为渗透率级差与采出程度的柱状图，从图中可看出，随着非均质性的增强，总的采收率以及一次气驱、二次气驱和三次气驱阶段的采出程度是逐渐降低的。虽然各个阶段以及总采出程度是逐渐降低的，但并没有出现如泡沫封堵体系一样，当非均质程度到达一定程度时会出现陡然下降，这说明两级封堵体系对裂缝岩心具有很好的适应性。

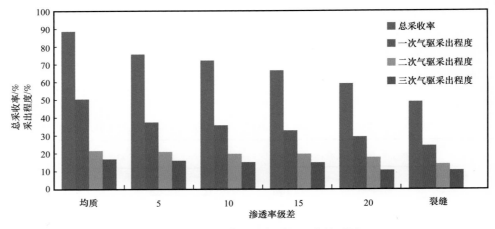

图 2-2-53　渗透率级差与采出程度关系图

### 2. 两级封防窜体系注入量优化

两级封窜体系的注入量会影响 $CO_2$ 窜逸的控制效果（Sun et al.，2020；韦琦，2018），选取人造裂缝岩心进行 $CO_2$ 驱油以及封窜实验，研究两级封窜体系的注入量对封窜能力大小的影响，筛选出适合两级封窜体系的最佳注入量，实验结果见表 2-2-16，不同注入量下气驱动态曲线如图 2-2-54 所示。

表 2-2-16　两级封窜体系注入量优化实验结果（裂缝）

| 岩心编号 | 渗透率级差 | 采出程度 /% | | | 总采收率 / % | 注入体积 /PV | | | 总注入体积 / PV |
|---|---|---|---|---|---|---|---|---|---|
| | | 一次气驱 | 二次气驱 | 三次气驱 | | 一次气驱 | 二次气驱 | 三次气驱 | |
| ZRL-0.4 | 裂缝 | 22.20 | 9.32 | 7.97 | 39.49 | 0.87 | 0.56 | 0.65 | 2.08 |
| ZRL-0.8 | 裂缝 | 23.32 | 14.38 | 10.17 | 47.87 | 0.93 | 0.64 | 0.72 | 2.29 |
| ZRL-1.0 | 裂缝 | 23.40 | 16.38 | 10.42 | 50.21 | 0.93 | 0.72 | 0.77 | 2.41 |

图 2-2-55 为采出程度与注入量的关系图，从图中可看出，随着凝胶注入量的增加，各个阶段的采收率逐渐增加，当凝胶的注入量为 1.0FV（FV 为裂缝体积英文简写）时，采收率最佳。两级封窜体系中的凝胶主要是解决裂缝中的窜逸问题，因此只有当注入凝胶足够多时才能产生明显的封堵效果（赵莉等，2020）。

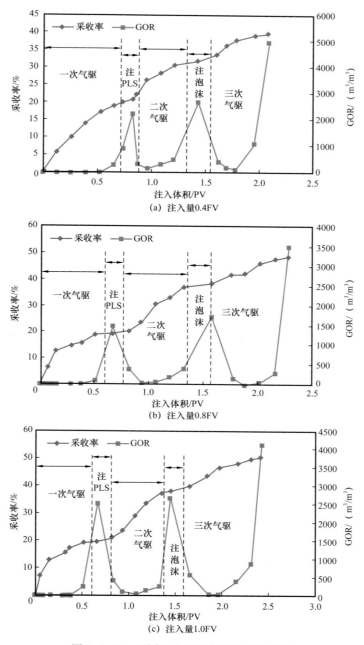

图 2-2-54  不同注入量下气驱动态曲线图

### 3. 两级封防窜体系注入时机优化

在不同的阶段注入两级封窜体系会对该体系的封窜效果产生不同的影响，选取人造填砂裂缝岩心进行 CO$_2$ 驱油以及封窜实验，研究两级封窜体系的注入时机对封窜能力的影响，筛选出适合两级封窜体系的最佳注入时机，实验结果见表 2-2-17，不同注入时机下气驱动态曲线如图 2-2-56 所示。

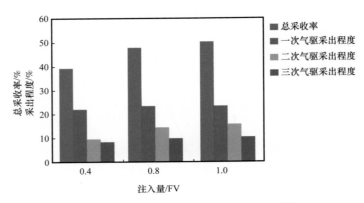

图 2-2-55　采出程度与凝胶注入量的关系图

表 2-2-17　两级封窜体系注入时机优化实验结果（裂缝）

| 注入时机 | 渗透率级差 | 采出程度 /% | | | 总采收率 /% | 注入体积 /PV | | | 总注入体积 / PV |
| --- | --- | --- | --- | --- | --- | --- | --- | --- | --- |
| | | 一次气驱 | 二次气驱 | 三次气驱 | | 一次气驱 | 二次气驱 | 三次气驱 | |
| GOR0 | 裂缝 | 18.35 | 16.52 | 9.71 | 44.40 | 0.65 | 0.82 | 0.61 | 2.07 |
| GOR200 | 裂缝 | 21.29 | 15.78 | 8.93 | 46.00 | 0.75 | 0.76 | 0.66 | 2.17 |
| GOR500 | 裂缝 | 23.19 | 15.74 | 10.64 | 49.57 | 0.88 | 0.76 | 0.67 | 2.32 |
| GOR1000 | 裂缝 | 23.32 | 14.38 | 10.17 | 47.87 | 0.93 | 0.64 | 0.72 | 2.29 |

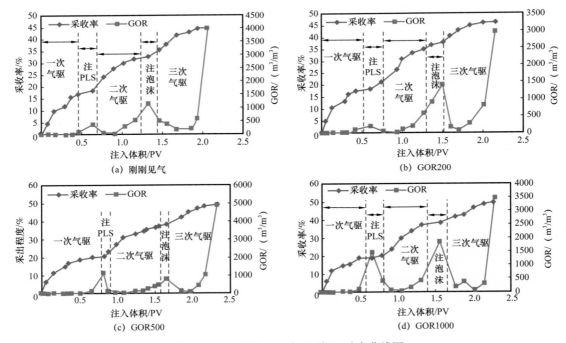

图 2-2-56　不同注入时机下气驱动态曲线图

图 2-2-57 为采出程度与注入时机的关系图，从图中可看出，总采收率随着注入时机的推迟呈现出先增加后减小的趋势，而一次气驱阶段采出程度是逐渐增加的，这是因为大量的原油会在见气阶段采出，过早的注入封窜体系会大大降低见气阶段的采出程度，而过晚注入封窜体系，则会由于气窜通道完全形成，大量的高速气体从出口端涌出，导致封窜体系难以达到封窜效果，因此存在一个最佳的注入时机。综合考虑，推荐当出口端生产气油比达到 500m$^3$/m$^3$ 时开始注入两级防窜体系，需要说明的是，由于 CO$_2$ 沿裂缝中窜逸严重，因此裂缝性岩心模型的生产气油比上升速度较快，不易准确确定"出口端生产气油比达到 500m$^3$/m$^3$"的时机，因此针对裂缝中的气体窜逸，建议当出口端 / 井口生产气油比达到 500m$^3$/m$^3$ 左右时，即可实施两级封窜工艺。

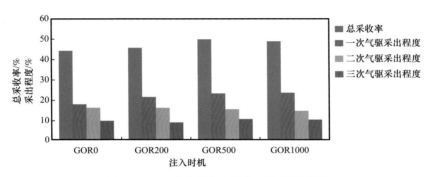

图 2-2-57　采出程度与注入时机的关系图

### 4. 两级封防窜体系注入速度优化

为了弄清楚两级防窜体系的注入速度是否会对封窜效果产生影响，选取人造填砂裂缝岩心进行 CO$_2$ 驱油以及封窜实验，研究两级封窜体系的注入速度对封窜能力大小的影响，筛选出适合两级封窜体系的最佳注入速度，实验结果见表 2-2-18，如图 2-2-58 所示。

表 2-2-18　两级封窜注入速度优化实验结果（裂缝）

| 注入速度/ mL/min | 渗透率 级差 | 采出程度 /% | | | 总采 收率 / % | 注入体积 /PV | | | 总注入 体积 / PV |
|---|---|---|---|---|---|---|---|---|---|
| | | 一次 气驱 | 二次 气驱 | 三次 气驱 | | 一次 气驱 | 二次 气驱 | 三次 气驱 | |
| 0.5 | 裂缝 | 22.46 | 13.69 | 10.92 | 47.07 | 0.95 | 0.66 | 0.66 | 2.27 |
| 1.0 | 裂缝 | 23.32 | 14.38 | 10.17 | 47.87 | 0.93 | 0.64 | 0.72 | 2.29 |
| 1.5 | 裂缝 | 22.72 | 13.44 | 10.87 | 47.03 | 0.90 | 0.67 | 0.71 | 2.29 |

图 2-2-59 为两级封窜体系的注入速度与采出程度的关系图，从图中可看出，两级封窜体系的不同注入速度下，最终采收率以及各阶段的采出程度均相差不大，两级封窜体系的注入速度并未对最终采收率产生明显的影响。

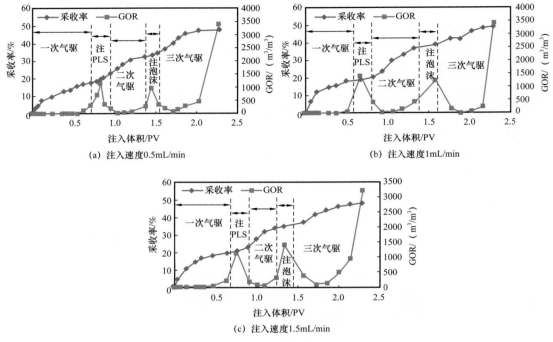

图 2-2-58　不同防窜体系注入速度下气驱动态曲线

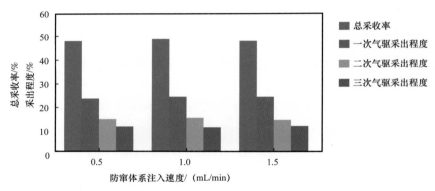

图 2-2-59　两级封窜体系的注入速度与采出程度的关系图

### 5. 两级封防窜体系泡沫注入轮次优化

为弄清楚两级封窜体系的注入轮次对实验效果的影响，选取人造填砂裂缝进行 $CO_2$ 驱油以及封窜实验，研究两级封窜体系的注入轮次对防窜能力大小的影响，筛选出适合两级封窜体系的最佳注入轮次，实验结果见表 2-2-19，不同注入轮次下气驱动态曲线如图 2-2-60 所示。

图 2-2-61 为两级封窜体系的不同注入轮次与采出程度的柱状图，从图可看出，在注入量不变的情况下，随着注入轮次的增多，最终的采收率逐渐增加。两级封窜体系中多轮次的注入泡沫有利于非均质性的改善。

表 2-2-19　两级封窜注入轮次优化实验结果（裂缝）

| 注入轮次 | 渗透率级差 | 采出程度 /% | | | 总采收率 /% | 注入体积 /PV | | | 总注入体积 / PV |
|---|---|---|---|---|---|---|---|---|---|
| | | 一次气驱 | 二次气驱 | 三次气驱 | | 一次气驱 | 二次气驱 | 三次气驱 | |
| 1轮 | 裂缝 | 23.32 | 14.38 | 10.17 | 47.87 | 0.93 | 0.64 | 0.72 | 2.29 |
| 2轮 | 裂缝 | 22.06 | 15.18 | 11.83 | 48.62 | 0.84 | 0.63 | 0.55 | 2.02 |
| 3轮 | 裂缝 | 23.4 | 16.53 | 10.32 | 50.26 | 0.97 | 0.71 | 0.59 | 2.27 |

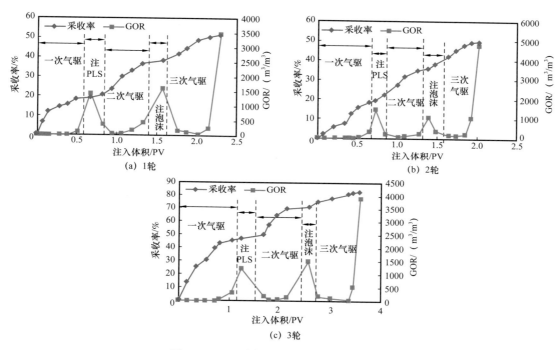

图 2-2-60　不同注入轮次下气驱动态曲线

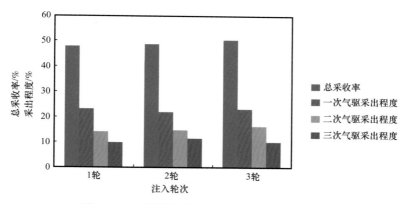

图 2-2-61　不同注入轮次与采出程度的柱状图

### 6. 认识

（1）以纳米 $SiO_2$ 颗粒作为稳泡剂的 $CO_2$ 泡沫体系在长庆油田的高温高盐油藏条件具有很好的适应性。纳米 $SiO_2$ 颗粒通过吸附在界面及泡沫液膜上，来抑制泡沫的气体扩散作用，并在液膜上形成骨架来抑制泡沫的聚并作用，从而降低了 $CO_2$ 泡沫的排液、气体扩散以及聚并速度，大幅度提高了泡沫的稳定性。

（2）基于有机交联反应和无机纳米改性技术相结合，研发的 PLS 耐酸凝胶在超临界 $CO_2$ 条件下具有优异的稳定性。凝胶体系中的聚合物含有抗酸基团，在抗酸基团的空间位阻效应下，PLS 凝胶的聚合物链不会收缩，脱水率较小；凝胶体系中的有机交联剂增强了凝胶的强度，改善了凝胶体系的热稳定性，降低了凝胶体系对于酸性环境的敏感性；凝胶体系中的无机纳米材料，在增强聚合物链段相互缠结的基础上，进一步强化了凝胶的黏弹性。

（3）纳米级耐酸颗粒堵剂在超临界 $CO_2$ 环境下具有良好的膨胀性能。耐酸颗粒堵剂中含有不稳定交联剂，可在地层温度下实现延缓膨胀，在油藏超临界 $CO_2$ 环境中稳定性好、粒径保留率高，可实现在线注入，避免了现场作业施工起下管柱流程，大大节约了作业成本。

（4）两级封窜体系对裂缝发育的非均质岩心具有很好的适应性，能够适应各种复杂类型的非均质油藏，在实际的矿场应用中，推荐采用多轮次注入方式。

## 四、现场应用及取得的认识

长庆油田 $CO_2$ 驱试验是在水驱井网基础上开展的，部分区域已存在水驱优势通道，注气后易过早气窜，因此，按照"以防为主、防治结合"的技术思路对试验井组进行整个气驱过程的治理。即：注入前，对注入井进行注水剖面监测，结合井组水驱状况，开展冻胶 + 体膨颗粒、PEG 凝胶等调驱治理措施。注入过程中，根据裂缝监测、动静态分析，确定气窜的方向和突破层位，针对不同调堵对象，采取不同措施，早期见气时，采用耐酸纳米凝胶颗粒调剖；气窜较强时，采用 PLS-1 耐酸凝胶调剖。

### 1. 体系应用

自 2014 年以来，试验区累计开展气窜防治试验 5 口井，主要堵剂体系为冻胶 + 体膨颗粒、PLS-1 耐酸凝胶和耐酸纳米凝胶颗粒（表 2-2-20）。

表 2-2-20　黄 3 区 $CO_2$ 驱防气窜调剖试验体系应用情况

| 序号 | 井号 | 调剖体系 | 用量 /$m^3$ | 工艺特点 |
|------|------|----------|------------|----------|
| 1 | Y29-103 井 | 冻胶 + 体膨颗粒 | 1661 | 以防为主，体系不耐酸、需起下管柱 |
| 2 | Y27-103 井 | 冻胶 + 体膨颗粒 | 1614 | 以防为主，体系不耐酸、需起下管柱 |
| 3 | Y29-101 井 | 冻胶 + 体膨颗粒 | 881 | 以防为主，体系不耐酸、需起下管柱 |
| 4 | Y31-101 井 | PLS-1 耐酸凝胶 | 1462 | 以防为主，体系耐酸、需起下管柱 |
| 5 | Y29-101 井 | 耐酸纳米凝胶颗粒 | 2000 | 气窜治理，体系耐酸，在线注入 |

**2.效果评价**

**1）冻胶 + 体膨颗粒**

Y29-103 井、Y27-103 井和 Y29-101 井施工从 2014 年 11 月 20 日开始，到 2014 年 12 月 29 日结束，调剖后压力平均上升 6MPa，起到封堵高渗透层作用（图 2-2-62）。从浓度监测结果来看：井组共对应 18 口油井，注气初期未见 CO$_2$ 气体，注气 18 个月，Y27-102 井、Y27-104 井、Y29-100 井和 Y29-102 井分别见气浓度 50‰，注气 37 个月，Y109-91 井和 Y30-104 井分别见浓度 142‰和 188‰，表明耐酸性能差、失效。从生产动态特征来看：含水率由 53.6% 下降到 40.5%，下降明显（图 2-2-63）。

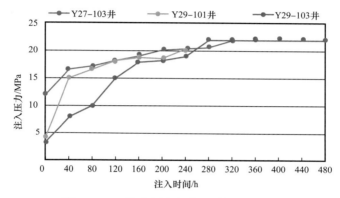

图 2-2-62　注入压力与注入时间关系曲线

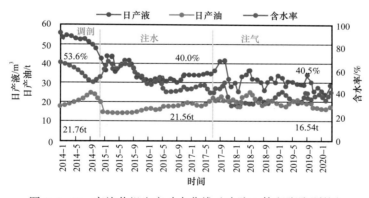

图 2-2-63　实施井组生产动态曲线（冻胶 + 体积膨胀颗粒）

**2）PLS-1 耐酸凝胶**

Y31-101 井施工从 2018 年 4 月 28 日开始，到当年 6 月 7 日结束，调剖后压力上升 5MPa，该体系起压快，对特低渗透油藏应用具有局限性（图 2-2-64）。从浓度监测结果来看：井组共对应 8 口油井，试验后未见 CO$_2$ 气体上升；从组分分析来看：井组内甲烷、乙烷、丙烷组分变化不大，丁戊烷组分逐渐升高，分析认为随着 CO$_2$ 与原油接触过程中随着压力的增高，CO$_2$ 对重组分抽提能力也会越大；生产动态特征来看：含水率由 74.4% 下降至 70.3%，日产油由 7.16t 上升到 7.32t，含水率下降、增油明显（图 2-2-65）。

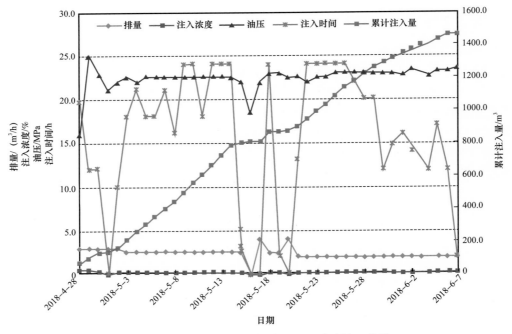

图 2-2-64　Y31-101 井注气前 PLS-1 防窜施工曲线

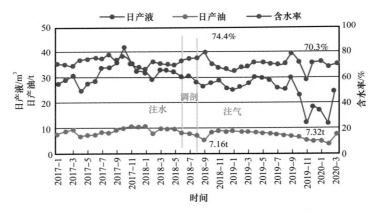

图 2-2-65　实施井组生产动态曲线（PLS-1 耐酸凝胶）

3）耐酸纳米凝胶颗粒

Y29-101 井施工从 2019 年 8 月 21 日开始，到 2020 年 1 月 12 日结束，调剖后压力上升 1.2MPa，前后压降曲线明显变缓（图 2-2-66）。从浓度监测结果来看：井组共对应 8 口油井，通过治理，5 口井未见气体，见效率 62.5%；从生产动态特征来看：含水由 37.7% 先上升到 42.6% 后下降至 40.6%，日产油由 8.86t 递减到 5.88t 后上升到 7.63t（图 2-2-67），其中 Y30-102 井功图从见气到目前未见气，效果明显。

3. 取得认识

（1）冻胶 + 体膨颗粒体系初期封堵性能好，但遇酸环境失效快，有效期短。

（2）PLS-1凝胶体系具有良好的耐酸性能，试验井组增油降水效果明显，但该体系注入后压力上升幅度大，加之超低渗透油藏储层物性差，导致后期注气困难。

（3）耐酸纳米凝胶注入性好，工艺上可实现在线注入，现场试验展示出其良好优势。

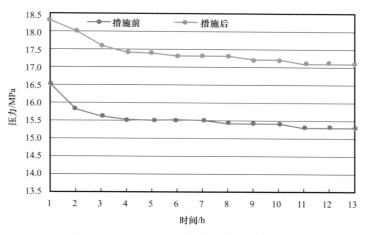

图 2-2-66　Y29-101井施工前后压降曲线

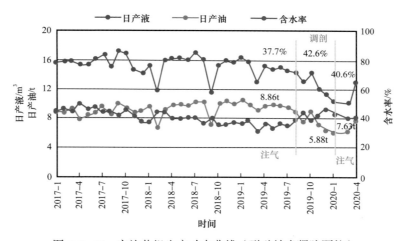

图 2-2-67　实施井组生产动态曲线（耐酸纳米凝胶颗粒）

# 第三节　CO₂驱油举升工艺技术

本节针对低渗透油藏CO₂驱油采出井举升中气体影响和腐蚀等问题，通过多相管流实验，研究低液量定向井不同倾角和气液比井筒多相流流动形态和压力动态。基于计算流体动力学软件（CFD）模拟和室内实验测试，对气锚及防气抽油泵适应性开展了系统性评价，明确了防气工艺技术应用界限。通过耐腐蚀性能评价对采出井抽油杆及井下附件进行了评价优选，并设计了举升工艺管柱，为现场应用提供必要的指导和借鉴。

## 一、井筒三相流流动形态及压力变化规律

采用多相管流实验平台，模拟油田生产现场油井，将一定比例的油、气、水三相通过泵注入实验管柱，观察流体流动形态，测试试验管段压差、持液率、黏度和气液比等参数。通过实验结果分析，结合气液多相管流机理，建立气液多相管流压力计算模型。

### 1. 不同倾角和气液比井筒多相管流流动形态

**1）实验流动形态划分**

基于对多相管流流型的调研，通过观察与高速摄像机结合的方法判断流动形态，实验主要出现的流动形态为：

（1）水平管流动形态——层流、波浪流、段塞流、环雾流；

（2）倾斜管流动形态——气泡流、段塞流、搅动流、环雾流；

（3）垂直管流动形态——气泡流、段塞流、搅动流、环雾流。

水平管流动形态图片如图 2-3-1 所示，倾斜管和垂直管的流动形态相似，倾斜管和垂直管流动形态如图 2-3-2 所示。

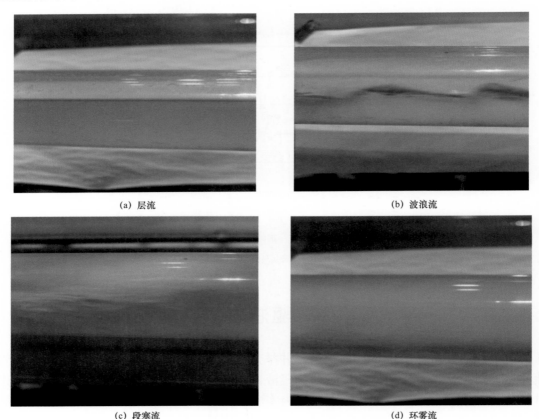

（a）层流  （b）波浪流

（c）段塞流  （d）环雾流

图 2-3-1　水平管流动形态

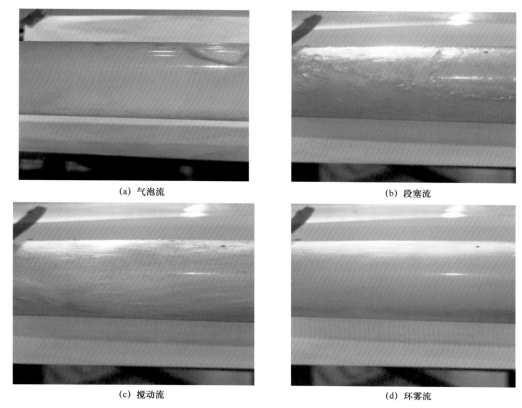

(a) 气泡流　　　　　　　　　　　　　　(b) 段塞流

(c) 搅动流　　　　　　　　　　　　　　(d) 环雾流

图 2-3-2　倾斜管（垂直管）流动形态

2）流动形态划分综合模型

在前人的研究成果基础上，依据实验数据，可得出如下流动形态划分模型：

泡状流到段塞流的转变界限

$$v_{sg} = 0.333v_{sL} + 0.3825\left[\frac{g(\rho_L - \rho_g)\sigma}{\rho_L^2}\right]^{0.25}\sin\theta \qquad (2-3-1)$$

式中　$v_{sg}$——气体表观流速，m/s；

　　　$v_{sL}$——液体表观流速，m/s；

　　　$\rho_L$——液相密度，kg/m³；

　　　$\rho_g$——气相密度，kg/m³；

　　　$\theta$——倾斜角度，(°)；

　　　$\sigma$——表面张力，mN/m。

段塞流到搅动流的转变界限

$$v_{sg} = 12.19\left\{1.2v_{sL} + (0.35\sin\theta + 0.54\cos\theta)\left[\frac{g(\rho_L - \rho_g)D}{\rho_L}\right]^{0.5}\right\} \qquad (2-3-2)$$

式中　$D$——管径，m。

搅动流与环雾流的转变界限

$$v_{sg} = 0.587\left[\frac{g\sigma\left(\rho_L - \rho_g\right)\sin\theta}{\rho_g^2}\right]^{0.25}$$
（2-3-3）

### 2. 不同倾角和气液比井筒多相管流压力动态

1）不同倾角和气液比条件下压降变化规律

通过分析不同倾角和气液比条件下压降变化，可以得出以下结论：

（1）在水平管中，压降随气液比的增加逐渐增大，并且液量越大，压降随气液比增加的增率越大；

（2）在倾斜管和垂直管条件下，压降随气液比的增加呈现先减小后增大的趋势，并且液量越大，压降随气液比增加的下降和上升的速率越大。

2）相同气、液流量，不同温度条件下压降变化规律

在相同气、液流量下，随着温度的升高，压降逐渐减小。主要原因是：

（1）随着温度的升高，液相的黏度逐渐降低，从而使得持液率降低，导致重力压降降低；

（2）由于液相黏度的降低，沿程摩阻系数也会变小，导致摩擦压降也会降低。

### 3. 井筒油气水三相流压力计算

对于井筒中任一微元段 $dz$，根据流体力学动量守恒定律（陈家琅，1989），油井井筒油、气、水三相流流体总压降的计算公式为：

$$-\frac{dp}{dz} = \frac{\left[\rho_L H_L + \rho_g\left(1 - H_L\right)\right]g\sin\theta + \dfrac{\lambda Gv}{2DA}}{1 - \left\{\left[\rho_L H_L + \rho_g\left(1 - H_L\right)\right]vv_{sg}\right\}/p}$$
（2-3-4）

式中　$p$——管道的平均压力（绝对压力），Pa；

　　　$z$——轴向流动的距离，m；

　　　$H_L$——持液率；$m^3/m^3$；

　　　$\theta$——管道与水平的夹角，（°）；

　　　$\lambda$——两相流动的沿程阻力系数；

　　　$G$——混合物的质量流量，kg/s；

　　　$v$——混合物的平均速度，m/s；

　　　$A$——管子的截面积，$m^2$。

计算气液两相流动的总压力梯度，首先要对持液率和沿程阻力系数进行计算。下面为不同流动形态持液率和沿程阻力系数的计算方法。

1）泡状流和段塞流持液率和沿程阻力系数计算

（1）持液率的计算。

结合实验数据，实验条件下气液两相倾斜管流的持液率相关规律为：

$$H_L = \exp\left[\left(c_1 + c_2 \sin\theta + c_3 \sin^2\theta + c_4 N_L^2\right)\frac{N_{vg}^{c_5}}{N_{vL}^{c_6}}\right]$$ （2-3-5）

其中

$$N_{vL} = v_{sL}\left(\frac{\rho_L}{g\sigma}\right)^{0.25}$$ （2-3-6）

$$N_{vg} = v_{sg}\left(\frac{\rho_L}{g\sigma}\right)^{0.25}$$ （2-3-7）

$$N_L = \mu_L\left(\frac{g}{\rho_L\sigma^3}\right)^{0.25}$$ （2-3-8）

式中　$c_1$，$c_2$，$c_3$，$c_4$，$c_5$，$c_6$——经验常数，详见表2-3-1。

表2-3-1　经验常数表

| $c_1$ | $c_2$ | $c_3$ | $c_4$ | $c_5$ | $c_6$ |
|---|---|---|---|---|---|
| −0.32319 | 0.30527 | −0.223 | −0.05567 | 0.56539 | 0.10644 |

（2）沿程阻力系数的计算。

对于本实验的泡状流和段塞流，气液两相流的沿程阻力系数（$\lambda$）采用无滑脱沿程阻力系数：

$$\lambda = f_m$$

无滑脱雷诺数 $Re_m \leqslant 2300$ 时

$$f_m = \frac{64}{Re_m}$$ （2-3-9）

无滑脱雷诺数 $Re_m > 2300$ 时

$$f_m = \left[1.14 - 2\lg\left(\frac{k}{D} + \frac{21.25}{Re_m^{0.9}}\right)\right]^{-2}$$ （2-3-10）

其中

$$Re_m = \frac{v_m\rho_m D}{\mu_{ns}}$$ （2-3-11）

式中    $f_m$——无滑脱沿程阻力系数；

         $k$——管道等效均匀粗糙度，钢管取 0.0001～0.0002m；

         $D$——油管直径，m；

         $v_m$——气液混合速度（液相折算速度与气相折算速度之和），m/s；

         $\rho_m$——气液混合密度，$\rho_m = (1-H'_L)\rho_g + H'_L\rho_L$，$kg/m^3$；

         $\mu_{ns}$——无滑脱混合物黏度，$\mu_{ns} = (1-H'_L)\mu_g + H'_L\mu_L$，Pa·s。

2）搅动流和环雾流持液率和沿程阻力系数计算

（1）持液率的计算。

搅动流和环雾流持液率的计算与泡状流和段塞流的计算方法相同。

（2）沿程阻力系数的计算。

对于搅动流和环状流，气液两相流的沿程阻力系数（$\lambda$）采用有滑脱沿程阻力系数：

$$\lambda = f_r f_m \tag{2-3-12}$$

式中    $f_r$——摩阻系数比。

摩阻系数比与相对持液率（$H_r$）的关系为：

$$f_r = 4.70245 - 18.3256H_r + 20.521H_r^2 \tag{2-3-13}$$

其中相对持液率为：

$$H_r = H'_L/H_L \tag{2-3-14}$$

$$H'_L = v_{sL}/v_m \tag{2-3-15}$$

## 二、井筒气体影响因素分析及防气工艺评价

油井井筒含气是油田机械采油面临的主要问题之一，井筒中气体对油井的影响主要是可以降低抽油泵的泵效。常用的消除气体影响的方法有两种：一是使用防气抽油泵；二是借助气锚。

### 1. 气体影响因素分析

气体对泵效的影响主要是降低了泵的充满系数，具体表现在两个方面：

（1）泵在抽汲过程中，泵吸入口处的自由气和因压力下降分离出来的溶解气，占去了泵筒内的部分空间，减少了油的利用空间，降低了充满系数。

（2）由于泵内气体的存在，使泵阀不能正常启闭，甚至发生"气锁"，原油不能及时充满泵筒，降低了泵的排量，影响泵效。

泵吸入过程气体对充满程度的影响示意图如图 2-3-3 所示，泵的充满系数计算公式为：

$$\eta = \frac{V'_O}{V_1} = \frac{1}{1-\varphi}\left(\frac{1}{R_P+1} - \frac{\varphi}{R_P\sqrt[n]{\dfrac{p_X}{p_1}}+1}\right) \tag{2-3-16}$$

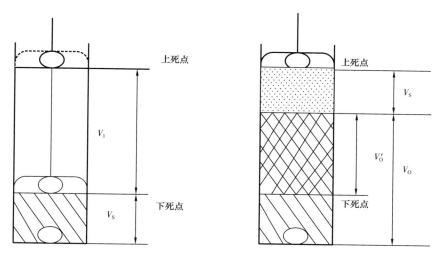

图 2-3-3　泵吸入过程气体对充满程度的影响示意图

其中

$$\varphi = V_S / V_1 \qquad\qquad （2\text{-}3\text{-}17）$$

式中　$\eta$——充满系数；

$V_O{}'$——每一次冲程吸入泵内的油（液体）的体积，$cm^3$；

$V_1$——冲程泵筒体积，$cm^3$；

$\varphi$——余隙体积分数；

$R_P$——泵筒气液比，$cm^3/cm^3$；

$p_X$——泵吸入口压力，MPa；

$p_1$——泵的出口压力，MPa；

$n$——绝热指数，一般取 1.3；

$V_S$——活塞在下死点时，吸入阀与排出阀间的泵筒容积（称余隙容积），$cm^3$。

可以看出，充满系数主要受三大因素的影响，泵筒气液比 $R_P$、泵的压缩比 $p_X/p_1$ 和余隙体积分数 $\varphi$，其中影响最大的为泵筒气液比 $R_P$，它们三者与充满系数 $\eta$ 之间的关系为：

（1）泵筒气液比 $R_P$ 越大，气体影响越严重，充满系数 $\eta$ 越小；

（2）泵的吸入口压力 $p_X$ 越大，泵的出口压力 $p_1$ 越小，可以减少余隙内游离气体的膨胀，提高泵的充满系数；

（3）泵余隙体积百分数 $\varphi$ 越小，表明余隙内气体膨胀的影响也越小，充满系数 $\eta$ 越高。

### 2. 防气工艺技术评价

为解决气体对抽油泵的影响，国内研发了不同类型的气锚和防气抽油泵，其结构、原理和应用效果也有着本质的差异。通过计算流体动力学模拟软件（CFD）模拟和室内实验，对螺旋气锚、沉降气锚以及由螺旋和沉降分离组合而成的组合气锚等三种常用的气锚进行分气效果评价，对强启闭式、环阀式和长柱塞式防气泵等三种主体防气抽油泵开展防气性能评价，确定气锚、防气抽油泵及其组合防气工具适用的气液比界限（李大建等，2019）。

1）CFD 模拟评价

（1）模型选择。

CFD 模拟软件针对多相流提供了 3 种模型：Mixture 模型、Volume of Fluid 模型和 Eulerian 模型，这 3 种模型适用的环境和条件都存在一定的差异，本书选取 Eulerian 模型。Eulerian 模型可以模拟多相分离流，对气体、液体和固体的任意联合进行数值模拟。同时 Eulerian 模型引入了相位体积分数的概念（体积分数代表了每相所占据的空间，并且每相独自地满足质量和动量守恒定律），根据多相体积分数 $\alpha_1$，$\alpha_2$，$\cdots$，$\alpha_n$ 及相之间动量交换机理对相进行求解。

$q$ 相的体积 $V_q$ 定义为：

$$V_q = \int_V \alpha_q \mathrm{d}V \qquad (2\text{-}3\text{-}18)$$

式中 $\alpha_q$——$q$ 相的体积分数。

其中

$$\sum_{q=1}^{n} \alpha_q = 1$$

$q$ 相的有效密度为：

$$\hat{\rho}_q = \alpha_q \rho_q \qquad (2\text{-}3\text{-}19)$$

式中 $\rho_q$——$q$ 相的物理密度，$kg/m^3$。

Eulerian 模型中 $q$ 相的连续方程为：

$$\frac{\partial}{\partial t}\left(\alpha_q \rho_q\right) + \nabla \cdot \left(\alpha_q \rho_q \boldsymbol{v}_q\right) = \sum_{p=1}^{n} \dot{m}_{pq} \qquad (2\text{-}3\text{-}20)$$

式中 $\boldsymbol{v}_q$——$q$ 相的速度，m/s；

$\dot{m}_{pq}$——从第 $p$ 相到 $q$ 相的质量传递速率，$kg/(m^3 \cdot s)$。

Eulerian 模型中 $q$ 相的动量守恒方程为：

$$\frac{\partial}{\partial t}\left(\alpha_q \rho_q \boldsymbol{v}_q\right) + \nabla \cdot \left(\alpha_q \rho_q \boldsymbol{v}_q \boldsymbol{v}_q\right)$$
$$= -\alpha_q \nabla p + \nabla \cdot \overline{\overline{\tau}}_q + \sum_{p=1}^{n}\left(\boldsymbol{R}_{pq} + \dot{m}_{pq}\boldsymbol{v}_{pq}\right) + \alpha_q \rho_q \left(\boldsymbol{F}_q + \boldsymbol{F}_{\text{lift},q} + \boldsymbol{F}_{\text{Vm},q}\right) \qquad (2\text{-}3\text{-}21)$$

式中 $p$——所有相共享压力，MPa；

$\overline{\overline{\tau}}_q$——$q$ 相的压力应变张量，MPa；

$\boldsymbol{R}_{pq}$——第 $p$ 相和 $q$ 相之间的相互作用力，N；

$v_{pq}$——第 $p$ 相到 $q$ 相的速度矢量，m/s；

$F_q$——$q$ 相的外部体积力，N；

$F_{\text{lift, } q}$——$q$ 相的升力，N；

$F_{\text{Vm, } q}$——$q$ 相的虚拟质量力，N。

（2）模型边界和流态。

压力变化会引起液体进入气锚或抽油泵泵筒，因此入口设置时采用压力入口边界条件；部分气相会通过套管排出，液相和部分气相通过抽油泵排出，因此设置两个出口，均采用压力边界条件。气液两相的分离与抽油泵运动规律密切相关，整个上冲程和下冲程过程中泵筒内流体的变化动态，选用非稳态模型。

（3）3 种气锚模拟结果对比。

3 种气锚在不同气液比下的分气效率对比如图 2-3-4 所示，可以看出：

① 防气效果，组合气锚＞螺旋气锚＞沉降气锚；

② 组合气锚拐点气液比为 $600\text{m}^3/\text{m}^3$，最大分气效率为 99%；螺旋气锚拐点气液比为 $400\text{m}^3/\text{m}^3$，最大分气效率为 79%；沉降气锚拐点气液比为 $300\text{m}^3/\text{m}^3$，最大分气效率为 69%。

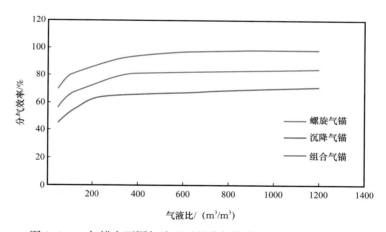

图 2-3-4　气锚在不同气液比下的分气效率对比图（模拟评价）

（4）不同结构防气泵模拟评价。

在泵吸入口气液比分别为 $48\text{m}^3/\text{m}^3$、$273\text{m}^3/\text{m}^3$、$573\text{m}^3/\text{m}^3$ 和 $873\text{m}^3/\text{m}^3$ 时，模拟得到强启闭、环阀式、长柱塞防气泵及气锚组合强启闭防气泵（简称气锚组合防气泵）泵效数据，对比各种防气泵防气效果，如图 2-3-5 所示，可以看出：

① 随着气液比增大，防气泵泵效逐渐降低，气液比大于 $600\text{m}^3/\text{m}^3$ 时，气体对泵效影响趋于平衡。

②气锚组合强启闭防气泵总体上防气效果好于三种单一防气泵，随着气液比增加，与三种单一防气泵泵效差值越大。气液比为 $1050\text{m}^3/\text{m}^3$ 时，泵效为 26.7%，较单一强启闭防气泵提高了 10.7%。

③ 单一防气泵防气效果，整体上强启闭防气泵防气效果优于环阀式和长柱塞防气泵，

长柱塞防气泵在气液比大于 $400m^3/m^3$ 时防气效果优于环阀式防气泵。

④ 泵效 45% 时，气锚组合强启闭防气泵、强启闭防气泵、长柱塞防气泵、环阀式防气泵分别可满足气液比 $700m^3/m^3$、$300m^3/m^3$、$230m^3/m^3$ 和 $190m^3/m^3$ 的工况。

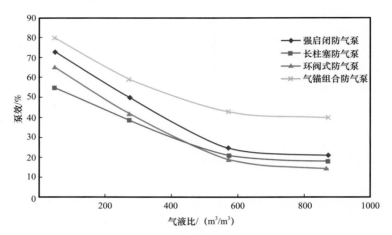

图 2-3-5　防气泵泵效随气液比变化对比图（模拟评价）

2）室内评价实验

为了进一步确定防气泵和气锚在不同气液比条件下的分气效率及适用范围，因此开展室内实验对防气工具进行测试。

实验装置：有杆抽油系统。

抽油机：由一台三相交流电动机提供动力，驱动两级减速皮带轮运动。

参数：冲程为 $1\sim2.5m$，冲次为 $1\sim4min^{-1}$；

抽油杆：$\phi25mm\times6m$。

为了使实验尽可能准确地模拟防气工具在井下的工作状态，对实验气液比进行校正，从而消除井下环境温度和压力与实验环境不符而造成的差异。参照长庆油田试验区机抽井的基本情况，设定泵挂深度1700m，沉没度200～400m，取其平均值，泵处压力设为3MPa，泵处温度变化较小，设为70℃，产气主要成分为 $CO_2$。

根据以上设定，对实验气液比校正的工作转化为根据地面测得的生产气液比计算泵处压力温度环境下的气液比。与多数气体一样，$CO_2$ 在原油中的溶解度可通过压力与温度等影响因素关联回归，回归公式为：

$$S = 21.54092\left(\frac{p}{T}\right)^{0.989923}\exp\left(\frac{4695.239}{RT}\right) \qquad (2-3-22)$$

式中　$S$——$CO_2$ 溶解度，$kmol/m^3$；

　　　$p$——泵筒内压力，MPa；

　　　$T$——温度，K；

　　　$R$——理想气体常数，$J/(mol\cdot K)$。

根据假设条件可以确定出泵吸入口处气体的体积系数（$B_g$）：

$$B_g = \frac{V}{V_0} = z\frac{Tp_0}{T_0 p} = 0.04 \qquad (2\text{-}3\text{-}23)$$

式中 $V$——泵吸入口处气体体积，$m^3$；

$\quad\quad V_0$——标况下气体体积，$m^3$；

$\quad\quad p_0$——标况下大气压，MPa；

$\quad\quad T_0$——标况温度，K；

$\quad\quad z$——$CO_2$偏差因子。

根据设定条件，代入式（2-3-22）和式（2-3-23）可以计算生产气液比与实验气液比之间的对应关系。

（1）3种气锚实验结果对比。

3种气锚分气效率随气液比变化对比如图2-3-6所示，从图中可以看出，组合气锚拐点气液比500$m^3/m^3$，最大分气效率98%；螺旋气锚拐点气液比400$m^3/m^3$，最大分气效率88.2%；沉降气锚拐点气液比300$m^3/m^3$，最大分气效率73%。

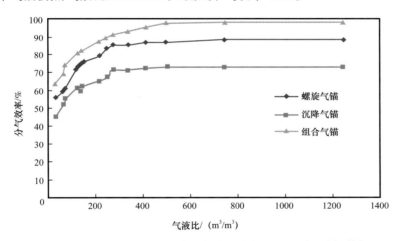

图2-3-6 3种气锚分气效率随气液比变化对比图（室内评价）

（2）防气泵实验结果对比。

依据实验数据绘制防气泵泵效随气液比变化对比图，如图2-3-7所示，可以看出：

① 在气液比0～1150$m^3/m^3$范围内，气锚组合防气泵系统的泵效为26.7%～95%，强启闭防气泵泵效为16.5%～92%，长柱塞防气泵泵效为9.6%～94%，环阀式防气泵泵效为6.7%～95%。

② 当气液比小于50$m^3/m^3$时，泵效随着气液比的增加而降低，气液比介于50～175$m^3/m^3$时，泵效有所上升，但上升幅度不大，气液比大于175$m^3/m^3$时，泵效急剧下降。

③ 泵效45%时，气锚组合强启闭防气泵、强启闭防气泵、长柱塞防气泵和环阀式防气泵分别可满足气液比700$m^3/m^3$、350$m^3/m^3$、230$m^3/m^3$和180$m^3/m^3$的工况。

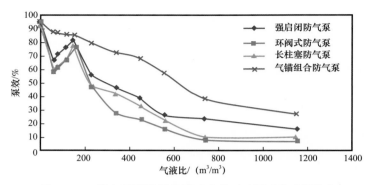

图 2-3-7　防气泵泵效随气液比变化对比图（室内评价）

### 三、采出井抽油杆及井下附件材质优选

常用的防腐抽油杆有镍钨镀层抽油杆、KH 抽油杆和聚乙烯包覆层抽油杆。常用的井下附件材料有：45# 原钢、45# 镍磷镀钢、TiC 钢和 WC 钢，另外优选 22Cr、3Cr13、9Cr18Mo 和 35CrMo 四种钢型作为井下附件备选材料。

#### 1. 防腐抽油杆评价优选

通过室内高温高压动态腐蚀评价实验，模拟 $CO_2$ 驱产出井防腐抽油杆的耐 $CO_2$ 腐蚀情况，测定不同温度、矿化度和 $CO_2$ 含量条件下不同防腐抽油杆材料的动态腐蚀速率，明确 3 种防腐抽油杆材料挂片在不同条件下的腐蚀规律。

实验过程参照 SY/T 5273—2014《油田采出水处理用缓蚀剂性能指标及评价方法》的旋转挂片法进行，腐蚀速率计算采用失重法。

1）动态腐蚀评价实验结果

（1）镍钨镀层抽油杆。

镍钨镀层抽油杆材料挂片在不同测定条件下的动态腐蚀速率实验结果见表 2-3-2。从中可以看出，镍钨镀层材料在不同条件下的腐蚀速率均较小，最大发生在 40℃、矿化度 70000mg/L 和 $CO_2$ 含量 20% 时，其腐蚀速率为 0.075mm/a。

表 2-3-2　镍钨镀层材料挂片的动态腐蚀速率表

| 矿化度 / mg/L | 不同温度和 $CO_2$ 含量下动态腐蚀速率 /（mm/a） | | | | | | | | |
|---|---|---|---|---|---|---|---|---|---|
| | 40℃ | | | 60℃ | | | 80℃ | | |
| | 20% | 50% | 80% | 20% | 50% | 80% | 20% | 50% | 80% |
| 0 | 0.03 | 0.018 | 0.011 | 0.018 | 0.029 | 0.052 | 0.058 | 0.018 | 0.041 |
| 30000 | 0.052 | 0.029 | 0.012 | 0.023 | 0.018 | 0.064 | 0.012 | 0.018 | 0.035 |
| 70000 | 0.075 | 0.017 | 0.028 | 0.029 | 0.018 | 0.012 | 0.035 | 0.012 | 0.035 |

（2）KH 抽油杆。

KH 抽油杆材料挂片在不同测定条件下的动态腐蚀速率实验结果见表 2-3-3。从中可以看出，KH抽油杆材料在不同条件下的腐蚀速率均较大，最大的腐蚀速率可达1.932mm/a，属于严重腐蚀。

表2-3-3 KH抽油杆材料挂片的动态腐蚀速率表

| 矿化度/mg/L | 不同温度和CO$_2$含量下动态腐蚀速率/（mm/a） | | | | | | | | |
| --- | --- | --- | --- | --- | --- | --- | --- | --- | --- |
| | 40℃ | | | 60℃ | | | 80℃ | | |
| | 20% | 50% | 80% | 20% | 50% | 80% | 20% | 50% | 80% |
| 0 | 0.299 | 0.347 | 0.394 | 0.197 | 0.477 | 0.542 | 0.160 | 0.191 | 0.362 |
| 30000 | 0.491 | 0.465 | 0.614 | 0.534 | 0.548 | 0.717 | 0.388 | 0.630 | 0.672 |
| 70000 | 1.275 | 1.659 | 1.932 | 1.579 | 1.605 | 1.678 | 1.213 | 1.528 | 1.804 |

（3）聚乙烯包覆层抽油杆。

聚乙烯包覆层材料挂片在不同测定条件下的动态腐蚀速率实验结果均为负值，见表2-3-4，说明该材料在不同条件下均没有产生腐蚀。

表2-3-4 聚乙烯包覆层材料挂片的动态腐蚀速率表

| 矿化度/mg/L | 不同温度和CO$_2$含量下动态腐蚀速率/（mm/a） | | | | | | | | |
| --- | --- | --- | --- | --- | --- | --- | --- | --- | --- |
| | 40℃ | | | 60℃ | | | 80℃ | | |
| | 20% | 50% | 80% | 20% | 50% | 80% | 20% | 50% | 80% |
| 0 | −2.874 | −3.412 | −2.961 | −5.852 | −5.207 | −3.327 | −9.778 | −5.706 | −7.245 |
| 30000 | −1.659 | −1.746 | −1.728 | −2.761 | −2.953 | −4.067 | −7.745 | −7.680 | −5.493 |
| 70000 | −0.490 | −1.174 | −1.316 | −1.502 | −2.682 | −2.435 | −3.059 | −4.313 | −3.946 |

2）防腐抽油杆优选结论

从实验结果中可以看出，在不同测试条件下，3种防腐抽油杆的平均腐蚀速率变化趋势有明显差异：

（1）聚乙烯包覆抽油杆在不同测试条件下均没有产生腐蚀。因此该种材料可作为CO$_2$驱产出井的防腐抽油杆的备选材料，但是否能够满足其条件还需要结合力学实验和价格成本等进行综合分析。

（2）镀钨抽油杆材质在不同测试条件下的腐蚀速率较低，最大腐蚀速率仅为0.075mm/a，且随温度、CO$_2$含量及矿化度的变化规律为：温度越高、CO$_2$含量越大、矿化度越高，腐蚀速率越大。说明镍钨镀层可有效防止CO$_2$对金属材质的腐蚀，在不考虑偏磨的情况下，该种材料较适用于CO$_2$驱采出井。

（3）KH抽油杆的平均腐蚀速率远高于镀钨抽油杆，最大腐蚀速率达到1.932mm/a，其规律体现出：除少数情况下，CO$_2$含量越大、温度越高、矿化度越高，腐蚀速率越大。因此，该种抽油杆不适用于CO$_2$驱采出井。

## 2. 井下附件材质优选

通过动态腐蚀评价实验、电化学腐蚀及电偶腐蚀实验对井下附件材质进行综合评价优选。

### 1）动态腐蚀评价实验

4 种常用井下附件材料在 3 种不同测试条件下的动态腐蚀评价实验结果如图 2-3-8 所示，可以看出：

（1）45# 原钢在 19MPa、78℃条件下，随着 $CO_2$ 含量的增加腐蚀速率不断增大，$CO_2$ 含量在 30%～50% 之间时腐蚀速率上升较快；13MPa、60℃条件下，随着 $CO_2$ 含量的增加腐蚀速率降低；5MPa、30℃条件下，随 $CO_2$ 含量的增加腐蚀速率先减小再增大。说明温度、压力和 $CO_2$ 含量对 45# 原钢的腐蚀速率的影响较大。

（2）45# 镍磷镀钢挂片在 3 种条件下的腐蚀速率均较大，最大发生在 5MPa、30℃和 $CO_2$ 含量 50% 的条件下。但与 45# 原钢相比，平均动态腐蚀速率有很大程度的降低。

（3）TiC 钢和 WC 钢在 3 种条件下均产生一定的腐蚀，但腐蚀速率均小于 0.076mm/a，说明这两种材料具有一定的耐 $CO_2$ 腐蚀的效果。

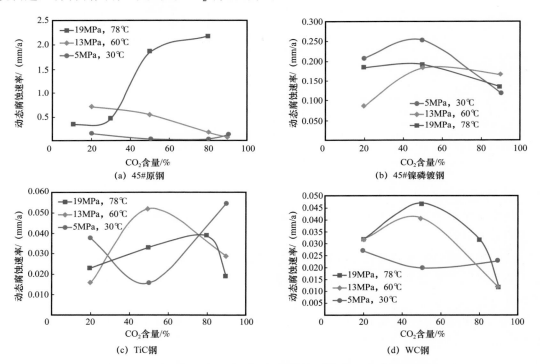

图 2-3-8 常用井下附件材料动态腐蚀速率随 $CO_2$ 含量变化曲线

4 种备选井下附件材料在 3 种不同测试条件下的动态腐蚀评价实验结果如图 2-3-9 所示，可以看出：

（1）22Cr 钢挂片和 3Cr13 钢挂片的动态腐蚀速率均较小，对 $CO_2$ 具有较好的耐腐蚀效果。

（2）35CrMo 钢挂片在 3 种条件下的动态腐蚀速率变化较大，在 13MPa、60℃、CO$_2$含量 90% 条件下的动态腐蚀速率为 0.085mm/a，但是在 19MPa、78℃、CO$_2$含量 90% 条件下的动态腐蚀速率为 2.342mm/a。

（3）9Cr18Mo 钢挂片在 3 种条件下的动态腐蚀速率均变化较小，仅在 5MPa、30℃、CO$_2$含量 90% 条件下的动态腐蚀速率略有增大，为 0.039mm/a。

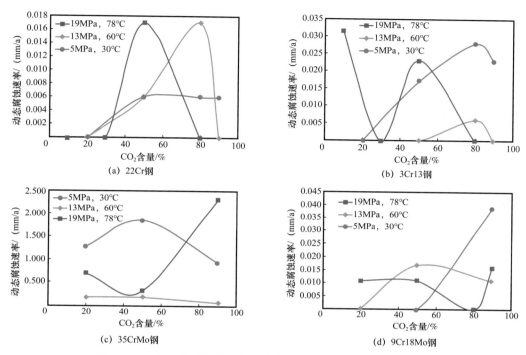

图 2-3-9　备选井下附件材料动态腐蚀速率随 CO$_2$含量变化曲线

2）电化学及电偶腐蚀实验

电化学腐蚀可有效分析不同材料在不同条件下的腐蚀情况，可用于评价其腐蚀机理；电偶腐蚀可明确不同类型材料之间的腐蚀规律，以及两种金属材料之间的腐蚀影响，从而评价两种材料之间的抗电偶腐蚀性能，为优选耐 CO$_2$腐蚀材料提供依据。

（1）电化学腐蚀实验。

电化学腐蚀实验采用的设备为电化学工作站，用动电位扫描法与极化电阻法进行测试。实验温度和压力分别为 78℃和常压，实验中电解池用 CO$_2$气体进行处理。依据动态腐蚀性能评价结果，工作电极材质分别选用 45# 原钢、22Cr、3Cr13 和 35CrMo 4 种钢型材料。

实验结果表明：4 种材料中，22Cr 钢耐 CO$_2$腐蚀性能最好，偏向于阳极保护，其次为 3Cr13 钢，其余两种材料的阳极保护能力均较低。

（2）电偶腐蚀实验。

采用连接法进行电偶腐蚀实验，通过失重法测定平均腐蚀速率和电偶腐蚀系数。实验仪器包括恒电位仪、恒温水浴装置等。实验水样为黄 3 试验区采出井井口油样中分离出的地层水，气样采用工业纯 $CO_2$，实验温度和压力与电化学腐蚀实验相同。选取45#原钢、22Cr、3Cr13和35CrMo四种钢型材料作为实验对比电极，其他井下附件材料作为实验电极。

实验结果表明：电偶腐蚀现象能够在异种金属材料之间发生，22Cr钢和3Cr13钢两种材料均表现出阴极特征，除对35CrMo钢影响较大外，对其他异种材料影响均较小。

3）井下附件材质优选结论

通过综合评价，井下附件材质优选结论如下：

（1）4种常用井下附件材料中，45#原钢耐 $CO_2$ 腐蚀效果最差，动态腐蚀速率最大为2.178mm/a，远超过行业标准要求，而其他3种材料的腐蚀速率均满足行业标准的要求。

（2）4种备选材料中，22Cr钢、3Cr13钢和9Cr18Mo钢3种材料的耐 $CO_2$ 腐蚀效果均较好，可作为 $CO_2$ 驱产出井井下附件的备选材料。

（3）结合电化学及电偶腐蚀实验，优选出22Cr钢和3Cr13钢为适合于黄3区 $CO_2$ 驱采出井的井下附件材料。

### 3. 认识

（1）温度、压力和 $CO_2$ 含量对材料的腐蚀速率相互影响。对同一钢型材料而言，在相同 $CO_2$ 含量下，温度和压力对腐蚀速率的影响较大。

（2）在现场应用时，除进行材料的耐腐蚀性能评价以外，还需结合材料本身的力学特性和经济性等因素进行综合评价选择。

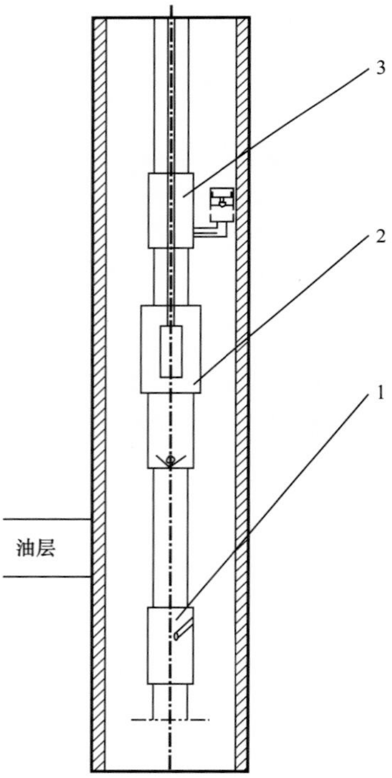

## 四、采出井举升管柱设计

$CO_2$ 溶解在原油中有降低原油黏度、增加原油弹性能以及降低油水界面张力等作用，与氮气、空气及甲烷等气体相比，$CO_2$ 与原油的混相压力低，从而可以提高驱油效率。伴随 $CO_2$ 的注入，后期地层 $CO_2$ 含量上升，导致泵效降低，影响采油效率。针对此问题，研制出气举有杆泵一体化采油工艺管柱。

图2-3-10 气举有杆泵一体化采油工艺管柱结构示意图

1—多级分离气锚；2—混气式中空防气组合工具；3—气举助流阀

### 1. 结构组成

气举有杆泵一体化采油工艺管柱由多级分离气锚、混气式中空防气组合工具、气举助流阀等组成，其结构示意如图2-3-10所示。

1）多级分离气锚

多级分离气锚主要由进液孔、中心管、油气分离挡板、螺旋分离叶片、排气阀等组成，用于油井井下气液分离。

2）混气式中空防气组合工具

混气式中空防气组合工具主要由上泵筒、中空管、下泵筒和活塞等组成，可解决常规管式泵游动阀打不开而导致的"气锁"问题。

3）气举助流阀

气举助流阀是一种气体压力敏感阀，主要由充气室、波纹管和单流阀等部分组成，它的打开和关闭主要由阀所在深度处套管压力的大小所决定。

### 2. 工作原理

气液混合物经多级分离气锚分离后，大部分气体直接进入油套环空。部分气体和液体混合物被举升至混气式中空防气组合工具，其中气体经中空管储存和释放后进入油套环空，液体上行进入油管后被举升至地面。进入油套环空的气体聚集在气举助流阀处，达到设定压力时，气举助流阀打开，气体进入油管携液上行。

## 第四节 注入井工艺管柱及气密封检测技术

针对长庆油田 CO₂驱油注入井完井需求，研制了集"液压 + 悬重补偿"复合坐封功能于一体的 Y445 气密封封隔器，设计了满足井筒笼统注气及防腐需求的气密封注气管柱，降低了工具成本，确保了现场的稳定注气。同时，针对 CO₂驱油注入井出现的套管带压问题，分析了气密封性影响因素，介绍了注入井井筒气密封性检测技术。

### 一、新型注气管柱

在充分调研和借鉴国内油田 CO₂驱油注气管柱研究与试验（王世杰，2014；张瑞霞等，2015）的基础上，研发长庆油田 CO₂驱油 Y445 气密封封隔器注气管柱。

#### 1. 管柱组成

新型注气管柱由多功能注气阀 + 油管 +Y445 气密封封隔器 + 循环滑套 + 油管 + 油管挂 + 井口组成，如图 2-4-1 所示。该管柱在满足正常注气的同时，功能趋于完善，封隔器性能更加可靠，管柱增加的防返吐功能提高了后期生产的安全系数。

#### 2. 关键工具

封隔工具采用 Y445 气密封封隔器，如图 2-4-2 所示。

其工作原理：坐封时，下钻到设计位置后投入 $\phi45mm$ 钢球，在多功能注气工具球座处形成密封，正打压卡瓦伸出完成锚定，继续打压 8～12MPa 上部压缩胶筒完成坐封，在止退环的作用下，卡瓦胶筒保持坐封状态。下压管柱，通过悬重补偿，将管柱力直接压在胶筒上部端环，给已经坐封后的胶筒再施加压力，使胶筒进一步压缩，通过"液压 + 悬重补偿"复合坐封功能，保证密封效果。丢手时，投入 $\phi50mm$ 钢球至封隔器上部球座正打压 12MPa，剪断丢手活塞剪钉，丢手活塞下行，上接头锁爪失去支撑丢手；或者上提正转管柱 16 圈，剪断丢手剪钉，锁爪与锁爪套脱开，完成丢手。打捞时，下专用捞矛 + $2\frac{7}{8}$in EUE 油管，下至封隔器位置，下压 3～4tf 上提即可解封起出封隔器及其以下管柱。

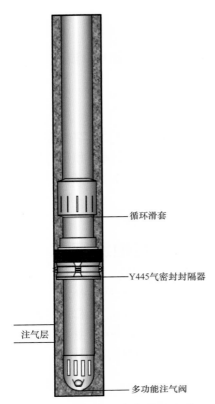

图 2-4-1　新型注气管柱示意图

循环滑套

Y445气密封封隔器

注气层

多功能注气阀

图 2-4-2　Y445 气密封封隔器示意图

### 3. 性能参数

Y445 气密封封隔器性能参数见表 2-4-1。

表 2-4-1　Y445 气密封封隔器性能参数表

| 封隔器名称 | 最小内径／mm | 最大外径／mm | 承压／MPa | 坐封压力／MPa | 解封力／tf | 胶筒材质 |
|---|---|---|---|---|---|---|
| Y445 气密封封隔器 | 48.0 | 114.0 | 50 | 20 | 6～8 | 氢化丁腈橡胶 |

### 4. 配套工具

1) 多功能注气阀

多功能注气阀如图 2-4-3 所示，其工作原理：下钻时，预置 $\phi$40mm 钢球，防止套管压力进入油管，但上部球座下端有联通孔，保证下钻过程中油套压力平衡。坐封封隔器时，投入 $\phi$45mm 钢球至多功能注气阀球座处形成密封，正打压完成封隔器坐封，继续打压至 20～22MPa，球座被打掉，球座下移密封连通孔倒挂在预设端面处，此时 $\phi$45mm 钢球被顶起。完成坐封封隔器后，正注，气体从 $\phi$45mm 钢球与球座间隙进入并经过旁通，推起预置钢球，完成正常注气。

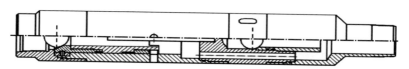

图 2-4-3　多功能注气阀示意图

多功能注气阀性能参数见表 2-4-2。

表 2-4-2　多功能注气阀性能参数表

| 名称 | 总长度 /<br>mm | 最大外径 /<br>mm | 最小内径 /<br>mm | 球座脱离压力 /<br>MPa | 承受压差 /<br>MPa | 工作温度 /<br>℃ |
|---|---|---|---|---|---|---|
| 多功能注气阀 | 823 | 115.0 | 42.0 | 20～22 | 30 | 0～150 |

2）循环滑套

循环滑套如图 2-4-4 所示，其工作原理：开启时，投 $\phi$55mm 钢球，打压 10～15MPa 开启滑套。关闭时，利用弹簧的恢复力，关闭循环滑套。

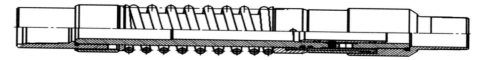

图 2-4-4　循环滑套示意图

循环滑套性能参数见表 2-4-3。

表 2-4-3　循环滑套性能参数表

| 名称 | 总长度 /mm | 最大外径 /mm | 最小内径 /mm | 承受压差 /MPa | 工作温度 /℃ |
|---|---|---|---|---|---|
| 循环滑套 | 700 | 100.0 | 53.0 | 30 | 0～150 |

## 二、关键工具性能试验

围绕注气管柱关键工具 Y445 气密封封隔器，开展了气密封性能试验。

试验条件：气密封测试系统、气体瓶、数据采集及监控系统、试验池，如图 2-4-5 至图 2-4-8 所示。

图 2-4-5　气密封测试系统

图 2-4-6　气体瓶

图 2-4-7　数据采集及监控系统

图 2-4-8　试验池

试验压力：上部及下部密封压力 50MPa。

试验介质：压缩氮气。

气压试验标准：API Spec 6A 井口装置和采油树试验规范。

试验步骤：上部密封试验，打压 50MPa，稳压 15min 无压降；下部密封试验，打压 50MPa，稳压 15min 无压降。

试验结果：试验条件下，Y445 气密封封隔器的最高气密封压差达到 50MPa。

## 三、注入井井筒气密封性影响因素及检测方法

注入井在注 $CO_2$ 过程中存在井筒漏失的可能性，开展井筒气密封性检测方法研究，对于保障注入井的井筒安全至关重要。

### 1. 注入井井筒气密封性影响因素

#### 1）井身结构

长庆油田 $CO_2$ 驱油目前均在注水开发多年的老区块开展注气试验，注气井利用原注水井，为笼统注入方式。注水井为二开井身结构，如图 2-4-9 所示。

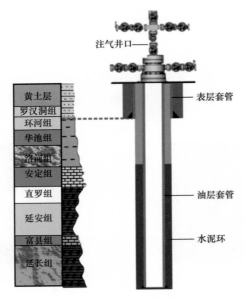

图 2-4-9　注水井井身结构

老井筒存在如下问题：（1）目前套管螺纹为平式长圆螺纹，非气密封，存在螺纹漏气风险；（2）固井质量难以满足管外气窜，部分老井固井水泥返高低，存在套管外围气体泄漏的风险；（3）尽管注气井口更换为标准套管头，但井口套管底法兰耐压等级低，气密封性差，存在高压漏气风险；（4）老井筒可能产生不同程度套损套变、腐蚀；（5）二开结构导致套管失效后再无井筒屏障，基本上无补救措施。

尽管对老井是否可用作注气井前期进行过查漏、找漏、封堵，但多数井筒泄漏是动态的，随着注气时间不断延长，不能保证长期安全运行。同时，地层受裂缝发育窜漏等诸多问题，黄3区 CO₂ 驱油先导试验先后有 2 口井出现同层气窜、5 口井出现异层气窜，分析原因，与对应注入井的井筒完整性息息相关。因此，井筒完整性和完好程度是注入井安全运行的最大风险，也是造成井筒漏失和油套环空带压的潜在因素。

2）注入管柱

注入井投注后油套环空带压除了井身结构的先天性影响，还存在注入管柱漏失的可能性，分别为：注气井口密封失效、油管密封失效以及封隔工具密封失效。

（1）注气井口密封失效。

注气井口油管悬挂器设计有 4 道密封机构，如图 2-4-10 所示。其中下端金属密封圈能够在受压情况下膨胀变形，密封套管四通，其余 3 道为橡胶密封。在施工过程中，由于要满足封隔器坐封的需要，油管悬挂器萝卜头需要上提下放、重复坐挂，给密封机构及套管四通内密封面的损坏造成了一定的可能性，前期 Y#-1 井和 Y#-2 井完井施工时发生过油管悬挂器金属密封圈损伤的情形，如图 2-4-11 所示。

图 2-4-10　油管悬挂器实物图　　　　　图 2-4-11　套管四通内密封面实物图

（2）油管密封失效。

考虑气密封性的要求，注入井的油管一般选择为气密封特殊螺纹油管，完井施工过程油管上扣采用了气密封检测设备，但是不足之处是受检测工具长度的限制，管柱的个别部件无法实施气密封检测，如油管悬挂器处的双公短节连接处、与封隔器上部连接的最后一根油管连接处。同时，个别注入井气密封油管循环使用次数较多，如 Y#-3 井完井作业气密封油管上、卸扣次数超过 6 次，增加了油管螺纹渗漏的概率。

（3）封隔工具密封失效。

注入井的封隔工具一般均要求选择满足气密封性要求的专用封隔器，但受长期注气的密封需求、开注及停注载荷变化及腐蚀等因素的影响，封隔工具会出现密封失效的问题。

### 2. 注入井井筒气密封性检测方法

从注入井的整个井筒构成来分析，气密封性检测应该包括井筒完整性（套管、固井质量等）测试、注入管柱（注气井口、油管、封隔工具等）测试。

**1）注入井井筒完整性检测方法**

井筒完整性测试涉及套管、固井质量等测试作业，注入井为正常开井状态，井筒内有注气管柱（气密封油管 + 气密封封隔器 + 井下工具附件），井内介质从井口到井底依次为液相、气液混相、气相。考虑在不动管柱的条件下，优选测井方法为：噪声测井，其基本原理是通过对流体在管外水泥环孔道或地层流动时产生的噪声幅度和频率的测量来判断流体的类型和位置，从而判断套管漏失或微渗的位置。噪声测井仪的实物图如图 2-4-12 所示。

图 2-4-12　噪声测井仪实物图

下面以 Z#-2 井为例，说明检测过程。

Z#-2 井于 2011 年 12 月投产延 10 层；初期日产液 $4.0m^3$，日产油 1.7t，含水 57.9%；2017 年 12 月含水突升至 100%，怀疑套破，下入噪声测井仪进行测井作业。

测井曲线图如图 2-4-13 所示。噪声测井在 1447.0m 左右信号较强，反应明显，判断在 1447.0m 左右有明显漏失。

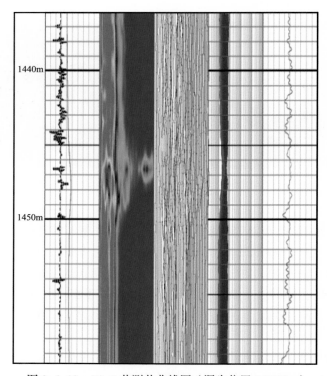

图 2-4-13　Z#-2 井测井曲线图（漏失位置 1447.0m）

2）注入管柱气密封性验漏方法

针对注入井管柱漏失的影响因素，制订了注入管柱气密封验漏方法。主要做法是分别从注气井口和油管（封隔器内径受限，测试工具无法通过）两个方面，逐项排查密封失效的原因。下入钢丝桥塞封堵油管，通过变更钢丝桥塞的位置（从注气井口油管悬挂器以下双公短节处、封隔工具以上第一根油管处），观察油管与套管压力变化，分别测试注气井口和气密封油管的密封情况，油管与套管压力差值大的，直接利用油管与套管压力的差值变化来完成测试作业，油管与套管压力差值不大的，可以利用制氮车进行加压制造油管与套管压力差，若注气井口和气密封油管均无漏失，则可判断封隔工具存在漏失，最终查找密封失效的原因，钢丝桥塞工作原理如图 2-4-14 所示。

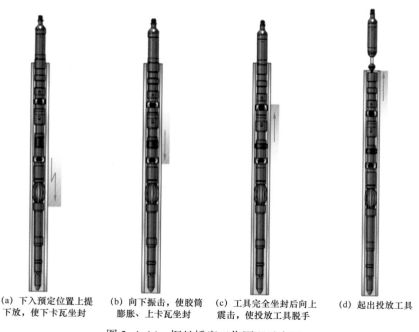

(a) 下入预定位置上提  (b) 向下振击，使胶筒  (c) 工具完全坐封后向上  (d) 起出投放工具
下放，使下卡瓦坐封    膨胀、上卡瓦坐封      震击，使投放工具脱手

图 2-4-14 钢丝桥塞工作原理示意图

下面以注气井 Y#-4 井为例，说明注入管柱气密封性验漏作业过程。作业现场照片如图 2-4-15 所示。

施工步骤：

（1）关键工具准备及试压。

（2）通井、测量井筒内温度与压力。

（3）井筒验漏作业：

① 入井前，在井口处取得该井油管压力 17.5MPa，套管压力 16.5MPa。

② 由于通井至 2586m 有遇阻现象（封隔器位置 2700m），现场决定将钢丝桥塞直接下放至油管头以下 7m 处，进行注气井口验漏。

③ 将钢丝桥塞下入井筒并进行坐封，坐封完成后，先起出工具串，然后将油管压力泄压至 5.2MPa，等待 2min，压力上涨至 6.2MPa；等待 10min，压力上涨至 6.9MPa；等

待 1h，压力上涨至 10.3MPa，等待 2h，压力最终上涨至 16.5MPa。

④ 通过给油管补充 $CO_2$，将油管压力补充至泄压前 17.5MPa，然后分别进行打开平衡孔与打捞钢丝桥塞作业，起出钢丝桥塞，施工结束。

图 2-4-15　气密封性验漏作业现场

从试验过程可以看出，Y#-4 井钢丝桥塞下放至油管头以下 7m 处进行封堵，通过油管泄压，将初始油管压力调整为 5.2MPa，初始套管压力为 16.5MPa，2 个小时后，油管压力上涨至 16.5MPa，与初始套管压力持平，说明该井的注气井口存在明显漏点。这也是导致该井油套环空带压的原因所在。

3. 认识

（1）研制了 $CO_2$ 驱油 Y445 气密封封隔器注气管柱，气密封封隔器最高气密封压差达 50MPa，满足了现场的注入需求。

（2）注入井井筒气密封性检测技术为注入管柱漏失提供了诊断手段，并为研究制订防控措施或治理手段提供了第一手资料，避免因井筒失控发生重大安全事故。

# 第五节　$CO_2$ 驱油采出井套管气窜监测装置

为了监测 $CO_2$ 驱采出井套管气组分含量及气体流量，研发 $CO_2$ 驱组分含量、套管气流量在线监测装置及套管气自动回收设备，实现采出井套管气流量、组分含量在线监测、气体回收等功能，提高套管气监测的自动化程度和时效性。

## 一、套管气流量监测及回收装置

从采出井套管口引出气体，经气液分离罐分离后进行计量，计量后进入气体回收系统，最终将套管气压入井场集油管线，如图 2-5-1 所示。具体要求如下：

（1）气体计量前要进行除液、除杂，保证计量流量精度，监测数据可就地显示、存储、485 输出，可电脑导出回放；

（2）按照安全环保要求，套管气计量后不能直接放空，要进行回收；

（3）输管线压力为 4.0MPa，且套管气上的安全阀也设置为 4.0MPa，所以系统压力按 4.0MPa 设计；

（4）所有设备采用防爆设备，压力容器要由有特种设备生产许可证的厂家生产等。

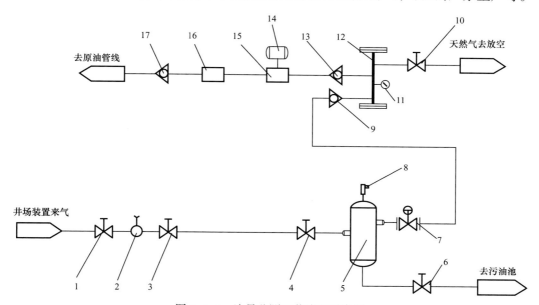

图 2-5-1　流量监测工艺流程示意图

1，3—截止阀；2—预留加药口；4—阻火阀；5—气液分离罐；6—排污阀；7—流量计；8—安全阀；
9，13，17—单流阀；10—排污阀；11—压力表；12—集气汇管；14—无油防爆空压机；15—电磁阀；16—气动增压泵

### 1. 套管气流量计

流量计量采用旋进旋涡流流量计，由流量传感器和积算仪组成。流量传感器包含漩涡检出（压电晶体）传感器和压力传感器等部件以及温度传感器等部件。流量积算仪由温度和压力模拟检测通道、流量传感器通道以及微处理器单元组成，并配有外输出接口。

流量积算仪组成如图 2-5-2 所示，包括：CPU；漩涡检测、放大整形、频率转化；压力、温度信号 A/D 转换；内存 EEPROM 部件、参数存储；按键操作；RS485 接口。

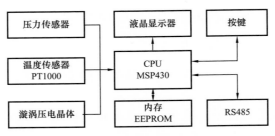

图 2-5-2　流量积算仪组成

套管气流量计技术参数见表 2-5-1。

**表 2-5-1　套管气流量计技术参数**

| 公称压力 /<br>MPa | 工作电压 /V<br>（DC） | 计量精度 /<br>级 | 工作温度 /<br>℃ | 通信方式 | 防爆等级 | 防护等级 |
|---|---|---|---|---|---|---|
| 4.0 | 24 | 0.5 | −30～80 | RS485 | Exd Ⅱ BT4 | IP65 |

### 2. 气液分离罐

为保证计量准确，需对套管气进行除液、除杂，因此在流量计前设计气液分离罐。罐顶端安装有压力表及安全阀，安全阀出口应对空向上排放。为确保安全，其流程前端需安装阻火阀。气液分离罐应按时排液，通过排污口将液体和杂质排出，排污采用"双坑排放"，保障操作安全。气液分离罐参数见表 2-5-2。

**表 2-5-2　套管气流量计技术参数**

| 装置材料 | 工作介质 | 容器容积 /<br>m³ | 内径 /<br>mm | 高度 /<br>mm | 工作压力 /<br>MPa | 工作温度 /<br>℃ |
|---|---|---|---|---|---|---|
| 20#，Q345R | 含 $H_2S$ 和 $CO_2$ 套管气 | 0.042 | 309 | 976 | 4.0 | −30～80 |

### 3. 气体回收系统

按照现场安全环保的要求，套管气不能直接排放，需增加回收系统，符合安全防爆、自动控制运行等要求。气体回收系统由集气汇管、压力控制器、电磁阀、防爆空压机和气动增压泵等组成，如图 2-5-3 所示。

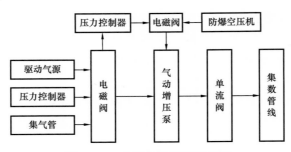

图 2-5-3　气体回收系统示意图

采出井套管气压力过高,可能引起抽油泵气锁现象,影响产量;根据集气管的压力,设置压力控制器的上下限值,当集气管压力达到设置上限值时,压力控制器打开电磁阀,防爆空压机提供气源,推动气动增压泵工作,直到集气管压力达到设置下限值时,压力控制器关闭电磁阀,气动增压泵停止工作。

(1)防爆空压机。

选择无油防爆空压机为气动增压泵提供动力源,空压机输出压力1.0MPa,空压机工作压力可根据集输管线的压力进行调节。防爆空压机技术参数见表2-5-3。

表2-5-3 防爆空压机技术参数

| 容量 /<br>L | 排气压力 /<br>MPa | 功率 /<br>kW | 工作温度 /<br>℃ | 外形尺寸(长×宽×高)/<br>mm×mm×mm |
|---|---|---|---|---|
| 80 | 1.0 | 2.2 | −30~80 | 1280×400×930 |

(2)气动增压泵。

气动增压泵是一种由二位四通先导阀控制往复运动的柱塞泵,由驱动腔、隔离腔和高压腔组成,采用了大直径活塞与小直径柱塞连接在一起的结构。其结构简单、故障率低、密闭性好、无泄漏。采用气体驱动,无电弧及火花,可用于防爆场所。根据监测区域集输管线最高运行压力为2.0MPa,考虑后期使用寿命及故障率,选择增压比为1:4。气动增压泵性能参数见表2-5-4。

表2-5-4 气动增压泵性能参数

| 排量 /(m³/min) | 增压介质 | 增压比 | 工作温度 /℃ |
|---|---|---|---|
| 2.5 | 含 H$_2$S 和 CO$_2$ 等的天然气 | 1:4 | −30~80 |

(3)控制系统。

控制系统由控制柜、耐震压力表、压力控制器、防爆气动电磁阀、防爆接线盒等组成。其中压力表显示驱动气源压力、集气管压力、气动增压泵出口压。压力控制器可设置控制压力的上下限值,控制电磁阀开关,从而控制气动泵自动运行。

## 二、多组分套管气含量监测装置

从流量监测流程中取少量气体,引入组分监测仪,进行组分实时监测。多组分监测仪采用红外光谱气体在线监测技术,由多组分积仪、气体检测腔室、干燥瓶等部分组成。由于组分仪要长期可靠运行,需要少量、干燥清洁气体在常压下运行,设计调节阀 K1 和 K2 进行套管气流量调节,K1 为主调节,K2 为微调,气体经干燥瓶引入,出口放空,确保常压。多组分监测装置流程如图2-5-4所示。

### 1. 多组分积算仪

多组分积算仪由 CPU 处理单元、显示单元、通信单元和外部传感器数字信号处理单元等构成,如图2-5-5所示。

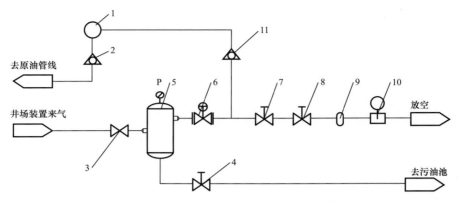

图 2-5-4　多组分监测装置流程图

1—气动增压泵；2，11—单流阀；3—阻火阀；4—排污口；5—气液分离罐；6—流量计；7—调节阀 K1；
8—调节阀 K2；9—干燥瓶；10—组分仪

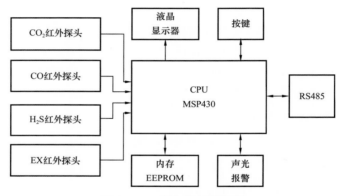

图 2-5-5　组分仪原理框图

（1）CPU 处理单元：组分计算、显示、储存、输出等；

（2）信号处理单元：信号放大及 A/D 转换，生成数字信号；

（3）通信单元：提供 RS485 方式传输；

（4）显示及设置单元：$CO_2$、CO、$H_2S$ 和可燃气体（EX）浓度显示，参数显示、设定。

多组分积算仪参数见表 2-5-5。

表 2-5-5　多组分积算仪参数

| 检测气体 | 检测精度 /<br>%（FS） | 通信方式 | 工作温度 /<br>℃ | 报警方式 | 防爆等级 |
|---|---|---|---|---|---|
| $CO_2$、$H_2S$、CO、EX | ≤±3 | RS485 | −30～80 | 声光报警 | Exia Ⅱ CT6 |

## 2. 检测腔

采用防爆壳体作为计量腔室，将红外探头依次安装在内部，采用毛细管引入的套管气，控制流速，既确保组分测量准确，又保护探头，延长使用寿命。

### 3. 干燥瓶

干燥瓶外形尺寸 $\phi82mm\times220mm$，材质为 304 不锈钢，内部填充二氧化硅颗粒进行吸湿、除杂。

## 三、现场应用及取得的认识

在姬塬油田黄山区 $CO_2$ 示范区"9 注 37 采"井口配套流程、安装装置。现场装置如图 2-5-6 所示。

 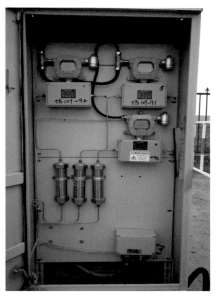

(a) 流量监测及气体回收装置　　　　　　　　　(b) 多组分监测装置

图 2-5-6　采出井套管气量监测装置及多组分监测装置

37 口采出井套管气组分实现了全部监测，有 10 口井配套了套管气流量监测，每天可采集一组或多组数据，并及时上传。可查看实时数据、曲线，并可查询历史数据。

实现对 $CO_2$ 采出井套管气流量以及 CO、$H_2S$ 和 EX 等组分全天候实时监测；套管气回收注入流程，满足环保要求。一机多关键参数在线检测，节约现场测试成本，提高时效，为 $CO_2$ 驱油试验方案的优化调整提供依据。

# 第三章　$CO_2$ 驱油地面工程技术

鄂尔多斯盆地油气资源丰富，$CO_2$ 驱采出流体中伴生气含量高，采出流体由原油、伴生气和 $CO_2$ 气体混合组成。采出流体组成的复杂性必然造成其性质的特殊性，从而对地面配套系统提出新的挑战。为适应长庆油田经济、高效开发建设，经过实践和发展，形成了具有长庆油田特色的 $CO_2$ 驱地面配套技术系列。

# 第一节　$CO_2$ 驱油注入工艺

$CO_2$ 驱地面注入工艺主要有液相注入和超临界注入两种。长庆油田 $CO_2$ 驱油处于先导试验阶段，$CO_2$ 驱油采用液相注入方式，公路罐车运输来的液态 $CO_2$ 通过卸车泵卸至液态 $CO_2$ 储罐，通过喂液泵提压、注入泵增压，经配气阀组调节计量后输送至各注入井。

## 一、$CO_2$ 性质

### 1. 相态特征

$CO_2$ 在通常状况下是一种无色无嗅的气体，能溶于水，溶解度为 0.144g/100g（水）（25℃）。$CO_2$ 比空气重，在标准状况下密度为 1.977g/L，约是空气的 1.5 倍。$CO_2$ 的相态图有两个明显的特征点：三相点（−56℃，0.52MPa）和临界点（31.4℃，7.38MPa）。$CO_2$ 的相态具有一定的特殊性，温度压力的小幅变化可导致相态有很大的改变。$CO_2$ 相态可分为 5 个区域：超临界流体区域、密相液态区域、一般液态区域、固态区域和气体区域，相图如图 3-1-1 所示。

压力低于 0.7MPa，纯 $CO_2$ 一般为气、固相平衡，即不论温度为多大，都不存在液相，只有气相和固相。因此 $CO_2$ 在进行液化储存时，储罐的压力一般应该高于 0.7MPa，温度要高于 −60℃。纯 $CO_2$ 的相态特性随着温度压力的小幅变化有很大的改变。

长庆油田 $CO_2$ 注入以液态为主，纯 $CO_2$ 临界温度 31.4℃、临界压力 7.38MPa。$CO_2$ 在不同温度和压力下会发生相变，气液两相分界温度和压力见表 3-1-1。

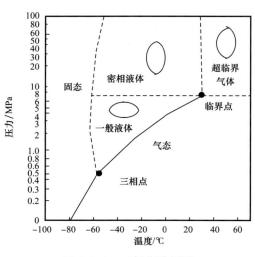

图 3-1-1　二氧化碳相图

表 3-1-1　气液两相分界参数

| 温度 /℃ | 压力 /MPa | 温度 /℃ | 压力 /MPa | 温度 /℃ | 压力 /MPa |
|---|---|---|---|---|---|
| -20 | 1.9696 | -3 | 3.2164 | 14 | 4.9658 |
| -19 | 2.031 | -2 | 3.3042 | 15 | 5.0871 |
| -18 | 2.0938 | -1 | 3.3938 | 16 | 5.2108 |
| -17 | 2.1581 | 0 | 3.4851 | 17 | 5.3368 |
| -16 | 2.2237 | 1 | 3.5783 | 18 | 5.4651 |
| -15 | 2.2908 | 2 | 3.6733 | 19 | 5.5958 |
| -14 | 2.3593 | 3 | 3.7701 | 20 | 5.7291 |
| -13 | 2.4294 | 4 | 3.8688 | 21 | 5.8648 |
| -12 | 2.501 | 5 | 3.9695 | 22 | 6.0031 |
| -11 | 2.574 | 6 | 4.072 | 23 | 6.144 |
| -10 | 2.6487 | 7 | 4.1765 | 24 | 6.2877 |
| -9 | 2.7249 | 8 | 4.2831 | 25 | 6.4342 |
| -8 | 2.8027 | 9 | 4.3916 | 26 | 6.5837 |
| -7 | 2.8821 | 10 | 4.5022 | 27 | 6.7361 |
| -6 | 2.9632 | 11 | 4.6149 | 28 | 6.8918 |
| -5 | 3.0459 | 12 | 4.7297 | 29 | 7.0509 |
| -4 | 3.1303 | 13 | 4.8466 | 30 | 7.2137 |

**2. 密度**

液态 $CO_2$ 的密度受压力的影响较小，随温度的降低而增大。液态 $CO_2$ 的密度与温度关系见表 3-1-2。

表 3-1-2　液态 $CO_2$ 的密度

| 温度 /℃ | 密度 /（kg/m³） | 温度 /℃ | 密度 /（kg/m³） | 温度 /℃ | 密度 /（kg/m³） |
|---|---|---|---|---|---|
| 31 | 463.9 | 5 | 893.1 | -15 | 1006.1 |
| 27.5 | 661.0 | 2.5 | 910.0 | -25 | 1052.6 |
| 25 | 705.8 | 0 | 924.8 | -35 | 1094.9 |
| 20 | 770.7 | -2.5 | 940.0 | -38 | 1115.0 |
| 15 | 817.0 | -5 | 953.8 | -43 | 1134.5 |
| 10 | 858.0 | -7.5 | 968.0 | -48 | 1153.5 |
| 7.5 | 876.0 | -10 | 980.8 | -53 | 1172.1 |

### 3. 黏度

液态 $CO_2$ 的黏度可由式（3-1-1）确定：

$$\eta = 0.399 \frac{e^{3.83\frac{T_b}{T}}}{V} \qquad (3-1-1)$$

式中　$\eta$——液体黏度，mPa·s；

　　　$T_b$——0.1MPa 下的沸点，$CO_2$ 为 194.75K，K；

　　　$T$——绝对温度，K；

　　　$V$——1g 分子液体的体积，$cm^3$。

液态 $CO_2$ 的黏度受温度的影响较大，随温度的升高，液态 $CO_2$ 的黏度显著减小。液态 $CO_2$ 在不同温度下的黏度值见表 3-1-3。

表 3-1-3　液态 $CO_2$ 的黏度

| 温度 / ℃ | 黏度 / $10^3$mPa·s | 温度 / ℃ | 黏度 / $10^3$mPa·s | 温度 / ℃ | 黏度 / $10^3$mPa·s |
|---|---|---|---|---|---|
| 0 | 99 | 15 | 78.4 | 29 | 53.9 |
| 5 | 92.5 | 20 | 71.2 | 30 | 53.0 |
| 10 | 85.2 | 25 | 62.5 | | |

### 4. 热力学性质

1）热容

液态 $CO_2$ 的热容可由如下的方法确定。若已知液态 $CO_2$ 在某一状态（$p_r$，$T_r$）下的热容 $C_{p1}$，则可由式（3-1-2）求出在其他状态（$p$，$T$）时的热容 $C_p$。

$$C_p = C_{p1} \left( \frac{\omega_1}{\omega} \right)^{2.8} \qquad (3-1-2)$$

式中　$\omega$，$\omega_1$——液体在对比状态（$p_r$，$T_r$）和（$p_{r1}$，$T_{r1}$）下的膨胀因素。

液态 $CO_2$ 热容随温度升高而增大，不同温度下液态 $CO_2$ 的热容值见表 3-1-4。

表 3-1-4　液态 $CO_2$ 的热容

| 温度 /℃ | -50 | -40 | -30 | -20 | -10 | 0 | 10 | 20 |
|---|---|---|---|---|---|---|---|---|
| 热容 / [ kJ/（mol·℃）] | 1.96 | 2.05 | 2.15 | 2.26 | 2.38 | 2.51 | 2.68 | 2.84 |

2）蒸发潜热

液态 $CO_2$ 在临界点和三相点间的蒸发潜热可由经验公式计算：

$$\Delta H_v = 15.2 \left( 304.1 - T \right)^{0.86} \qquad (3\text{-}1\text{-}3)$$

式中　$\Delta H_v$——蒸发潜热，kJ/kg；

　　　$T$——温度，K。

随温度的升高，$CO_2$ 蒸发潜热逐渐减小。在临界点，蒸发潜热的值等于零。不同温度下 $CO_2$ 的蒸发潜热见表 3-1-5。

表 3-1-5　$CO_2$ 的蒸发潜热

| 温度 /℃ | $\Delta H_v$/（kJ/kg） | 温度 /℃ | $\Delta H_v$/（kJ/kg） | 温度 /℃ | $\Delta H_v$/（kJ/kg） |
|---|---|---|---|---|---|
| −56.6 | 349.104 | −25 | 294.588 | 10 | 201.978 |
| −55 | 346.5 | −20 | 284.718 | 15 | 180.894 |
| −50 | 338.352 | −15 | 274.092 | 20 | 155.82 |
| −45 | 330.078 | −10 | 262.542 | 25 | 119.826 |
| −40 | 321.636 | −5 | 249.9 | 30 | 63.21 |
| −35 | 312.942 | 0 | 235.746 | 31 | 0 |
| −30 | 303.954 | 5 | 219.87 | | |

3）导热系数

液态 $CO_2$ 的导热系数可由式（3-1-4）确定：

$$\lambda = \varepsilon c_p \rho^3 \sqrt{\frac{\rho}{M}} \qquad (3\text{-}1\text{-}4)$$

式中　$\lambda$——导热系数，cal/（cm·s·℃）；

　　　$\varepsilon$——常数，取值为 $4.28 \times 10^{-3}$；

　　　$c_p$——比定压热容，cal/（g·℃）；

　　　$\rho$——密度，g/cm³；

　　　$M$——分子量。

### 5. 扩散系数

液体中非电解质的扩散系数可由式（3-1-5）计算：

$$D = \frac{7.4 \times 10^{-5} \left( \alpha M_B \right)^{0.5} T}{\mu V_A^{0.6}} \qquad (3\text{-}1\text{-}5)$$

式中　$D$——溶质 A 在液体溶剂 B 中的扩散系数，cm²/s；

　　　$M_B$——溶剂 B 的摩尔质量，g/mol；

　　　$T$——温度，K；

$\mu$——溶液黏度，$mPa \cdot s$ ；

$V_A$——组分 A 在正常沸点下的分子体积，$cm^3/mol$ ；

$\alpha$——溶剂 B 的缔合参数。

## 二、注入工艺流程

长庆油田黄 3 区部署注入井 9 口，井口最大注入压力 23.5MPa。初期采用连续注气方式，在气油比快速上升到 $200m^3/m^3$ 后改为水气交替注入，水气交替周期为半年，气水比为 1：1，单井日注气 15t、日注水 $15m^3$。

$CO_2$ 驱注入工艺流程如图 3-1-2 所示，利用罐车将液态 $CO_2$ 拉运到站场，利用罐车和液态 $CO_2$ 储罐的压力差进行卸车，压力平衡后采用卸车泵将液态 $CO_2$ 全部卸放到液态 $CO_2$ 储罐，保持储罐内压力平稳，液态 $CO_2$ 从储罐进入液态 $CO_2$ 注入一体化集成装置升压至注入压力后，经计量进入配气阀组，根据单井的注入压力和流量进入单井管线，最后由单井注入管线注入到井下。储存及注入过程各节点参数见表 3-1-6。

罐车　　　　　　储罐　　　　　一体化注入装置　　　　　配注阀组　　　　　注入井

图 3-1-2　液态 $CO_2$ 注入工艺流程图

表 3-1-6　$CO_2$ 储存及注入过程参数控制表

| 序号 | 工艺环节 | | 压力 /MPa | 温度 /℃ |
|---|---|---|---|---|
| 1 | 卸车泵→储罐 | | 2.4～2.5 | −14～−12 |
| 2 | 注入一体化装置 | 喂液泵 | 2.6～2.7 | −12～−10 |
| 3 | | 注入泵 | 18～21 | −7～−5 |
| 4 | 单井→注入地下 | | 18～21 | 13～15 |

### 1. 液态 $CO_2$ 注入一体化集成装置

将喂液泵、注入泵、流量计、压力表、控制阀门和管线集成为液态 $CO_2$ 注入装置，如图 3-1-3 所示。注入装置有回流出口和高压注入出口，回流出口主要是启动时回流、高压回流和保持液态 $CO_2$ 储罐压力平衡，可有效防止液态 $CO_2$ 汽化。

### 2. 配气一体化集成装置

配气装置主要由高压汇管、单井流量计、压力表、控制阀门和高压管线集成，如图 3-1-4 所示。注入时根据单井的注入量和注入压力进行合理分配，实现每一条配气管线对应一口单井，可有效防止注入井相互影响，满足液态 $CO_2$ 平稳注入要求。

图 3-1-3 液态 $CO_2$ 注入一体化集成装置

图 3-1-4 配气一体化集成装置

# 第二节 $CO_2$ 驱油气集输技术

油气集输过程包括油气收集、处理与输送等工艺过程，实施 $CO_2$ 驱油后对油田采出流体性质有着较大的影响，常规的油气集输工艺不再完全适用于 $CO_2$ 驱油技术采出的油气。$CO_2$ 驱油采出流体的性质既是判别油藏及注气井油气流动性质的重要依据，也是决定后期集输工艺技术的重要参数。合理、适宜的集输工艺是 $CO_2$ 驱地面配套工程的重点，也是其他配套工程的建设基础。

# 一、$CO_2$ 对原油物性的影响

## 1. 注入 $CO_2$ 前原油物性

### 1）全组分分析

试验区未注气前的原油组分中 $C_7$ 之前组分占比较小，高峰区在 $C_7$—$C_{20}$ 之间，且烃类组成含量随碳原子数的增加而减小，$C_{35+}$ 的组分含量较少，数据见表 3-2-1。

表 3-2-1　原油碳数分布表

| 碳原子数 | 3 | 4 | 5 | 6 | 7 | 8 | 9 | 10 | 11 | 12 |
|---|---|---|---|---|---|---|---|---|---|---|
| 质量分数 /% | 0.716 | 0.642 | 0.983 | 1.422 | 5.365 | 5.931 | 5.114 | 5.243 | 4.427 | 4.162 |
| 碳原子数 | 13 | 14 | 15 | 16 | 17 | 18 | 19 | 20 | 21 | 22~48 |
| 质量分数 /% | 4.781 | 4.580 | 3.226 | 3.109 | 3.378 | 3.662 | 3.252 | 3.176 | 3.047 | 33.784 |

### 2）析蜡量

注入前原油的瞬时析蜡量随温度的降低呈先增加后减少的趋势，在 16℃ 时脱气原油的瞬时析蜡量达到最大，变化趋势如图 3-2-1 所示。

### 3）原油族组分

原油中饱和分含量最多，芳香分含量次之，胶质和沥青质含量不高。注入前原油四组分组成见表 3-2-2。

表 3-2-2　注入前原油四组分组成　　　　　　　　　　单位：%

| 饱和分 | 芳香分 | 胶质 | 沥青质 |
|---|---|---|---|
| 73.76 | 15.94 | 9.26 | 1.04 |

### 4）密度

注入前原油 20℃ 下的密度小于 $0.843g/cm^3$，属于较轻质原油，并且各油井之间密度差距不大。

### 5）凝点

试验区注入前原油整体凝点较高，即使在 80℃ 热处理下凝点接近 20℃。同时，试验区注入前原油具有明显的热处理效应，在 60~70℃ 之间，凝点随热处理温度升高而明显降低，当热处理温度为 80℃ 时，凝点最低。

### 6）黏温特性

试验区注入前原油的低温黏度为 50~200mPa·s，整体较小，低温流动性较好；70℃ 热处理下，3 次测试油样的反常点分别为 30℃，30℃ 和 32℃。图 3-2-2 为不同试验区某井原油的黏度与温度的关系曲线。

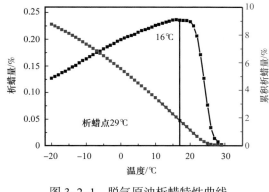

图 3-2-1　脱气原油析蜡特性曲线

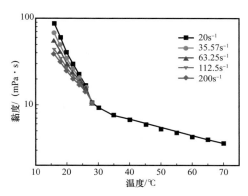

图 3-2-2　某井油样的黏温关系曲线

## 2. 注入 $CO_2$ 后原油物性

在 $CO_2$ 注入地层过程中，由于油藏内存在伴生气，使地层内的实际反应是原油与伴生气和 $CO_2$ 三者之间的共同作用，这些作用使得原油中烃类含量、析蜡点、析蜡量、原油凝点和黏温特性等均发生变化。

### 1）溶气原油的溶解度

在相同温度下，随着压力的升高，$CO_2$ 更易溶于原油体系，使得溶气原油的溶解度升高；而在一定压力下，随着温度的升高，$CO_2$ 气体有逸出原油体系的趋势，使得溶气原油的溶解度逐渐降低。不同压力下温度与溶解度趋势如图 3-2-3 所示。

溶解气中 $CO_2$ 和 $CH_4$ 比例一定时，随着溶气压力的升高，溶气原油的溶解度逐渐升高；在相同溶气压力下，饱和溶 $CO_2$ 原油的溶解度最高，饱和溶甲烷原油溶解度最低，饱和溶 $CO_2$ 原油的溶解度约为饱和溶甲烷原油溶解度的 2 倍；当两种气体混合溶于原油中时，$CO_2$ 与 $CH_4$ 物质的量之比越高，体系的溶解度越高。溶解气中 $CO_2$ 和 $CH_4$ 比例不同时溶气原油在 30℃下溶解度如图 3-2-4 所示。

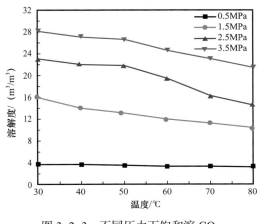

图 3-2-3　不同压力下饱和溶 $CO_2$
原油的溶解度

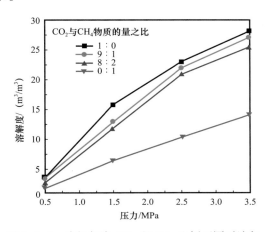

图 3-2-4　溶解气中 $CO_2$ 和 $CH_4$ 比例不同时溶气
原油的溶解度

2）溶气原油凝点

在不同热处理条件下，随着压力的升高，溶气原油的凝点逐渐降低，见表3-2-3。

表 3-2-3　不同压力和热处理温度下饱和溶 $CO_2$ 原油凝点

| 压力 /MPa | 凝点 /℃ | | | |
| --- | --- | --- | --- | --- |
| | 经过 50℃、25MPa、4h $CO_2$ 处理 | 经过 60℃、25MPa、4h $CO_2$ 处理 | 经过 70℃、25MPa、4h $CO_2$ 处理 | 经过 80℃、25MPa、4h $CO_2$ 处理 |
| 3.5 | 21 | 17 | 11 | 9 |
| 2.5 | 22 | 19 | 13 | 11 |
| 1.5 | 23 | 21 | 17 | 14 |
| 0.5 | 24 | 22 | 19 | 15 |

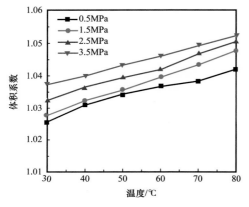

图 3-2-5　饱和溶 $CO_2$ 原油不同压力下温度与体积系数关系图

3）溶气原油的体积系数

在相同温度下，随着压力的升高，溶气原油的体积系数升高；在相同的压力下，随着温度的升高，溶气原油的体积系数也逐渐升高。饱和溶 $CO_2$ 原油在不同压力下温度与体积系数关系如图 3-2-5 所示。

4）溶气原油的密度

在相同温度下，随着溶气压力的升高，相应的溶气原油密度随之降低；而在相同压力下，随温度的升高，原油密度逐渐降低；在相同温度和压力下，饱和溶 $CO_2$ 原油的密度最低，饱和溶甲烷原油的密度最高。不同温度和压力下饱和溶 $CO_2$ 原油的密度见表3-2-4。30℃时不同压力和溶解气条件下溶气原油的密度见表3-2-5。

表 3-2-4　不同温度和压力下饱和溶 $CO_2$ 原油的密度

| 温度 /℃ | 不同压力下的密度 /（g/cm³） | | | |
| --- | --- | --- | --- | --- |
| | 0.5MPa | 1.5MPa | 2.5MPa | 3.5MPa |
| 30 | 0.8151 | 0.8119 | 0.7991 | 0.7972 |
| 40 | 0.8097 | 0.8029 | 0.7945 | 0.7903 |
| 50 | 0.8056 | 0.7985 | 0.7917 | 0.7885 |
| 60 | 0.7960 | 0.7939 | 0.7895 | 0.7854 |
| 70 | 0.7949 | 0.7890 | 0.7869 | 0.7832 |
| 80 | 0.7926 | 0.7868 | 0.7832 | 0.7801 |

表 3-2-5　30℃下不同压力和溶解气条件时溶气原油的密度

| 压力 /MPa | 不同 $CO_2$ 与 $CH_4$ 物质的量之比对应的密度 / ($g/cm^3$) | | | |
|---|---|---|---|---|
| | 1：0 | 9：1 | 8：2 | 0：1 |
| 0.5 | 0.8151 | 0.8199 | 0.8233 | 0.8253 |
| 1.5 | 0.8119 | 0.8160 | 0.8185 | 0.8205 |
| 2.5 | 0.7991 | 0.8056 | 0.8071 | 0.8156 |
| 3.5 | 0.7972 | 0.7987 | 0.8012 | 0.8104 |

5）饱和溶 $CO_2$ 原油的黏温特性

随着热处理温度的升高，饱和溶 $CO_2$ 原油的黏度和反常点有不同程度的降低，如图 3-2-8 所示。

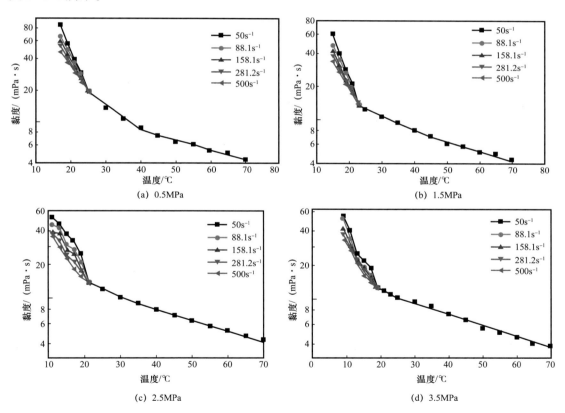

图 3-2-6　70℃热处理溶 $CO_2$ 原油在不同压力下的黏温曲线

## 3. 溶气原油脱出气物性

随着溶气压力的升高，脱出气体中甲烷的摩尔分数逐渐升高，而 $CO_2$ 的摩尔分数下降，其他脱出气体组分则随溶气压力的升高，摩尔分数逐渐降低，其中异丁烷的摩尔分数最高，而乙烷的摩尔分数最低。

1）压缩因子

不同压力下脱出气的压缩因子见表 3-2-6 和表 3-2-7。

表 3-2-6　物质的量之比为 9：1 的溶气原油脱出气压缩因子

| 压力 /MPa | 对比压力 | 对比温度 | 压缩因子 |
|---|---|---|---|
| 0.5 | 0.071 | 1.001 | 0.974 |
| 1.5 | 0.211 | 1.022 | 0.922 |
| 2.5 | 0.352 | 1.042 | 0.870 |

表 3-2-7　物质的量之比为 8：2 的溶气原油脱出气压缩因子

| 压力 /MPa | 对比压力 | 对比温度 | 压缩因子 |
|---|---|---|---|
| 0.5 | 0.071 | 0.995 | 0.974 |
| 1.5 | 0.213 | 1.035 | 0.922 |
| 2.5 | 0.364 | 1.069 | 0.870 |

2）密度

在相同压力下，溶 $CO_2$ 与 $CH_4$ 的物质的量之比为 9：1 的溶气原油脱出气的相对密度大于 8：2 溶气原油脱出气的相对密度；对于同一种溶气原油，溶气压力越高，则其脱出气体的相对密度越低，见表 3-2-8 和表 3-2-9。

表 3-2-8　物质的量之比为 9：1 的溶气原油的脱出气密度和相对密度

| 压力 /MPa | 密度 | 相对密度 |
|---|---|---|
| 0.5 | $\rho_{0.5MPa}=2721.9T^{-1}$ | 1.522 |
| 1.5 | $\rho_{1.5MPa}=8394.8T^{-1}$ | 1.481 |
| 2.5 | $\rho_{2.5MPa}=14430.4T^{-1}$ | 1.441 |

表 3-2-9　物质的量之比为 8：2 的溶气原油的脱出气密度和相对密度

| 压力 /MPa | 密度 | 相对密度 |
|---|---|---|
| 0.5 | $\rho_{0.5MPa}=2702.7T^{-1}$ | 1.507 |
| 1.5 | $\rho_{1.5MPa}=8239.8T^{-1}$ | 1.451 |
| 2.5 | $\rho_{2.5MPa}=13800.4T^{-1}$ | 1.374 |

## 二、含 CO$_2$ 原油气液分离特性

### 1.CO$_2$ 驱采出液分离特性

饱和压力、压降速度、温度、含水率和剪切速率等因素对泡沫稳定性有较大的的影响。泡沫破坏的过程，主要是液膜由厚变薄，直至破裂的过程，泡沫的稳定性决定着流体中的气液分离效果。

1）饱和压力

饱和压力越高，则液相中溶解气量越大。随压力降低释出的气体量越多，液面上聚集的泡沫量越多，泡沫高度变化曲线的走势增高，泡沫存在时间变大。泡沫存在时间随饱和压力增大而增大。在压降速度相同的情况下，初始压力越高泡沫高度相对越高，如图 3-2-7 所示。

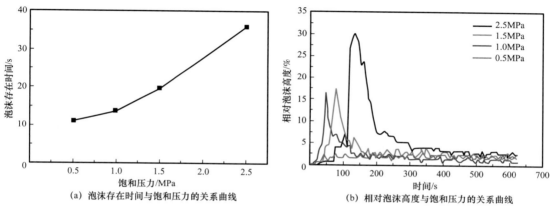

(a) 泡沫存在时间与饱和压力的关系曲线 　　(b) 相对泡沫高度与饱和压力的关系曲线

图 3-2-7　饱和压力与泡沫存在时间及泡沫衰退曲线的关系曲线

2）压降速度

压降速度影响原油泡沫的生成和稳定。压降速度越大，泡沫存在时间也越长，泡沫存在时间随压降速度增大而增大，如图 3-2-8 所示。

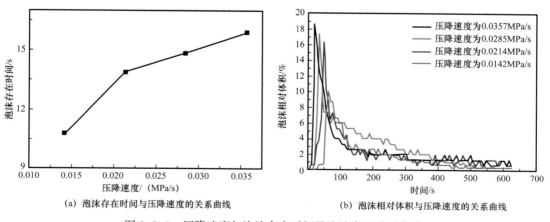

(a) 泡沫存在时间与压降速度的关系曲线 　　(b) 泡沫相对体积与压降速度的关系曲线

图 3-2-8　压降速度与泡沫存在时间及泡沫衰退关系曲线

3）温度

随压降释出的气体量越多，液面上聚集的泡沫量越多，泡沫高度变化曲线的走势增高，泡沫存在时间增长。泡沫存在时间随温度增大而增大，如图 3-2-9 所示。

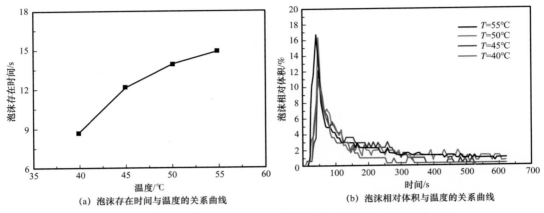

（a）泡沫存在时间与温度的关系曲线　　　（b）泡沫相对体积与温度的关系曲线

图 3-2-9　温度与泡沫存在时间及泡沫衰退曲线的关系曲线

4）含水率

含水率的升高，会导致泡沫存在时间降低。油水处于相同温度和压力状态时，水中溶气比油中溶气少，释放形成泡沫的气体量随着含水率增加而减少，如图 3-2-10 所示。

5）剪切

泡沫存在时间随剪切速率和剪切时间的增加而逐渐降低，当剪切速率到达一定值后，对泡沫存在时间的影响效果不再呈线性增加，如图 3-2-11 所示。

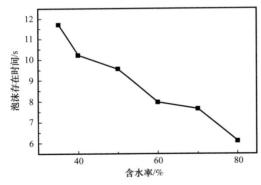

图 3-2-10　含水率与泡沫存在时间关系曲线

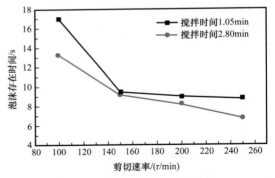

图 3-2-11　剪切速率与泡沫存在时间
关系曲线

## 2. 溶 $CO_2$ 泡沫原油油水分离特性

1）无破乳剂时溶 $CO_2$ 油水乳状液分离特性

（1）含水率。分层时间随剪切速率的增加而增大，且溶 $CO_2$ 气体会增加原油乳状液对应的分层时间，如图 3-2-12 所示。

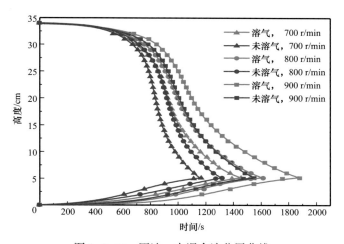

图 3-2-12　原油—水混合液分层曲线

（2）溶 $CO_2$ 对原油乳状液分层时间的影响。原油乳状液的分层时间随含水率的增加而减小，且溶气后的分层时间较溶气前显著增加，如图 3-2-13（a）所示。原油乳状液的分层时间随搅拌器转速的增加而增加，且溶气后乳状液分层时间明显增加，如图 3-2-13（b）所示。

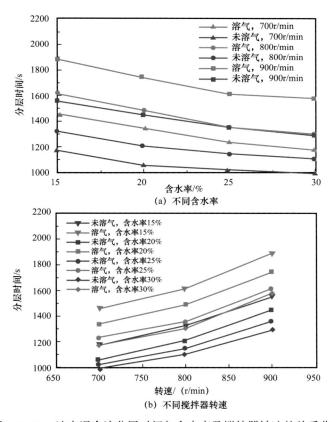

（a）不同含水率

（b）不同搅拌器转速

图 3-2-13　油水混合液分层时间与含水率及搅拌器转速的关系曲线

2）添加破乳剂时溶 $CO_2$ 油水乳状液分离特性

随着破乳剂浓度的增加，原油乳状液脱出相同体积水所需的时间减少，未溶气／溶气原油乳状液油水分离时间如图 3-2-14 所示。

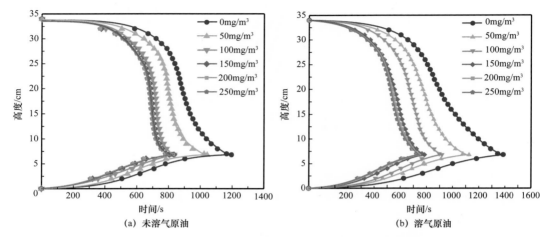

图 3-2-14　破乳剂对未溶气及溶气原油分层时间的影响

通过试验发现，溶 $CO_2$ 气体后的原油乳状液破乳剂的最佳用量大于未溶 $CO_2$ 气体的原油—水混合液，且分层时间也有所增加。

## 三、油气集输工艺

### 1. 不加热集输工艺适用性分析

长庆油田原油为典型的含蜡原油，其脱气原油凝点较高，低温流动性较差，给集输系统的经济和安全运行带来困难。经过多年的现场实践探索，长庆油田形成了适应长庆油田气候条件的不加热集油工艺，井口采出液在井口温度和压力条件下，直接进入集输管路，采出流体在环境温度下，可以顺利流动至联合站或接转站，中间不设置加热、加压环节。

在实施 $CO_2$ 驱油后，由于溶 $CO_2$ 气对原油的组成产生显著影响，油品性质发生变化。通过实验检测后发现，注入 $CO_2$ 可以提高采出流体在不加热集输工况下的流动性。

1）热处理对原油凝点、黏度和屈服值的影响分析

含蜡原油具有较强的历史效应，尤其是热处理历史效应。相同的溶气压力下热处理温度越高，油品的流变性质改善效果越明显。相同的热处理温度下溶气压力越高，热处理对于凝点的改善效果越明显。热处理温度的提高同样使得油品的黏度大幅下降。

2）溶 $CO_2$ 对原油凝点、黏度和屈服值的影响分析

在改变溶气压力时，溶 $CO_2$ 气原油凝点随溶气压力增加而降低，且热处理温度越高，压力对于原油凝点的影响越明显；提高溶气压力可以明显降低油品黏度，改善油品流动性；溶气压力越高，溶 $CO_2$ 气原油屈服值越小。

3）CO$_2$与CH$_4$的协同效应

溶CO$_2$与CH$_4$两种气体的原油流变性质优于单独溶其中一种气体的情况。在只改变溶气组成中CO$_2$与CH$_4$物质的量之比的条件下，溶纯CO$_2$气原油的凝点要低于溶纯CH$_4$原油的凝点，且当CO$_2$与CH$_4$以9∶1物质的量之比溶入原油时，凝点要明显低于溶单一气体时的凝点；CO$_2$与CH$_4$的协同效应还表现在对原油黏度的影响，溶入CO$_2$与CH$_4$两种气体的原油黏度要低于溶单一气体原油的黏度；且溶入CO$_2$与CH$_4$两种气体时原油的屈服值要低于溶单一气体的屈服值。这些情况表明，溶入CO$_2$与CH$_4$两种气体时，CO$_2$与CH$_4$存在协同效应，使得原油凝点、黏度和屈服值等流变性质进一步改善。

## 2. 单井计量

### 1）液量预测

根据地质资料预测，试验区单井日产油0.68～2.25m$^3$，日产液0.95～3.71m$^3$，气油比32～380m$^3$/t，在实际计量时应考虑来液波动和气窜因素。

### 2）计量工艺

（1）计量技术原理。

在丛式井场对原油和伴生气的产量进行计量，有利于掌握生产动态。试验区多相计量采用气液完全分离分相计量，使流态复杂多变的油井测量简化为油、气的分相计量，避免了间歇来液引起的计量误差。计量装置配置见表3-2-10。

表3-2-10　气液完全分离分相计量装置配置表

| 原油流量计量 | | | | 伴生气流量计量 | 含水率检测 |
|---|---|---|---|---|---|
| 质量计量 | | 容积计量 | | 智能旋进流量计<br>文丘里流量计 | 射线型<br>差压型 |
| 科里奥利<br>质量流量计 | 翻斗式<br>质量流量计 | 刮板流量计 | 螺旋单转子 | | |

（2）计量装置功能。

单井计量集成装置需实现单井组多相计量、动态监测，以及关键生产数据（如压力、流量等）实时监测并上传至上级管理系统。油井产量计量应满足生产动态分析要求，油、气、水计量准确度应在±10%以内。

（3）多相计量装置。

针对试验区采出液特性，多相计量装置按照"混合多相间歇来油—气液两次分离结构—液位无源控制—分相计量—含水率分析"设计，将旋流分离器、气液分离液位控制罐以及计量和含水分析等功能进行橇装，形成原油一体化多相计量集成装置。考虑到CO$_2$的腐蚀性，阀门、法兰、管线和设备等与介质接触的主要设备材料选择S31603奥氏体不锈钢。

### 3. 油气分离

由于 $CO_2$ 使原油体积膨胀，且会抽提和汽化原油中的轻烃，减小了界面张力；同时 $CO_2$ 会引起原油中的重组分如沥青、石蜡及石蜡酸皂等析出和沉积；另外，碳酸腐蚀产物增多，采出液中地层岩石微粒杂质含量增加。采出液高度发泡及乳状液高度稳定，增加了分离难度。基于此，试验区采用两级分离工艺。

**1）两相分离**

两相分离的重点是解决气液分离问题，同时两相分离器液相出口含气量不能过大，气相出口需要满足外输天然气含液标准。两相分离器主要包括：（1）离心或者重力沉降；（2）聚结分离；（3）过滤分离。其中离心或重力沉降是气液分离主导工艺，聚结分离和过滤分离实现精细分离。

两相分离器由入口气液旋流预分离器和分离罐体组成。油、气、水混合物经分离器入口进入设备，依靠离心分离原理实现气液初分离，分离出的气体进入两相分离器罐体上部气相空间，通过聚结整流填料对气体进行整流并在其下游空间内脱除大部分液滴，然后气体再进入丝网捕雾器，脱除气体中携带的液滴；离心分离后的液体进入罐体下部的液相空间，在向出口流动中气体向上逸出进入气相空间，液体排出设备。

通过对多种工况下的气相与液相进出口质量流量进行物料衡算，进出口流量偏差值小于 $10^{-4}$，液相出口中气相质量流量已基本接近于零，表明两相分离已将采出液中气相完全分离。

**2）三相分离**

三相分离需要同时解决气液分离和油水分离问题，目的是使液相中不含气，油相含水率和水相含油率满足外排标准，气相出口需满足外输天然气含液标准。为达到分离效果，研发了三相分离一体化集成装置，集成了油气水三相分离、伴生气调节、伴生气回收、油水界面调节、油水含液率控制等功能。

三相分离器包括入口旋流预分离汽包和分离罐体两部分。油、气、水混合物进入入口旋流预分离器，依靠离心力及重力分离原理实现气液分离，大部分气体直接通过入口气包管线进入出口气包，少量液体携带的气体进入设备，分离出的气体进入气相空间，进入气相空间的气体首先进入聚结整流填料进行整流并在其下游空间内脱除粒径大于 $100\mu m$ 的液滴，气体再进入安装在设备气体出口的丝网捕雾器，脱除气体中携带的粒径大于 $10\mu m$ 的液滴，含油量小于 $0.05g/m^3$ 的气体通过气出口流出设备。入口旋流预分离汽包分离出的油水混合物下降到沉降室。在沉降室内，经板槽式布液器，原油中的水滴经过填料整流聚结，水珠变大，下降至水相。分离的油经过隔板进入油室，水通过可调水管进入水室。

对三相分离器各种工况进行模拟分析和现场测试，结果表明汽包内部气液两相形成了明显的分界面，各种工况下汽包出气口气体体积含量均为 99.99% 以上，出液口处的油水混合液体积占比均达到 99.94% 以上，气相中含液浓度均小于 $0.013g/m^3$。测试装置油出口处的油相体积分数占到了 99.99% 以上，满足外输油含水小于 0.5% 技术指标；水出口水相体积分数占到了99.99%，水出口含油浓度均小于100mg/L，且随含水量的增加，除油效果越好。总体上来说，油、气、水三相分离达标。

### 4. 黄3试验站集输系统

**1）指导思想**

总结国内已建$CO_2$驱的成熟技术、先进经验，达到技术先进、资源综合利用和安全环保节能的目的；同时做到近期与远期相结合、地上与地下相结合、新系统与老系统相结合，打造具有长庆油田低渗透油藏特点的$CO_2$驱地面建设模式，为低渗透油藏提高采收率和高效规模开发做好技术储备。

**2）设计原则**

适应地面建设；系统配套合理；技术先进适用；资源综合利用；安全环保节能；管理方便简洁；实用经济美观；投资控制到位。

**3）主体工艺**

通过前期开展现场条件下$CO_2$处理后的原油性质、集输工况下溶$CO_2$原油性质、不加热集输适应性评估，集输工艺以长庆油田不加热集输为基础，采用站前集/出油管线全程混输不加热，单管密闭集输工艺。

试验站原油集输系统主要包括正常原油生产流程、单量流程、排污流程、伴生气生产流程、采出水和吹扫流程等。

原油生产流程：井组来油—总机关汇管—进入1号加热炉—两相分离器—2号加热炉—三相分离器—原油外输装置（沉降罐/净化罐）—姬五联合站。

单量流程：井组来油经总机关单量管线进入计量装置，经气液分离计量后，汇入总机关汇管进加热炉。

排污流程：两相分离器与三相分离器排污口汇合后经排污管线进入注入区污水污泥箱。

伴生气生产流程：两相分离器与三相分离器伴生气管线汇合后经气相管线进入膜分离脱碳装置。

采出水流程：三相分离器采出水经管线直接进入注入区采出水处理装置。

应急流程：原油经三相分离器出口至沉降罐（净化罐）。

集输系统主要设备设施包括：总机关、单量装置、加药装置、两相分离器、三相分离器、外输计量装置及加热炉。

**4）安全防控技术**

（1）以系统不超压（4.0MPa）计算确定进站最大压力为3.5MPa，超压采油井停井或超压泄放，确保了集输系统的本质安全。

（2）站场压力系统分为3种工况：① 进站压力<0.5MPa为正常工况；② 0.5MPa≤进站压力<3.5MPa（中压集油），在集油后需减压且加热；③ 进站压力>3.5MPa，井场超压泄放。

**5）橇装布站技术**

综合试验站采用一体化橇装布站，建成后将具有功能集成、结构橇装、操作智能、管理数字化、投产快速、维护总成的特点。该站可兼顾 $CO_2$ 驱地面系统的快速建产及后期再利用的需求。站内设备按照一体化、橇装化设计思路，注入、集输及配套系统尽量采用一体化装置。站场内集输部分主要装置见表 3-2-11。

表 3-2-11 集输部分主要橇装设备汇总

| 序号 | 名称 | 数量 | 参数 |
| --- | --- | --- | --- |
| 1 | 两相分离橇 | 1 具 | 处理规模：$300m^3/d$，设计压力：2.5MPa |
| 2 | 三相分离橇 | 1 具 | 处理规模：$300m^3/d$，装置设计压力：2.5MPa |
| 3 | 原油外输计量装置 | 1 座 | 外输能力：$12m^3/h$，扬程：250m |
| 4 | 油水加药一体化集成装置 | 1 座 | 罐容 $0.5m^3 \times 3$，排量：100L/h |
| 5 | 场站计量一体化集成装置 | 1 具 | 液量计量范围：$10\sim60m^3/d$ |
| 6 | 污油回收装置 | 1 套 | 容积：$2m^3$ |

### 5. 站外集输系统

1）采出液腐蚀评价

分别对 4 种碳钢材料（20#，L245N，Q245R，20G）在不同含水率、不同 $CO_2$ 分压以及不同温度下的腐蚀规律模拟实验，可以得出：

（1）4 种碳钢材料在模拟水样条件下，随着温度升高或 $CO_2$ 分压增加，腐蚀速率逐渐增加，并且为极严重腐蚀，腐蚀速率超过 0.076mm/a。

（2）4 种碳钢材料在含水率不大于 60% 时，腐蚀速率随含水率增加缓慢增加；但含水率超过 60% 时，腐蚀速率超过 0.254mm/a，为极严重腐蚀。

2）管材选择

常用碳素钢管道用于集输系统时，由于 $CO_2$ 的腐蚀作用，泄漏风险加大，为此，根据性能优先、效益为主的原则，结合不同工艺系统腐蚀特点，黄 3 综合试验站集输系统分别采用不锈钢、金属内涂和非金属管材，主要材料选择见表 3-2-12。

表 3-2-12 管材类型表

| 序号 | 管材类型 | 用途 |
| --- | --- | --- |
| 1 | 不锈钢管，022Cr17Ni12Mo2 | 井场内管线 |
| 2 | 芳胺玻璃钢管，DN65，PN55 | 站外管线应用（地势平整区域） |
| 3 | 柔性复合管，RFY-92×13.5-6.4MPa | 站外管线应用（复杂地形区域） |
| 4 | 塑料合金防腐蚀复合管，DN65，PN64 | 站外管线试用（复杂地形区域） |

3 种非金属管道经过 3 年运行后均进行了检测，检测结果表明：玻璃钢管、塑料合金

复合管、柔性复合管结构保持稳定，连接性能良好，综合性能未发生明显变化，显示出良好的适用性和稳定性。通过 1000h 存活试验显示管材满足各自的服役可靠性及设计寿命要求。

# 第三节　CO$_2$ 捕集与液化技术

## 一、CO$_2$ 捕集技术

用于 CO$_2$ 捕集提纯分离的工艺主要有化学吸收法、物理吸附法和膜分离法等工艺方法。

### 1. 化学吸收法

化学吸收法从 20 世纪 30 年代问世以来，已有 60 余年的发展历史。化学吸收法通过 CO$_2$ 与溶剂发生化学反应来实现 CO$_2$ 的分离并借助其逆反应进行溶剂再生，这类方法中最具代表性的化学吸收剂是采用醇胺溶液或者热钾碱。从 80 年代以来，甲基二乙醇胺（MDEA）回收 CO$_2$ 工艺得到了广泛应用，国内已有近 100 个中小型 MDEA 法 CO$_2$ 脱除装置。如图 3-3-1 所示为天然气胺法脱碳装置。

图 3-3-1　天然气胺法脱碳装置

醇胺法特别适用于酸性气体分压低和要求净化气中酸性气体含量低的场合，由于采用的是水溶液，可减少重烃的吸收量，故此法更适合富含重烃的气体脱硫脱碳。通常，乙醇胺（MEA）、二乙醇胺（DEA）、二甘醇胺（DGA）和 MDEA（甲基二乙醇胺）为常用的常规醇胺溶液，另外配方溶液种类繁多，性能各不相同，可分别用于选择性脱除 H$_2$S 或 CO$_2$。

化学吸收法工艺成熟，操作简单、方便，产品气 CO$_2$ 纯度高，可达 99.9%，适用于

$CO_2$ 含量低于 40% 的工况。但是化学吸收法仍然存在以下缺点：（1）捕集工艺能耗大，吸收塔操作温度为 40℃，再生塔操作温度为 100～120℃；（2）吸收剂效率低，吸收剂在循环过程中对 $CO_2$ 吸收效率不高，溶液循环量大；（3）以塔式设备为核心吸收、解吸系统反应效率低、设备庞大、操作弹性小。

### 2. 变压吸附法

变压吸附（PSA）法是一种新型气体吸附分离技术，该技术利用吸附剂对于同一种气体在不同压力下的不同吸附量实现吸收气体的分离解吸，这种技术具有产品纯度高、设备简单、操作维护方便和完全自动化等优点。1960 年，Skarstrom 首先提出变压吸附专利，以 5A 沸石分子筛为吸附剂，从空气中分离出富氧，该分离技术经过改进于 20 世纪 60 年代投入工业生产。80 年代，变压吸附技术的工业应用取得了突破性进展，主要应用于氧氮分离、空气干燥与净化以及氢气净化等。

吸附分离技术是建立在吸附剂性质的基础之上，可以说由于吸附剂的开发和新用途的出现，才使吸附分离技术能有广阔的应用领域。作为工业用吸附剂应具有大的吸附容量、良好的选择性、解吸再生容易、使用寿命长以及良好的动力学性质、化学惰性、热稳定性、耐磨性和成本低廉、货源充足等特点。因为，这些特点最终都会直接影响到气体分离装置的投资费用和生产成本。工业上常用的吸附材料有：硅胶类、氧化铝类、活性炭类、分子筛类等吸附剂；另外，还有针对某种组分选择性吸附而研制的特殊吸附材料。吸附剂对各气体组分的吸附性能是通过实验测定静态下的等温吸附线和动态下的穿透曲线来评价的。吸附剂的良好吸附和解吸性能是吸附分离过程的基本条件。

随着分子筛性能的改进和质量提高，以及变压吸附工艺的不断改进，变压吸附法产品纯度和回收率不断提高，促使变压吸附在经济上立足和工业化的实现。变压吸附工艺在国内已经近 30 年的发展历程，由最初的技术水平低下、收率低导致推广不利的局面，到逐渐更新技术，提高收率，再到两段法抽真空工艺的推广，改变了因收率低而难以推广的局面。

至 2019 年，国内已有多家天然气公司利用变压吸附装置进行脱碳处理，哈尔滨液化天然气有限公司的变压吸附天然气脱 $CO_2$ 装置处理量达 50000m³/d，大庆油田采气分公司利用处理量 1500m³/d 的变压吸附装置进行甲烷的回收。

变压吸附法利用固态吸附剂在不同压力时对不同的气体组分的选择吸附性进行不同组分气体的分离。吸附剂在高压时吸附 $CO_2$，低压时解吸 $CO_2$，通过周期性的压力变化，达到分离 $CO_2$ 的目的。

变压吸附法具有以下优点：

（1）系统能耗低，变压吸附流程只在原料气增压及真空泵抽真空时消耗电功，并且系统工作压力较低，吸附剂再生不需加热。

（2）适应性强，变压吸附装置稍加调节就可以变换生产能力，并能适应原料气的杂质含量和进口压力等工艺条件的改变。吸附剂使用周期长，一般可以使用 10 年以上，且增加新的吸附剂就可以延长使用寿命。

（3）自动化程度高，操作方便，变压吸附系统装置所设置的程序逻辑控制机 PLC 可以有效地控制程控阀的开关、调节系统和监控系统。

（4）由于变压吸附是气固分离操作，被分离的气体中不混入溶剂蒸气，因此不存在溶剂损失和溶剂回收问题。

（5）开停车方便，装置启动数小时即可得到合格的 $CO_2$ 产品，数分钟内就可完成停车。

同时，变压吸附法的缺点也很明显。变压吸附法具有选择吸附性差的缺点，由于吸附剂对 $C_{3+}$ 重烃的吸附性，使得在吸收解吸 $CO_2$ 的同时，$C_{3+}$ 重烃也会与 $CO_2$ 同时吸收解吸，因此，$CO_2$ 产品纯度较低，天然气回收率较低，且随着天然气净化纯度的要求，$CO_2$ 吸附率上升，重烃吸附量也会上升，进一步降低了 $CO_2$ 产品纯度。另外，吸附剂对水蒸气等液态杂质敏感，会造成吸附剂的污染，影响设备运行。因此，原料气需进行脱水干燥以及脱重烃预处理，防止气态重烃组分在吸附床内凝结。变压吸附法虽全自动控制，但是工艺流程及自控系统复杂，不适合恶劣环境下工作，这些缺点限制了变压吸附工艺的使用场合。

### 3. 膜分离法

气体分离膜技术依靠待分离混合气体与薄膜材料之间的化学或物理反应，使得一种组分快速溶解并穿过该薄膜，从而将混合气体分成穿透气流和剩余气流两部分。膜分离技术用于气体分离，最先在工业上获得成功的是 Mosaton 公司，它于 1979 年研制出 PRISM 膜分离器，用于分离 $CO_2$ 效果较好。膜分离技术最有潜力的应用是对含高浓度酸性原料气的处理，Grace Membrace Systems 公司采用一级或二级 Grace 膜分离系统以除去天然气中的 $CO_2$ 和 $H_2S$ 及水等杂质效果显著。

国内对膜分离技术在油气处理中的应用进行了一些探索性的研究且取得了一定成果。2006 年 11 月，国内第一套膜法分离天然气中 $CO_2$ 装置在海南省成功应用。大连欧科膜技术工程有限公司采用日本进口聚酰亚胺分离膜，中空纤维膜组件用于分离采出气中 $CO_2$。

膜分离法脱除 $CO_2$ 的原理为物理分离，主要是根据不同气体分子在膜中的溶解扩散性能的差异，在一定的压差推动下，$CO_2$ 和水与甲烷、乙烷等相比，被优先溶解渗透，从而达到分离的目的。特别适合于 $CO_2$ 一次性的大量脱除。气体分离膜技术与其他分离技术相比具有许多独特的优势：

（1）分离过程中无相变，无化学反应，因此能耗较低。

（2）传质推动力为压差，分离过程较容易实现，如果气源本身就具有压力，分离过程的经济性更加明显。

（3）从宏观上来说，气体分离膜技术是一种物理分离过程，并且是一种静态过程，因此流程简单，日常工耗很低，操作费用低。

（4）气体分离膜技术开停车迅速是其他分离技术所无法比拟的，从理论上说气体分离膜技术可以实现瞬间开停车。

（5）气体分离膜技术同时也具有占地面积小、节能、环保等独特的优势。

由于膜分离的原理及元件结构简单，投资少，运行成本低，具有便于扩充处理容量的灵活性，特别适用于处理 $CO_2$ 浓度高的原料气，因此在采出气处理工程中会有很好的发展前途。如图 3-3-2 所示为天然气脱 $CO_2$ 膜分离设备。

另外，由于选择性透过膜对原料气的成分要求严格，前处理工艺复杂。液态水、重烃凝结、颗粒均会对薄膜造成堵塞，影响设备分离效果，严重时造成薄膜堵塞。因此，在前处理工艺要求脱除 $C_{3+}$ 重烃，对含有水蒸气的原料气进行预热，保证运行温度高于原料气水露点 15℃。同时由于受分离原理限值，膜分离法适用于大量 $CO_2$ 气体粗脱除，单级膜分离回收率低，一般小于 60%，较高的处理精度要求会引起工艺流程复杂、投资急剧升高等问题。

图 3-3-2　天然气脱 $CO_2$ 膜分离设备

### 4. 分离工艺

当采出气中 $CO_2$ 含量为 20%～50% 时，变压吸附法的分离能耗与分离成本明显低于其他分离工艺；当 $CO_2$ 含量为 50%～70% 时，膜分离法与变压吸附法分离能耗差别不大，但变压吸附法分离成本略低于膜分离法；当 $CO_2$ 含量高于 70% 时，变压吸附法、膜分离法与低温分馏法能耗均高于化学吸收法。同时各种方法优缺点也比较明显，需根据特定工况进行选择。$CO_2$ 分离技术特点比较见表 3-3-1。

表 3-3-1　$CO_2$ 分离技术特点比较

| 分离方法 | | 纯度 /% | 适用工况 | 优点 | 缺点 |
|---|---|---|---|---|---|
| 化学吸收法 | 热碱法 | 99 | 适用于 $CO_2$ 低于 40% | 溶液循环量小，适应重烃含量高的工况 | 溶液结晶，腐蚀性强，能耗高 |
| | MDEA | 99 | 适用于 $CO_2$ 低于 40% | 工艺成熟，$CO_2$ 分离精度高 | 存在起泡、腐蚀等问题 |

| 分离方法 | 纯度 /% | 适用工况 | 优点 | 缺点 |
|---|---|---|---|---|
| 变压吸附法 | 95 | 用于 $CO_2$ 高于 30% 时大流量采出气处理 | 操作弹性大，适用于高浓度 $CO_2$ 的处理 | 燃料气回收率低 |
| 膜处理法 | 90 | 用于高 $CO_2$ 含量气体粗脱除或 $CO_2 > 75\%$ 时采出气分离 | 模块化设计，安装维护方便 | 燃料气回收率低 |

### 5. 黄 3 区综合试验站 $CO_2$ 捕集分离工艺技术

根据检测报告，黄 3 区混合气中甲烷占比 80.94%，乙烷占比 9.85%。溶气原油的原油伴生气基本组分见表 3-3-2。

表 3-3-2　溶气原油的原油伴生气基本组分

| 名称 | 质量分数 /% | 相对分子质量 $M_i$ |
|---|---|---|
| 甲烷 | 80.94 | 16.04 |
| 乙烷 | 9.85 | 30.07 |
| 丙烷 | 6.51 | 44.10 |
| 异丁烷 | 0.61 | 58.12 |
| 正丁烷 | 1.05 | 58.12 |
| 异戊烷 | 0.19 | 72.15 |
| 正戊烷 | 0.14 | 72.15 |
| $CO_2$ | 0.70 | 44.01 |
| 总计 | 100.000 | |

1）伴生气 $CO_2$ 分离工艺技术路线

伴生气 $CO_2$ 分离工艺技术路线如图 3-3-3 所示。高含 $CO_2$ 伴生气经"捕集分离、$CO_2$ 脱水、多级增压、丙烷制冷、液化提纯、循环注入；低碳伴生气去下游作燃料"。

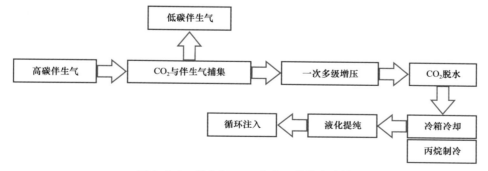

图 3-3-3　伴生气 $CO_2$ 分离工艺技术路线

2）组分复杂多变的 $CO_2$ 伴生气分离技术

（1）基础参数确认。

处理上限：结合现场生产预测确定，伴生气中 $CO_2$ 浓度高限值为80%。

处理下限：38口受益井产出伴生气中 $CO_2$ 的浓度均不高于5%，结合现场实际以及伴生气中 $CO_2$ 浓度高于30%时无法燃烧的经验数据，确定伴生气 $CO_2$ 分离工艺需要处理伴生气中 $CO_2$ 的浓度低限值为30%。组分复杂多变的 $CO_2$ 伴生气基础数据见表3-3-3。

表3-3-3 组分复杂多变的 $CO_2$ 伴生气基础数据表

| 名称 | 气量 /（$m^3$/h） | 温度 /℃ | 压力 /MPa |
|---|---|---|---|
| 大罐气 | 31.32~42.10 | 3~30 | 常压 |
| 分离器来气 | 500 | 5~45 | 0.2~0.30（绝） |

开采初期伴生气预测组分见表3-3-4。

表3-3-4 开采初期伴生气预测组分表　　　　单位：%（摩尔分数）

| 组分 | 不同位置的伴生气组分含量 | |
|---|---|---|
| | 分离器处（两相、三相） | 大罐抽气处 |
| $CH_4$ | 0.412084 | 0.161937 |
| $C_2H_6$ | 0.025881 | 0.046027 |
| $C_3H_8$ | 0.010629 | 0.039288 |
| $iC_4H_{10}$ | 0.000637 | 0.003244 |
| $nC_4H_{10}$ | 0.001003 | 0.005522 |
| $iC_5H_{12}$ | 0.000096 | 0.000618 |
| $nC_5H_{12}$ | 0.010610 | 0.070551 |
| $nC_6H_{14}$ | 0.004800 | 0.035342 |
| $nC_7H_{16}$ | 0.003240 | 0.025597 |
| $nC_8H_{18}$ | 0.001418 | 0.011914 |
| $nC_9H_{20}$ | 0.000336 | 0.002980 |
| $nC_{10}H_{22}$ | 0.000088 | 0.000817 |
| $nC_{11}$ | 0.000021 | 0.000205 |
| $nC_{12}$ | 0.000007 | 0.000067 |
| $nC_{13}$ | 0.000002 | 0.000023 |
| $nC_{14}$ | 0.000001 | 0.000006 |

| 组分 | 不同位置的伴生气组分含量 | |
|---|---|---|
| | 分离器处（两相、三相） | 大罐抽气处 |
| $nC_{15}$ | 0.000000 | 0.000003 |
| $nC_{16}$ | 0.000000 | 0.000001 |
| $nC_{17}$ | 0.000000 | 0.000000 |
| $nC_{18}$ | 0.000000 | 0.000000 |
| $H_2O$ | 0.012209 | 0.027789 |
| $CO_2$ | 0.516939 | 0.568070 |
| 合计 | 1.0 | 1.0 |

开采末期伴生气预测组分见表 3-3-5。

表 3-3-5 开采末期伴生气预测组分表 　　单位：%（摩尔分数）

| 组分 | 不同位置的伴生气组分含量 | |
|---|---|---|
| | 分离器处（两相、三相） | 大罐抽气处 |
| $CH_4$ | 0.097113 | 0.041854 |
| $C_2H_6$ | 0.011122 | 0.016061 |
| $C_3H_8$ | 0.006026 | 0.016376 |
| $iC_4H_{10}$ | 0.000438 | 0.001556 |
| $nC_4H_{10}$ | 0.000743 | 0.002796 |
| $iC_5H_{12}$ | 0.000089 | 0.000369 |
| $nC_5H_{12}$ | 0.012742 | 0.053782 |
| $nC_6H_{14}$ | 0.007360 | 0.031848 |
| $nC_7H_{16}$ | 0.005829 | 0.025018 |
| $nC_8H_{18}$ | 0.002851 | 0.011998 |
| $nC_9H_{20}$ | 0.000736 | 0.003027 |
| $nC_{10}H_{22}$ | 0.000207 | 0.000831 |
| $nC_{11}$ | 0.000053 | 0.000209 |
| $nC_{12}$ | 0.000018 | 0.000068 |
| $nC_{13}$ | 0.000006 | 0.000023 |

续表

| 组分 | 不同位置的伴生气组分含量 | |
| --- | --- | --- |
| | 分离器处（两相、三相） | 大罐抽气处 |
| $nC_{14}$ | 0.000002 | 0.000006 |
| $nC_{15}$ | 0.000001 | 0.000003 |
| $nC_{16}$ | 0.000000 | 0.000001 |
| $nC_{17}$ | 0.000000 | 0.000000 |
| $nC_{18}$ | 0.000000 | 0.000000 |
| $H_2O$ | 0.026377 | 0.025508 |
| $CO_2$ | 0.828287 | 0.768666 |
| 合计 | 1.0 | 1.0 |

（2）规模确定。

① 抽气机橇。大罐气量为 31.32～42.10 $m^3/h$，抽气压缩机的设计排量可取油罐蒸发气量的 1.5～2.0 倍，因此，抽气机橇的处理量为 2000 $m^3/d$。

② 伴生气 $CO_2$ 捕集装置。伴生气 $CO_2$ 捕集装置的处理量为 13000 $m^3/d$。

③ 伴生气 $CO_2$ 液化装置。根据气体组分，伴生气 $CO_2$ 液化装置处理规模为 7500 $m^3/d$。

④ 伴生气 $CO_2$ 捕集工艺选择。伴生气 $CO_2$ 捕集主要为脱除伴生气中的 $CO_2$ 气体。捕集方式主要分为物理分离和化学反应分离两类，其中物理分离常采用的方法为变压吸附法、膜法，化学分离常采用胺液吸收法。

按照预测的伴生气中 $CO_2$ 浓度，基于其变化范围大，对工艺的适应性要求高，黄 3 试验站采用膜法 + 变压吸附法。变压吸附工作原理：利用不同吸附剂在不同压力下对气体的吸附量差异。膜法工作原理：利用不同组分在膜内的渗透率的差异。

在变压吸附中增设增压流程，保证变压吸附装置捕集效果。增压部分可由膜处理装置内的压缩机提供，两个设备统筹考虑，降低投资的同时，保证伴生气中 $CO_2$ 捕集效果。

膜法分离：压力为 0.30MPa（绝）、温度为 5～45℃ 的含 $CO_2$ 伴生气首先进入压缩机增压至 2.0MPa（绝），冷却至 45℃ 后，分离出液体进入膜分离器。在膜的作用下获得压力为 1.8MPa（绝）、温度为 45℃ 的渗透气（$CO_2$ 浓度约 45%）节流至 0.5MPa（绝）去变压吸附装置，压力为 0.1MPa（绝）、温度为 45℃ 的尾气（$CO_2$ 浓度高于 95%）去变压吸附装置真空泵。膜法流程如图 3-3-4 所示。

变压吸附法分离：压力为 0.50MPa（绝）、温度为 45℃ 的膜渗透气进入变压吸附装置，经预处理分离掉液体后进入变压吸附塔，除去甲烷及烃类以外的 $CO_2$ 杂质，获

得 $CO_2$ 浓度小于 5% 的伴生气送去燃气管网。变压吸附装置的逆放解吸气与真空解析气混合（组分 $CO_2$ 纯度不小于95%）后至回收处理装置。变压吸附法流程如图 3-3-5 所示。

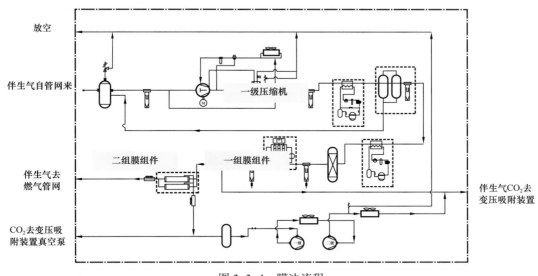

图 3-3-4　膜法流程

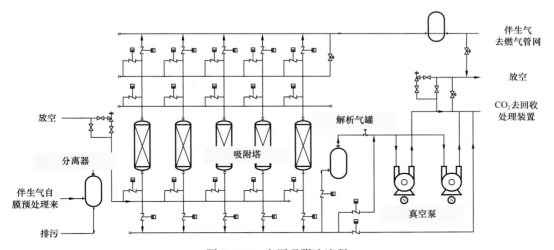

图 3-3-5　变压吸附法流程

## 6. CO₂ 回收

黄 3 站内原油储罐罐顶气经大罐抽气橇增压、冷却后与三相分离器来的伴生气汇合进入膜分离脱碳装置、变压吸附装置，在膜分离脱碳装置、变压吸附装置内处理后的伴生气进燃料炉提供燃料，$CO_2$ 经过增压、脱水、液化、提纯后进入 $CO_2$ 储罐，伴生气处理工艺流程示意如图 3-3-6 所示。

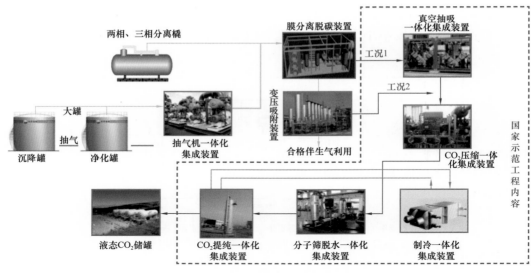

图 3-3-6　伴生气处理工艺流程示意图

1）抽气流程

大罐来气首先进入抽气缓冲罐缓冲、分离，进入抽气压缩机增压至 0.30MPa，经抽气空冷器冷却至 40℃后，一路去伴生气分液器，另一路作为抽气缓冲罐补气气源，压力低于 200Pa 时自动补气。抽气缓冲罐分离出的凝液，利用凝液泵增压后送至去污油回收装置。当抽气凝液罐液位到达 50% 时，启动凝液泵，当抽气凝液罐液位降至 20% 时，停凝液泵。抽气压缩机入口压力控制在 400Pa。

2）$CO_2$ 捕集流程

伴生气 $CO_2$ 含量不小于 75% 时，有两种运行模式：

第一种，单独运行膜分离脱碳装置。伴生气进入膜分离脱碳装置，利用膜组对不同气体分子的可选择性的渗透特性，对气体进行分离。膜渗透侧低压 $CO_2$ 进入真空抽吸一体化集成装置增压，渗透侧出口低压 $CO_2$ 含量不小于 95%，非渗透侧伴生气中 $CO_2$ 含量不大于 5%，可直接进入燃料气系统燃烧。

第二种，运行膜分离脱碳装置增压分离部分，为变压吸附装置提供预处理的伴生气。伴生气进入膜分离脱碳装置，将气体增压至 0.9MPa（绝）并经预处理后，进入变压吸附装置内正处于吸附状态的吸附塔内，在吸附剂的选择吸附下得到伴生气（$CO_2$ 含量不大于 5%）、低压 $CO_2$（$CO_2$ 纯度不小于 95.0%），伴生气直接进燃料气系统，低压 $CO_2$ 气去增压一体化集成装置继续增压。

伴生气中 $CO_2$ 含量为 30%～75% 时，运行膜分离脱碳装置 + 变压吸附装置：伴生气进入膜分离脱碳装置，非渗透侧伴生气中 $CO_2$ 含量不大于 5%，可直接进入燃料气系统燃烧；渗透侧出口伴生气中 $CO_2$ 含量为 71%～92%、压力为 0.9MPa（绝），去变压吸附装置。进入变压吸附装置内正处于吸附状态的吸附塔内，在吸附剂的选择吸附下得到伴生气（$CO_2$ 含量不大于 5%）、低压 $CO_2$（$CO_2$ 纯度不小于 95.0%），伴生气直接进燃料气系统，低压 $CO_2$ 气去增压一体化集成装置。

## 二、$CO_2$ 液化提纯技术

### 1. $CO_2$ 液化提纯技术概述

$CO_2$ 液化方式有低温低压液化和常温高压液化方式，这两种液化方式所得的液态 $CO_2$ 在储存过程中，分别需要存储设备具有耐低温、耐高压的特性。

常温高压液化的原理是在常温条件下，通过加压使 $CO_2$ 相态转化为液态，该工艺具有流程简单、对低温要求不高等优点和压缩机能耗较高的缺点。

低温低压液化是通过对常压下的 $CO_2$ 适当加压使其压力达到 2MPa 左右，然后制冷液化。液化过程中一般采用制冷机组来吸收潜热，制冷机组一般采用丙烷作为制冷工质。

国内大庆油田、吉林油田和胜利油田等的 $CO_2$ 液化提纯工艺大致相同，均采用了低温低压液化方式。增压采用多级往复式压缩机，脱水采用分子筛脱水，液化的冷源采用丙烷制冷。$CO_2$ 液化工艺流程如图 3-3-7 所示。

图 3-3-7　$CO_2$ 液化工艺流程框图

经过捕集、增压和脱水后的 $CO_2$ 进入冷箱，与丙烷制冷装置来的液体丙烷进行冷量交换，$CO_2$ 气体被液化，再进入提纯装置提纯后即可进入储罐储存。

### 2. 黄 3 综合试验站 $CO_2$ 液化提纯技术

在黄 3 综合试验站内经过捕集装置得到的高浓度 $CO_2$（≥95%），经真空抽吸、增压、脱水，经丙烷冷剂制冷液化、提纯后去储罐循环利用，如图 3-3-8 所示。

1）真空抽吸单元工艺流程

当伴生气 $CO_2$ 含量不小于 75% 且单独运行膜分离脱碳装置时，膜分离装置分离的 $CO_2$ 气体经过液环式真空泵进行抽吸后进入湿气分离器，分离出液体后进入下游增压装置。分离出的液体经过工质液增压泵增压、空冷器冷却后进入液环式真空泵循环利用。

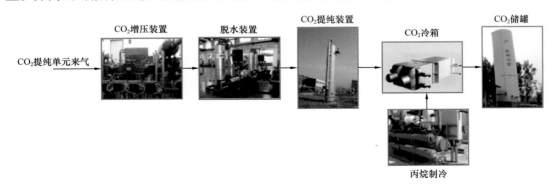

图 3-3-8　$CO_2$ 液化工艺流程框图

真空抽吸一体化集成装置工艺自控流程图如图 3-3-9 所示，图 3-3-10 所示为该装置模型图。

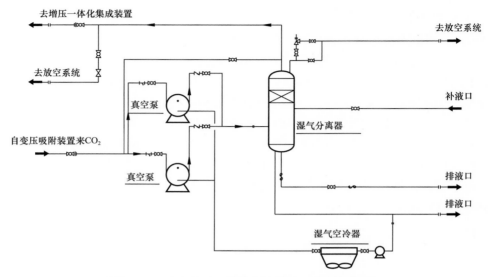

图 3-3-9 真空抽吸一体化集成装置工艺自控流程图

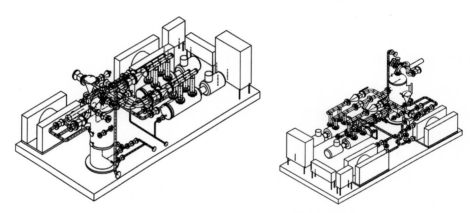

图 3-3-10 真空抽吸一体化集成装置模型图

2）增压单元流程

（1）增压压力确定。液化 $CO_2$ 需要避开三相点和临界点。进入增压装置的 $CO_2$ 纯度为 95%，液化压力为 2.4MPa，冷却温度为 -20℃，因此增压压力选择 2.4MPa。采用螺杆式压缩机进行增压。

（2）工艺流程。压力为 0.01MPa（表）、温度为 5~45℃的真空抽吸装置来气（$CO_2$ 含量不小于 95%）进入压缩装置（PE-1301）进行二级增压，增压后的气体压力为 2.40MPa（表）、温度为 50℃，进入分子筛脱水装置。

增压一体化集成装置（一级、二级）工艺流程如图 3-3-11 所示。图 3-3-12 所示为增压一体化集成装置模型图。

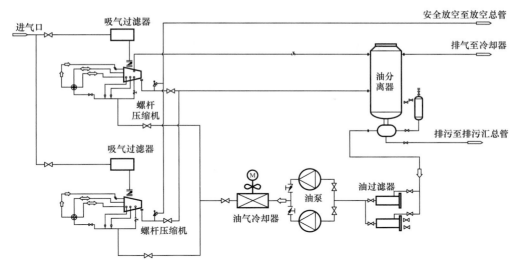

图 3-3-11 增压一体化集成装置（一级、二级）工艺流程图

图 3-3-12 增压一体化集成装置模型图

3）分子筛脱水单元流程

（1）脱水方法选择。

工业气体脱水方法主要有吸收法、吸附法和冷却法等。由于吸附法具有以下优点：

① 脱水后的干气露点可低至 -100℃；

② 对进料气压力、温度及流量的变化不敏感；

③ 无严重的腐蚀及起泡。

黄 3 区伴生气中 $CO_2$ 的气量小、温度适中，脱水露点降最低为 50℃，综合各种脱水技术特点及适应性，选用分子筛吸附法。

（2）工艺流程。

经过提纯装置分离器分离重烃后的气体，再次进入冷箱换热后，压力为 2.4MPa（表）、温度为 10℃，进入分子筛脱水装置进行脱水。分子筛采用双塔流程，一塔吸附，另一塔再生，连续运行。

吸附流程：经过提纯装置分离重烃后湿 $CO_2$ 气体进入分子筛脱水塔，脱水后的干气经过后置过滤器后进入下游装置。水露点控制到 -40℃。

再生流程：再生气最初取自脱水后干气，后续取自提纯塔塔顶不凝气，经过电加热到 200～240℃后自下而上进入再生塔底部，将分子筛吸附的水解析出来，与再生气一起进入冷却器冷却到 40℃后进入分离器分离出游离水，再生饱和湿气进入分子筛装置入口。分子筛脱水一体化集成装置工艺流程如图 3-3-13 所示，装置模型如图 3-3-14 所示。

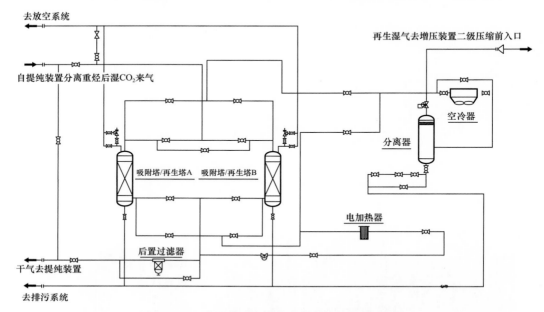

图 3-3-13　分子筛脱水一体化集成装置工艺流程图

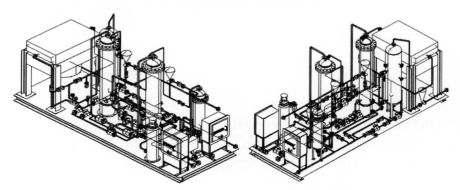

图 3-3-14　分子筛脱水一体化集成装置模型图

## 3. 提纯单元流程

来自分子筛脱水装置的气体，压力为 2.3MPa（表）、温度为 20℃，进入冷箱冷却至 -20℃液化后进入提纯塔，塔底重沸器采用电加热器，塔底液体 $CO_2$（$CO_2$ 含量不小于 99%）经过冷箱换热、计量后进入已建的 $CO_2$ 储罐。塔顶不凝气经过冷箱回收冷量后进入放空系统。

提纯一体化集成装置工艺流程如图 3-3-15 所示，装置模型如图 3-3-16 所示。

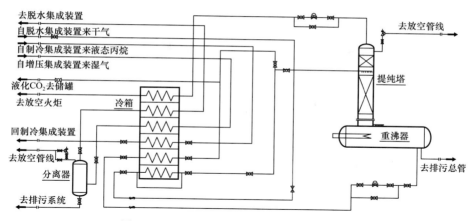

图 3-3-15　提纯一体化集成装置工艺流程图

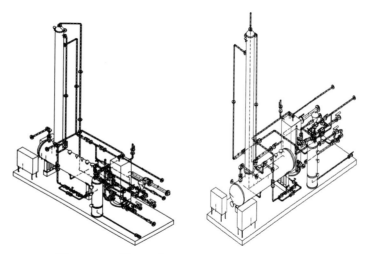

图 3-3-16　提纯一体化集成装置三维模型示意图

### 4. 制冷单元流程

1）制冷方法

（1）冷却温度。根据干气增压单元确定的液化压力和温度，冷却温度为 −20℃。

（2）制冷系统。制冷系统主要为丙烷制冷、胺制冷和氟利昂 R22 制冷等。丙烷对人体伤害较小，且工艺成熟，应用广泛，因此选用丙烷制冷系统。

2）制冷流程

制冷单元主要包括压缩冷凝机组、气液分离器及贮液橇块三部分。压缩冷凝机组利用丙烷压缩机将丙烷增压后，经过冷凝、节流膨胀后温度降低，进入提纯装置的冷箱换热后继续进入丙烷压缩机增压，以达到循环制冷的目的。

气液分离器主要对丙烷进行气液分离，贮液橇块主要对压缩冷凝机组运行中润滑油的处理。

制冷一体化集成装置工艺流程如图 3-3-17 所示，装置模型如图 3-3-18 所示。

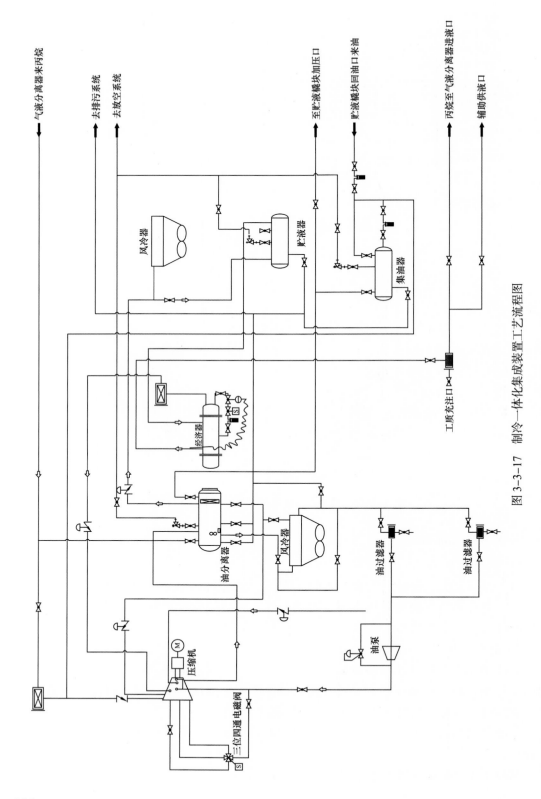

图 3-3-17 制冷一体化集成装置工艺流程图

图 3-3-18　制冷一体化集成装置模型图

# 第四节　$CO_2$ 驱油采出水处理技术

油田采出水中包含多种复杂的有机物质和无机物质，水质受多因素影响，如油田的地理位置、地质状况、油田的寿命和驱采水的化学成分，这些因素都能对采出水的物理或化学特性产生影响。虽然不同地区的采出水水质状况不一，但水中的污染物种类却大致相同，可以为不同地域油田处理采出水的工艺选择提供依据。

总体来说，油田采出水中的污染物主要包括：（1）溶解态和分散态的油类；（2）溶解态矿物质，包括各种阴离子和阳离子；（3）悬浮杂质，如地层中的沙粒、石油中的沥青和石蜡成分、细菌和化学污垢；（4）驱采水中的碱、表面活性剂和聚合物等化学物质；（5）溶解性气体，如 $CO_2$，$H_2S$ 和 $O_2$ 等。

随着油田开发的不断深入和 $CO_2$ 采油技术的应用，伴随着原油的采出液的物性将发生一定变化。与常规水驱采出水相比，采出水中 $CO_2$ 含量增加、采出水 pH 值降低、腐蚀性增强、采出水中固体含量增加，使得油水分离和含油处理难度加大。用常规采出水处理工艺处理难以达到回注地层的水质标准。对 $CO_2$ 驱采出水处理提出新的挑战。

## 一、$CO_2$ 驱水质检测分析

提取黄 3 试验区 $CO_2$ 注入 15 个月后的三个采出水样分析，水样均呈现偏酸性；1 号水样中固体悬浮物较多且悬浮物较为细小，同时由于其侵蚀性 $CO_2$ 含量较高，水样矿化度相对较低，水中含油率高；2 号水样的侵蚀性 $CO_2$ 含量较低，水样的矿化度最高，固体悬浮物含量最少，且水中含油率最低；3 号水样中固体悬浮物含量、水中含油率和侵蚀性 $CO_2$ 含量等参数略小于 1 号水样，其悬浮物的粒径较大，比较容易脱除固体杂质。$CO_2$ 驱前后水样检测结果见表 3-4-1 和表 3-4-2。

表 3-4-1　$CO_2$ 驱前水样水样检测结果

| 测试项目 | 井口采出水样 | 除油罐进口水样 | 喂水泵出口水样 |
| :---: | :---: | :---: | :---: |
| pH 值 | 6.18 | 7.25 | 7.39 |

| | | | | |
|---|---|---|---|---|
| 离子含量 / mg/L | 氯离子 | 37000 | 20955 | 20634 |
| | 碳酸氢根离子 | 88.12 | 294.8 | 282.6 |
| | 硫酸根离子 | <0.01 | 786 | 643 |
| | 总铁离子 | 6.83 | 1.80 | 1.26 |
| | 钙离子 | 15750 | 3033 | 3123 |
| | 镁离子 | 47.22 | 205 | 212 |
| | 钠离子 | 8152 | 10830 | 11080 |
| | 钾离子 | 121 | 135 | 137 |
| 矿化度 /（mg/L） | | 74450 | 39066 | 39909 |
| 悬浮物粒径中值 /μm | | 8.011 | 1.073 | 6.566 |
| 悬浮固体含量 /（mg/L） | | 341.0 | 116.8 | 103.3 |
| 水中含油率 /（mg/L） | | 120.99 | 46.11 | 31.55 |
| SRB/（个 /mL） | | 未检出 | $4.5 \times 10^3$ | $9.5 \times 10^2$ |
| IB/（个 /mL） | | 未检出 | 2.5 | 2.5 |
| TGB/（个 /mL） | | 2.0 | $2.5 \times 10^2$ | $2.5 \times 10^2$ |
| 侵蚀性 $CO_2$ 含量 /（mg/L） | | 1.76 | −23.76 | −14.26 |

表 3-4-2 $CO_2$ 驱后水样检测结果

| 测试项目 | | 1 号水样 | 2 号水样 | 3 号水样 |
|---|---|---|---|---|
| pH 值 | | 6.29 | 6.77 | 6.46 |
| 离子含量 / mg/L | 氯离子 | 10100 | 10900 | 8540 |
| | 碳酸氢根离子 | 679 | 289 | 230 |
| | 硫酸根离子 | 1020 | 671 | 430 |
| | 总铁离子 | 106 | 7.3 | 14.2 |
| | 钙离子 | 375 | 360 | 246 |
| | 镁离子 | 149 | 123 | 57.7 |
| | 钠离子 | 9300 | 8040 | 5480 |
| | 钾离子 | 106 | 93 | 68.2 |

续表

| 测试项目 | 1 号水样 | 2 号水样 | 3 号水样 |
|---|---|---|---|
| 矿化度 /（mg/L） | 11200 | 23100 | 17100 |
| 悬浮物粒径中值 /μm | 3.196 | 34.1 | 43.6 |
| 悬浮固体含量 /（mg/L） | 354 | 78 | 332 |
| 水中含油率 /（mg/L） | 631.42 | 411.19 | 600.83 |
| 侵蚀性 $CO_2$ 含量 /（mg/L） | 16.6 | 2.77 | 11.1 |

## 二、$CO_2$ 驱采出水的特点

### 1. $CO_2$ 对采出水的影响

1）$CO_2$ 对水的 pH 值和离子含量影响

$CO_2$ 溶于水生成碳酸，碳酸电离产生的氢离子，使得溶液显酸性。单组分盐水通入 $CO_2$ 气体后，相同浓度的 $MgCl_2$、$CaCl_2$、$NaHCO_3$、$Na_2CO_3$、$Na_2SO_4$ 和 $NaCl$ 溶液的 pH 值均随着压力升高而降低。相同压力下，$MgCl_2$、$CaCl_2$、$NaCl$ 及 $Na_2SO_4$ 溶液的 pH 值均低于 $Na_2CO_3$ 和 $NaHCO_3$ 溶液。$CO_2$ 在 $Na_2CO_3$ 和 $NaHCO_3$ 溶液中主要是以 $HCO_3^-$ 的形式存在，而在 $MgCl_2$、$CaCl_2$、$NaCl$ 及 $Na_2SO_4$ 溶液中主要是以 $H_2CO_3$ 的形式存在，且没有沉淀出现。

2）$CO_2$ 对水的界面张力的变化

温度不变而改变压力时，界面张力随着压力提高而显著减小，当压力达到 20MPa 时，界面张力对温度的敏感程度降低；$CO_2$ 与高矿化度氯化钠溶液的界面张力与水的差异不大。在低于临界状态的温度下，两者间的界面张力随着压力的增加而减小；在高于临界状态的温度下，随着压力的增加而不断增大。在低于临界状态的压力下，$CO_2$ 与水的界面张力随温度的增加而减小；在高于临界状态的压力下，界面张力的变化规律是：界面张力在低温下随着压力的升高而减小；界面张力在低压下随着温度的升高而减小；在高温高压下，界面张力值为定值。

3）$CO_2$ 对水的黏度的影响

$CO_2$ 在水中溶解后会提高水相黏度，当水中溶解 3%～5% 质量浓度的 $CO_2$ 时，水相黏度会提高 20%～30%。在室温条件下，向水中通入 $CO_2$ 的压力分别是 9.8MPa 和 14.9MPa，水相黏度相比于未通 $CO_2$ 时增大的程度分别是 18.9% 和 27.3%。

### 2. 采出水稳定性

油田采出水杂质主要包括大量的乳化油滴、胶体和固体颗粒等。由于水中存在大量的杂质，使得体系内部有很多相界面，并具有较大的界面能，属于一种热力学不稳定体系。油田采出水中的原油含量在 1% 以下，水的含量在 97% 以上，油田采出水在管线及油田设备中经过各种剪切作用和振荡作用后，使水状液中乳化油滴的粒径变得很小，采出水的稳定性由水中残留的驱油剂、悬浮物颗粒以及其他界面活性物质共同决定。随着这些成分在采出水中含量的增大，采出水中油水界面膜的强度增加，采出水也变得更加稳定。

### 三、$CO_2$ 驱水处理一体化集成装置

$CO_2$ 驱采出水与常规水驱采出水相比，采出水中 $CO_2$ 含量增加，采出水 pH 值降低，腐蚀性增强，采出水中固体含量增加，使得油水分离和含油处理难度加大。综合考虑黄 3 试验区 $CO_2$ 驱采出水采用气浮 + 过滤处理工艺。

针对 $CO_2$ 采出水处理站在现有处理工艺基础上进行优化完善考虑采用"涡凹气浮 + 溶气气浮 + 两级过滤"的采出水处理主体工艺，并将该工艺进行技术转化研制出紧凑、实用的油田采出水处理装置应用于工程实践。

#### 1. 设计原则

（1）充分利用现有成熟、可靠工艺技术，管理操作方便。

（2）取消除油罐，减少整体流程的水力停留时间。

（3）储水单元集成多种功能，作为静设备无振动，置于装置二层，减少储水单元占地面积。

（4）一体化装置紧凑、露天设置，便于运输和安装。

#### 2. 流程优化

（1）小规模高效气浮除油工艺（替代除油罐）：通过两级气浮反应池、不加药预处理单元达到调节水量水质，两次除油的功能。

（2）气浮所用气源为氮气，装置集成制氮单元。

（3）小规模过滤技术及装置。

（4）立体成橇技术：橇体整体成两层立体布置，结合水力流向，减少提升设备，减少占地面积。

#### 3. 橇装化设计

小型采出水处理装置，对气浮装置、制氮装置、过滤装置、储水单元、电控系统、阀门等进行双层橇装集成设计，储水单元无振动，将其设在二层，气浮、过滤、制氮和电控等设施设于一层。该工艺配套两级气浮单元、两级多介质过滤单元、紫外线杀菌单元、仪表电控单元等，实现处理工艺的自动调节控制。主体为上下两层钢结构，可拆卸式，便于吊装搬迁运输。小型采出水处理装置效果图如图 3-4-1 至图 3-4-3 所示。

其最大的特点就是一个橇装工艺模块既能实现采出水处理，同时可以搬迁、重复利用、快速安装，缩短设计与建设周期，减少占地面积，该装置为小区块油藏开发提供有力的技术支持，应用前景广阔。

图 3-4-1　小型采出水处理集成装置整体效果图

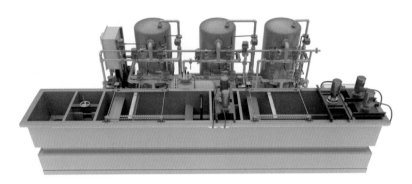

图 3-4-2　小型采出水处理集成装置气浮单元效果图

图 3-4-3　小型采出水处理集成装置现场建设照片

# 第五节　地面工程中 CO$_2$ 驱油防腐防垢技术

CO$_2$ 驱是三次采油提高采收率的重要措施。CO$_2$ 具有良好的可压缩性和膨胀性，作为驱油剂很容易达到超临界状态，超临界态 CO$_2$ 密度接近液体密度，但黏度仍保持气体黏度，扩散系数显著变大，最高可达液体的上百倍。这些性质决定了 $CO_2$ 在原油中有较大溶解能力，能够大大改善油藏条件，但与此同时也会将 $CO_2$ 带入原油生产系统，$CO_2$ 溶于水后形成碳酸，对部分金属材料有较强的腐蚀性，同时也会带来结垢问题。

## 一、$CO_2$ 驱采出流体管道防腐技术

### 1. 防腐涂层优选及评价

1）防腐涂层材料

针对 $CO_2$ 驱区块防腐问题，调研并综合评价了 4 种内防腐涂层材料，如图 3-5-1 所示，分别为液体环氧重防腐涂层、耐酸环氧涂层、环氧粉末内防腐涂层和环氧玻璃纤维内衬。

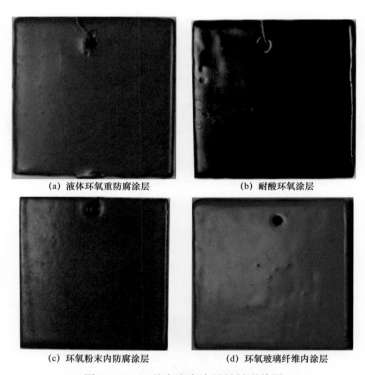

(a) 液体环氧重防腐涂层　　(b) 耐酸环氧涂层

(c) 环氧粉末内防腐涂层　　(d) 环氧玻璃纤维内涂层

图 3-5-1　4 种内防腐涂层材料形貌图

对涂层底材进行涂装时参照 SY/T 0442—2018《钢质管道熔结环氧粉末内防腐层技术标准》，实验前测得环氧粉末内防腐涂层平均厚度 425.95mm，液体环氧重防腐涂层平均厚度 408.36mm，环氧玻璃纤维内衬平均厚度 735.84mm，耐酸环氧涂层平均厚度 408.36mm。

2）防腐涂层的耐蚀性能试验及评价

（1）试验条件。

涂层浸泡时间：0 天，无腐蚀；试样种类：环氧粉末内防腐涂层、耐酸环氧涂层、环氧玻璃纤维内衬、液体环氧重防腐涂层。

涂层浸泡时间：分别开展了 7 天、14 天和 21 天；涂层种类：环氧粉末内防腐涂层、耐酸环氧涂层、环氧玻璃纤维内衬、液体环氧重防腐涂层；温度：35℃；总压力：3MPa；$CO_2$ 分压：0.75MPa；流速：0m/s，模拟水样的离子组成见表 3-5-1。

表 3-5-1  防腐涂层耐蚀性能试验模拟水样组成　　　　　　　　　　　单位：mg/L

| Na⁺ | K⁺ | Ca²⁺ | Mg²⁺ | Cl⁻ | SO₄²⁻ | HCO₃⁻ |
|---|---|---|---|---|---|---|
| 5928.11 | 296.2 | 1886.71 | 160.64 | 11714.05 | 954.8 | 1197.52 |

（2）防腐涂层性能评价。

① 未浸泡涂层。4 种未浸泡涂层如图 3-5-2 和图 3-5-3 所示。

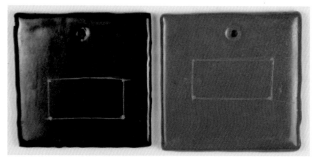

(a) 耐酸环氧涂层　　　　　　　(b) 液体环氧重防腐涂层

图 3-5-2　耐酸环氧涂层和液体环氧重防腐涂层撬剥试样（未浸泡）

(a) 环氧玻璃纤维内衬　　　　　　(b) 环氧粉末内防腐涂层

图 3-5-3　环氧玻璃纤维内衬和环氧粉末内防腐涂层撬剥试样（未浸泡）

如图 3-5-2 和图 3-5-3 所示 4 种涂层在浸泡实验前涂层的剥离试样，防腐层明显地不能被撬剥下来。根据 SY/T 0442—2018《钢质管道熔结环氧粉末内防腐层技术标准》评级标准，涂层附着力为 1 级。

一般涂层电化学阻抗规律为涂层容抗弧半径越大，则耐蚀性越好，如图 3-5-4 所示。

如图 3-5-4 所示，耐酸环氧涂层、环氧粉末内防腐涂层、环氧玻璃纤维内衬和液体环氧重防腐涂层 4 种涂层在未浸泡时测得阻抗谱均表现较大的单容抗弧，只有一个时间常数。环氧玻璃纤维内衬和耐酸环氧涂层容抗弧非常大，说明其对腐蚀介质的阻隔作用很强。环氧粉末内防腐涂层和液体环氧重防腐涂层容抗弧相对较小，但其半径也在 $10^8$ 数量级，其对腐蚀介质的阻隔作用也较强。相比之下，环氧玻璃纤维内衬和耐酸环氧涂层耐腐蚀性较好，液体环氧重防腐涂层和环氧粉末内防腐涂层较差。

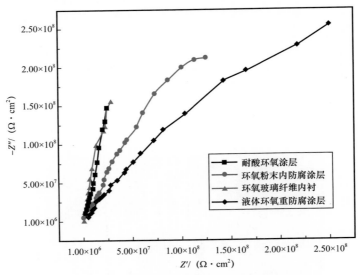

图 3-5-4　浸泡实验前 4 种涂层电化学阻抗性能对比
$Z'$，$Z''$—阻抗的实部和虚部

② 浸泡 21 天涂层。

a. 形貌观察。如图 3-5-5 所示，为液体环氧重防腐涂层浸泡 21 天后的微观形貌，液体环氧重防腐涂层表面的孔隙继续增多并且蚀坑明显增大增多。

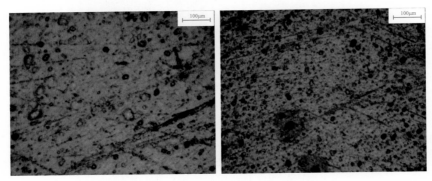

图 3-5-5　液体环氧重防腐涂层微观形貌（浸泡 21 天）

如图 3-5-6 所示，为耐酸环氧涂层浸泡 21 天后的微观形貌，耐酸环氧涂层表面开始出现大量的蚀坑。

如图 3-5-7 所示，为环氧粉末内防腐涂层浸泡 21 天后的微观形貌，环氧粉末内防腐涂层的孔隙明显增多，并且有较大的裂纹出现。

如图 3-5-8 所示，为环氧玻璃纤维内衬浸泡 21 天后的微观形貌（陆峰等，2005）（GB/T 10123—2001），可以看出，环氧玻璃纤维内衬表面开始出现少量颗粒凸点。

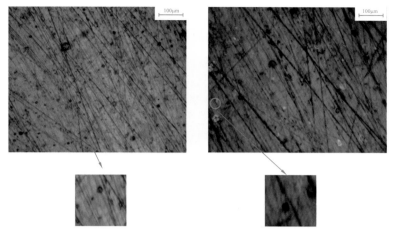

图 3-5-6　耐酸环氧涂层微观形貌（浸泡 21 天）

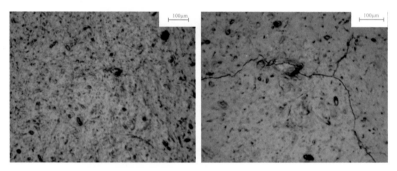

图 3-5-7　环氧粉末内防腐涂层微观形貌（浸泡 21 天）

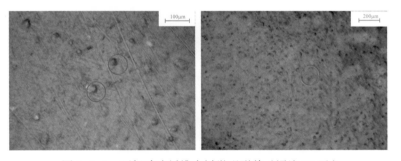

图 3-5-8　环氧玻璃纤维内衬微观形貌（浸泡 21 天）

通过观察环氧粉末内防腐涂层、耐酸环氧涂层、环氧玻璃纤维内衬和液体环氧重防腐涂层浸泡 21 天后的微观形貌，可以得出，在浸泡后，4 种涂层受到腐蚀介质的作用，涂层的腐蚀进一步加剧。环氧玻璃纤维内衬表面开始出现大量颗粒凸点，耐酸环氧涂层表面开始出现大量蚀坑；液体环氧重防腐涂层表面的孔隙继续增多并且蚀坑明显增大增多；环氧粉末内防腐涂层的孔隙明显增多，并且有较大的裂纹出现。

b. 附着力测试。如图 3-5-10 所示，为液体环氧重防腐涂层浸泡 21 天后的剥离试样，3 个平行试样经过剥离试验，防腐层一整片被剥离下来，涂层附着力等级为 5 级。

如图 3-5-10 所示，为耐酸环氧涂层浸泡 21 天后的剥离试样，3 个平行试样经过剥离试验，能够撬离部分涂层，但是被撬离的防腐层小于 50%，涂层附着力等级为 2 级。

图 3-5-9　液体环氧重防腐涂层撬剥试样（浸泡 21 天）

图 3-5-10　耐酸环氧涂层撬剥试样（浸泡 21 天）

如图 3-5-11 所示，为环氧粉末内防腐涂层浸泡 14 天后的剥离试样，3 个平行试样经过剥离试验，防腐层能够被剥离少部分，但是被撬离的部分小于 50%，涂层附着力等级为 2 级。

图 3-5-11　环氧粉末内防腐涂层撬剥试样（浸泡 21 天）

如图 3-5-12 所示，为环氧玻璃纤维内防腐涂层浸泡 21 天后的剥离试样，3 个平行试样经过剥离试验，防腐层明显不能被撬离下来，涂层附着力等级为 1 级。

图 3-5-12　环氧玻璃纤维内衬撬剥试样（浸泡 21 天）

c. 电化学测试。如图 3-5-13 所示，经过 21 天的浸泡，4 种涂层的阻抗值有所减小，环氧玻璃纤维内衬依然保持较大的涂层单容抗弧结构，说明涂层依然未被溶液浸透。相比之下耐酸环氧涂层、环氧粉末内防腐涂层和液体环氧重防腐涂层容抗弧部分已经变得非常小，尤其是环氧粉末内防腐涂层和液体环氧重防腐涂层，已经基本完全浸透，失去了涂层保护作用。

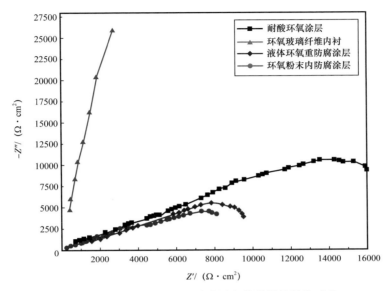

图 3-5-13　浸泡 21 天后 4 种涂层电化学阻抗性能对比

### 2. 防腐技术评价结果

见表 3-5-2 至表 3-5-4 所示，通过 4 个时间段的浸泡，根据涂层的形貌、涂层附着力以及电化学测试性能的变化，可以得到以下结论：

（1）玻璃纤维内防腐涂层性能最佳，耐酸环氧内涂层次之，环氧粉末内防腐涂层较早出现裂纹，性能较差；液体环氧重防腐涂层性能较差，浸泡一段时间后容易剥离，涂层附着力差。

（2）玻璃纤维内防腐涂层相较其他涂层，厚度较大，在实验过程中对其附着力以及电化学性能上有影响。

表 3-5-2　涂层附着力测试汇总

| 涂层名称 | 不同浸泡时间附着力测试 | | | |
| --- | --- | --- | --- | --- |
| | 0 天 | 7 天 | 14 天 | 21 天 |
| 环氧玻璃纤维内衬 | 1 级 | 1 级 | 1 级 | 1 级 |
| 环氧粉末内防腐涂层 | 1 级 | 2 级 | 2 级 | 2 级 |
| 耐酸环氧涂层 | 1 级 | 1 级 | 2 级 | 2 级 |
| 液体环氧重防腐涂层 | 1 级 | 2 级 | 4 级 | 5 级 |

表 3-5-3　涂层表面形貌变化汇总

| 涂层名称 | 不同浸泡时间下的腐蚀形貌 | | | |
| --- | --- | --- | --- | --- |
| | 0 天 | 7 天 | 14 天 | 21 天 |
| 环氧玻璃纤维内衬 | 表面比较平整无明显起泡，缺失、孔隙、裂纹现象 | 表面开始出现少量的颗粒凸点 | 涂层表面的颗粒凸点数量进一步增加 | 涂层表面开始出现大量的颗粒凸点 |
| 环氧粉末内防腐涂层 | 表面无明显起泡，缺失、孔隙、裂纹现象 | 耐酸环氧涂层开始出现少量的颗粒凸点 | 涂层表面的蚀坑明显增多，并且有裂纹出现 | 涂层表面的孔隙明显增多，并且有较大的裂纹出现 |
| 耐酸环氧涂层 | 涂层表面较为平滑，无明显起泡、孔隙等缺陷 | 涂层表面很多的孔隙并且出现开始出现明显的蚀坑 | 涂层表面颗粒凸点的数量增多并且出现少量的蚀坑 | 涂层表面开始出现大量的蚀坑 |
| 液体环氧重防腐涂层 | 涂层表面平滑，无明显起泡，但有少量的孔隙 | 环氧粉末内防腐涂层表面很多的孔隙并且出现开始出现明显的蚀坑 | 涂层表面的孔隙继续增加并且蚀坑明显增多 | 涂层表面的孔隙继续增多并且蚀坑明显增大增多 |

表 3-5-4　涂层电化学性能变化汇总

| 涂层名称 | 不同浸泡时间下电化学性能测试 | | | |
| --- | --- | --- | --- | --- |
| | 0 天 | 7 天 | 14 天 | 21 天 |
| 环氧玻璃纤维内衬 | 较好 | 最好 | 较好 | 较好，性能略有下降 |
| 环氧粉末内防腐涂层 | 较差 | 较好 | 开始渗透 | 较差 |
| 耐酸环氧涂层 | 较好 | 次之 | 开始渗透 | 较差 |
| 液体环氧重防腐涂层 | 最差 | 最差，涂层开始渗透 | 开始渗透 | 较差 |

（3）环氧粉末内防腐涂层，浸泡一段时间后产生裂纹，原因有待进一步研究，推测与其本身性质有关，环氧粉末内防腐涂层质地较硬，在进行涂层剥离实验时，明显能够体现这种性质。

（4）本次浸泡实验的介质腐蚀性相对较强，在实际生产环境中介质腐蚀性可能会低于实验条件。因此，建议在 $CO_2$ 驱油试验中开展集中涂层的试验，以进一步评估涂层性能，并加强监测。

## 二、$CO_2$ 驱采出流体管道防垢技术

### 1. 集输系统结垢特征

长庆油田结垢区块垢型特征为：$CaCO_3$、$BaSO_4$ 和 $SrSO_4$。层间流体不配伍，混层混输模式导致集输系统结垢严重，具有以下特点：

（1）结垢速度快，部分地面管线 1 个月堵塞、更换。

（2）结垢量大，管线、关键设备平均结垢厚度 20～30mm/a。

（3）垢质坚硬，难清除，以 $BaSO_4$、$SrSO_4$ 垢为主，一旦结垢可采用火烧、敲击等办法清除，或更换管线。

（4）单一层位产液经过加热炉后，管网设备出现结垢。温度越高结垢诱导期越短，结垢量越大，集输管道的压力对结垢的影响很小，流速越小，导致结垢越严重，成垢离子的浓度越大，结垢速率越快，结垢诱导期越短。

（5）两层或多层混输造成集输系统结垢。侏罗系与三叠系存在严重不配伍，三叠系各层系间也存在不配伍，多层混输，层系间不配伍是导致站点结垢的主要原因。表 3-5-1 为常见垢的特征情况。

表 3-5-5  常见垢的特征情况

| 垢的类型 | | 表观性状 | 溶解性 |
|---|---|---|---|
| $BaSO_4$ $SrSO_4$ | 垢质简单 | 坚硬致密的白色或者浅色细颗粒 | 不溶于盐酸，其中 $BaSO_4$ 难溶，垢层坚硬不易清除 |
| $CaSO_4$ 混合垢 | 混有腐蚀性物质或氧化铁等 | 褐色致密物 | 常温条件基本不溶盐酸，加热后褐色物质溶解，酸液变黄，有白色不溶物 |
| $CaCO_3$ | 无杂质含 $MgCO_3$ 混有氧化镁或 FeS | 白色致密的细粉状 碎状菱形结晶 致密的黑色或者褐色物质 | 易溶于 4%HCl，产生气泡，剩余不溶性的黑褐色物质 |
| | FeS | 是 $H_2S$ 和 Fe 的反应腐蚀产物，成垢坚硬易碎，致密褐色物质 | 酸性中溶解慢，放出 $H_2S$ 气体，剩余物为白色 |
| | $CaSO_4$（石膏） | 无杂质 | 长针状致密结晶，浅色 |

### 2. CO₂ 驱区块现场垢样组分

为了解决结垢问题，$CO_2$ 驱区块主要采用加入阻垢 / 缓蚀一体化的药剂来降低结垢速率，减少结垢量。但由于油井深度较大，现场采用连续加药方式无法将药剂加入井底。为此，现场主要采用间歇法加药，利用加药车将药剂一次性加入采油井中，将药剂混入采出液中，从而实现阻垢的目的。目前现场加药周期一般为 10～15 天，加药量为 300mg/L。

1）现场取样

针对黄 3 试验区油井的分布情况，对现场进行取样，取样主要包含了部分 $CO_2$ 驱与非 $CO_2$ 驱区块水样。

2）水质分析结果

对各个区块的水样处理后，依据 SY/T 5523—2016《油田水分析方法》对各个离子含量进行测定。

（1）非 $CO_2$ 驱区块水样分析。

非 $CO_2$ 驱区块所取水样井，水质分析报告见表 3-5-6。

表 3-5-6　非 $CO_2$ 驱区块水质分析报告

| 项目 | | 水样 1 | 水样 2 | 水样 3 | 水样 4 |
|---|---|---|---|---|---|
| 离子含量 / mg/L | $Ca^{2+}$ | 2629.25 | 1236.47 | 8506.98 | 1236.47 |
| | $Mg^{2+}$ | 148.25 | 72.93 | 328.18 | 72.93 |
| | $Cl^-$ | 14295.57 | 7735.10 | 42236.90 | 22518.02 |
| | $CO_3^{2-}$ | 0 | 0 | 0 | 0 |
| | $HCO_3^-$ | 152.55 | 176.96 | 335.61 | 85.48 |
| | $Fe^{2+}$ | 1.00 | 0.54 | 18.61 | 4.15 |
| | $Fe^{3+}$ | 0.25 | 0.30 | 4.05 | 0.62 |
| | $S^{2-}$ | 16.11 | 25.78 | 3.22 | 6.44 |
| | $SO_4^{2-}$ | 532.57 | 1173.80 | 35.40 | 65.37 |
| | $K^+ + Na^+$ | 6288.80 | 4115.16 | 17080.56 | 13096.03 |
| 矿化度 /（mg/L） | | 24064.38 | 14537.03 | 68549.52 | 37085.47 |
| pH 值 | | 6 | 6.5 | 6 | 6 |
| 悬浮物含量 /（mg/L） | | 126 | 108 | 95 | 152 |
| 含油量 /（mg/L） | | 59 | 72 | 92 | 46 |
| TGB/（个 /mL） | | 13 | 0.6 | 60 | 600 |
| SRB/（个 /mL） | | 60 | 0 | 0.6 | 0.6 |
| FB/（个 /mL） | | 0 | 0.6 | 6 | 0 |
| 腐蚀速率 /（mm/a） | | 0.0472 | 0.0351 | 0.0197 | 0.0524 |

通过对非 $CO_2$ 驱区块的水样进行分析，可以明显看出采出水的含油量均低于 100mg/L，悬浮物含量均低于 150mg/L，且细菌含量相对较低，平均腐蚀速率也均低于 SY/T 5329—2012《碎屑岩油藏注水水质指标及分析方法》中所推荐的回注水回注时腐蚀速率控制上限 0.076mm/a，因此，可以判定该水经过处理后腐蚀性很小，在回注时可不作为主要考察指标。

（2） $CO_2$ 驱区块水样分析。

针对 $CO_2$ 驱区块的采出水进行取样，并对所取水样进行分析，水质分析报告见表 3-5-7。

表 3-5-7　CO$_2$驱区块水质分析报告

| 项目 | | 水样 1 | 水样 2 | 水样 3 | 水样 4 | 水样 5 | 水样 6 |
|---|---|---|---|---|---|---|---|
| 离子含量 /<br>mg/L | $K^+ + Na^+$ | 16955.82 | 7861.00 | 2646.58 | 2524.01 | 20179.81 | 11073.50 |
| | $Ca^{2+}$ | 2378.75 | 221.11 | 161.57 | 255.26 | 446.89 | 1084.16 |
| | $Mg^{2+}$ | 486.20 | 131.68 | 41.33 | 68.07 | 158.62 | 217.57 |
| | $Cl^-$ | 31610.20 | 5868.18 | 3278.98 | 3089.04 | 29370.89 | 19274.02 |
| | $CO_3^{2-}$ | 0.00 | 0.00 | 0.00 | 0.00 | 0.00 | 0.00 |
| | $HCO_3^-$ | 362.56 | 770.38 | 363.07 | 492.74 | 610.71 | 476.46 |
| | $Fe^{2+}$ | 1.16 | 0.63 | 0.33 | 0.36 | 0.23 | 1.37 |
| | $Fe^{3+}$ | 12.92 | 0.33 | 0.05 | 0.09 | 0.09 | 0.05 |
| | $S^{2-}$ | 5.16 | 1.29 | 2.90 | 5.80 | 2.58 | 5.80 |
| | $SO_4^{2-}$ | 33.75 | 8920.37 | 1349.13 | 1571.37 | 3620.99 | 131.70 |
| 矿化度 / ( mg/L ) | | 51846.51 | 23774.96 | 7843.94 | 8006.74 | 54390.81 | 32264.65 |
| pH 值 | | 6.5 | 6.0 | 6.0 | 6.0 | 6.0 | 6.0 |
| 悬浮物含量 / ( mg/L ) | | 104 | 79 | 82 | 44 | 124 | 110 |
| 含油量 / ( mg/L ) | | 56 | 72 | 46 | 39 | 78 | 9 |
| TGB/ ( 个 /mL ) | | 0.6 | 13 | 0.6 | 60 | 0.6 | 1300 |
| SRB/ ( 个 /mL ) | | 0.6 | 13 | 0 | 0.6 | 0.6 | 6000 |
| FB/ ( 个 /mL ) | | 0 | 0 | 6 | 0 | 0 | 0.6 |
| 腐蚀速率 / ( mm/a ) | | 0.0262 | 0.0389 | 0.0125 | 0.0246 | 0.0287 | 0.0458 |

　　通过对 CO$_2$ 驱区块的水样进行分析，硫离子与铁离子的含量相对较小；且水样中的氯离子含量相对较大。同时，由表 3-5-7 可以看出，油井采出水的含油量与悬浮物含量不大，且细菌含量相对较低，平均腐蚀速率也均低于 SY/T 5329—2012《碎屑岩油藏注水水质指标及分析方法》中所推荐的回注水回注时腐蚀速率控制的上限 0.076mm/a，因此，可以判定该水经过处理后腐蚀性很小，在回注时可不作为主要考察指标。

　　经过对 CO$_2$ 驱区块与非 CO$_2$ 驱区块的水样进行分析可以看出，CO$_2$ 驱区块水样的矿化度相对较高，多数水样的矿化度高达 50000mg/L 以上；相比于非 CO$_2$ 驱区块水样，氯离子含量也较大，其中的成垢离子含量较大，均属于易结垢水样。在后期回注时应考虑结垢问题（刘新丽，2019；胡爱军等，2001；李淑琴等，1997）。

　　（3）垢样分析。

　　针对 CO$_2$ 驱区块水样结垢问题，对集输系统 CO$_2$ 驱油井油管中垢样进行 XRD 分析，分析图谱如图 3-5-14 所示，垢样组分分析结果见表 3-5-8。

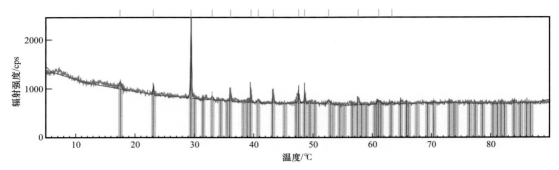

图 3-5-14　垢样 XRD 分析图谱

表 3-5-8　垢样组分分析结果

| 编号 | 分值 | 组分名称 | 比例因子 | 化学式 |
|---|---|---|---|---|
| 01-085-0849 | 62 | 碳酸钙 | 0.836 | $CaCO_3$ |
| 00-032-0469 | 13 | 氧化铁 | 0.069 | $Fe_2O_3$ |
| 00-024-0073 | 9 | 硫化铁 | 0.069 | $FeS$ |

由图 3-5-14 和表 3-5-8 可以看出，$CO_2$ 驱区块油井产生的垢样主要以 $CaCO_3$ 垢为主，因此，阻垢剂的筛选应以除碳酸钙为主要目的。

### 3. 集输系统阻垢除垢技术研究评价

实验方法：量取 200mL 抽滤后的采出水于锥形瓶中，并加入一定含量的阻垢剂于水样中，利用封口膜进行密封，随后放置在模拟地层温度的恒温干燥箱内静置放置 3 天，观察水样的结垢情况，并测定 3 天后水样中 $Ca^{2+}$、$Mg^{2+}$、$CO_3^{2-}$、$HCO_3^-$ 和 $SO_4^{2-}$ 等的结垢离子含量，并以水样的失钙率和失镁率为考察对象，筛选出最佳的阻垢剂种类及加量。

失钙率 ＝［（结垢前钙离子浓度−结垢后钙离子浓度）/ 结垢前钙离子浓度］×100%

失镁率 ＝［（结垢前钙离子浓度−结垢后钙离子浓度）/ 结垢前钙离子浓度］×100%

$$阻垢率 = \frac{m_1 - m_2}{m_1} \times 100\%$$

式中　$m_1$——未加药剂前的结垢量，g；

　　　$m_2$——加药剂后的结垢量，g。

1）阻垢剂种类的筛选

针对 $CO_2$ 驱区块油井的采出水水质分析及垢样分析，可知该区块产生的垢主要以 $CaCO_3$ 为主，因此需要在采出水中加入一定含量的阻垢剂，减小水样的结垢速率，并达到除垢的目的。而在各种除垢方法中，加入阻垢剂是最经济有效的办法（黄焕东等，

2008；罗宪中等，2004；郭永刚等，2008）。目前普遍采用阻垢剂的复配来弥补单一阻垢剂的不足，以提高其阻垢性能。针对这一垢型，以现场水样为基础，对阻垢剂进行筛选评价，并以失钙率为考察对象，进行阻垢剂的筛选评价（候光祥等，2008）。

（1）阻垢剂单剂的优选。

对油井采出水进行静态加药评价实验，首先将采出水进行过滤、抽滤处理，并将抽滤后的水样平均放置在几个锥形瓶内，分别加入几种不同类型的阻垢剂，加剂量均为50mg/L，随后用封口膜进行密封，放置在60℃下反应3天，并做一组不加阻垢剂的空白样进行对比。最后对反应后水样进行水质分析，计算水样的失钙率和失镁率，以失钙率和失镁率为考察指标，筛选出最佳的阻垢剂。实验结果见表3-5-9。表中2号、3号、4号、6号和8号代表的是5种阻垢剂单剂，CO₂区代表目前现场所用阻垢剂。

表3-5-9 阻垢剂的单剂筛选

| 项目 | | 空白样 | 阻垢剂单剂 | | | | | CO₂区现场用阻垢剂 |
| --- | --- | --- | --- | --- | --- | --- | --- | --- |
| | | | 2号 | 3号 | 4号 | 6号 | 8号 | |
| 离子含量/mg/L | $Ca^{2+}$ | 412.48 | 458.08 | 470.19 | 445.33 | 462.04 | 450.38 | 470.93 |
| | $Mg^{2+}$ | 66.18 | 75.09 | 78.71 | 75.19 | 73.92 | 74.41 | 75.03 |
| | $CO_3^{2-}$ | 0 | 0 | 0 | 0 | 135.02 | 126.02 | 0 |
| | $HCO_3^-$ | 259.34 | 227.3 | 225.84 | 185.29 | 147.28 | 185.52 | 194.29 |
| | $SO_4^{2-}$ | 1299.67 | 1587.78 | 1447.95 | 1368.85 | 1508.79 | 1310.14 | 1475.89 |
| | $S^{2-}$ | 0 | 0 | 0.01 | 0.01 | 0 | 0.01 | 0.01 |
| | $Cl^-$ | 4068.61 | 3898.36 | 3745.58 | 3696.28 | 3847.04 | 3997.64 | 3849.74 |
| | $Fe^{3+}$ | 0.1 | 0 | 0 | 0 | 0.03 | 0.13 | 0.5 |
| | $Fe^{2+}$ | 0.2 | 0.06 | 0.32 | 0.02 | 0.03 | 0.21 | 0 |
| | $Na^+ + K^+$ | 2755.06 | 2701.48 | 2513.85 | 2464.73 | 2701.37 | 2732.52 | 8867.95 |
| pH值 | | 6 | 5.5 | 5 | 6 | 7.5 | 7 | 6 |
| 矿化度/（mg/L） | | 8861.64 | 8948.24 | 8482.45 | 8235.27 | 8875.52 | 8867.95 | 8655.06 |
| 失钙率/% | | 27.60 | 19.60 | 17.48 | 21.84 | 18.91 | 20.96 | 17.35 |
| 失镁率/% | | 29.93 | 20.50 | 16.67 | 20.40 | 21.74 | 21.22 | 20.56 |
| 结垢量/g | | 0.0088 | 0.0019 | 0.0017 | 0.0028 | 0.0024 | 0.0035 | 0.0016 |
| 阻垢率/% | | — | 78.70 | 79.54 | 68.18 | 72.72 | 60.22 | 81.81 |

由表3-5-5可以看出，加入不同类型的阻垢剂单剂后，采出水水样的失钙率和失镁率明显有所差距。未加阻垢剂的采出水，失钙率可达27.60%，相比之下，加入阻垢剂2

号、3号和6号的阻垢效果较其他阻垢剂效果较好，失钙率分别为19.60%，17.48% 和18.91%，失镁率分别为20.50%、16.67% 和21.74%。同时，加入这3种阻垢剂单剂后，水样的结垢量明显降低，阻垢率可达78.70%、79.54% 和68.18%。与现场所用的阻垢剂相比，失钙率和失镁率相对较大，阻垢率较大。为此，可以采取对阻垢剂进行复配，来提高阻垢效果。

（2）阻垢剂的复配优选。

基于阻垢剂单剂的阻垢效果相对较差，实验中考虑将阻垢剂进行复配；将筛选出的2号、3号和6号阻垢剂按照不同的比例进行混合复配，随后将复配后的阻垢剂按照50mg/L的加剂量加入采出水水样中，并在60℃下放置3天，分析水样前后全离子变化，以失钙率和失镁率为考察指标，筛选出最佳的复配阻垢剂，实验结果见表3-5-10。

**表 3-5-10　复配阻垢剂的阻垢效果**

| 项目 | | 复配阻垢剂及比例 | | | | | | | | | |
|---|---|---|---|---|---|---|---|---|---|---|---|
| | | 2号+3号+6号(1:3:1) | 2号+3号+6号(1:2:2) | 2号+3号+6号(3:1:1) | 2号+3号+6号(1:1:1) | 2号+3号+6号(2:1:2) | 2号+3号+6号(1:1:3) | 3号+6号(1:1) | 2号+6号(1:1) | 2号+3号(1:1) | 2号+3号+6号(2:2:1) |
| 离子含量/mg/L | $Ca^{2+}$ | 485.69 | 504.61 | 514.26 | 499.79 | 512.81 | 539.41 | 516.23 | 515.64 | 491.47 | 519.78 |
| | $Mg^{2+}$ | 79.62 | 83.98 | 86.82 | 84.51 | 84.46 | 86.21 | 85.98 | 83.54 | 84.88 | 85.17 |
| | $CO_3^{2-}$ | 0 | 0 | 0 | 107.83 | 142.85 | 0 | 0 | 108.22 | 0 | 0 |
| | $HCO_3^-$ | 188.35 | 209.92 | 198.09 | 149.28 | 154.29 | 246.79 | 176.42 | 168.28 | 206.14 | 184.60 |
| | $SO_4^{2-}$ | 1548.46 | 1463.61 | 1370.31 | 1463.42 | 1534.46 | 1681.04 | 1468.23 | 1614.29 | 1581.24 | 1559.87 |
| | $S^{2-}$ | 0 | 0 | 0.01 | 0.01 | 0 | 0.01 | 0.01 | 0 | 0.01 | 0.01 |
| | $Cl^-$ | 3958.79 | 3526.48 | 3837.61 | 3796.85 | 4086.27 | 3747.68 | 3886.36 | 4124.68 | 3682.48 | 3861.23 |
| | $Fe^{3+}$ | 0.1 | 0.1 | 0.03 | 0.13 | 0.03 | 0.03 | 0.03 | 0.03 | 0.03 | 0 |
| | $Fe^{2+}$ | 0.2 | 0.06 | 0.32 | 0.02 | 0.03 | 0.21 | 0.32 | 0.06 | 0.06 | 0.02 |
| | $Na^++K^+$ | 2666.40 | 2323.91 | 2459.58 | 2563.37 | 2798.72 | 2540.75 | 2529.22 | 2839.07 | 2493.57 | 2557.69 |
| pH 值 | | 6.0 | 5.5 | 6.0 | 7.0 | 7.5 | 5.5 | 6.0 | 7.5 | 6.0 | 6.0 |
| 矿化度/（mg/L） | | 8927.61 | 8112.57 | 8467 | 8665.08 | 9313.92 | 8842.23 | 8662.80 | 9453.81 | 8540.48 | 8768.37 |
| 失钙率/% | | 14.75 | 11.43 | 9.744 | 12.28 | 10.00 | 5.33 | 9.39 | 9.50 | 13.74 | 8.77 |
| 失镁率/% | | 15.71 | 11.09 | 8.08 | 10.53 | 10.58 | 8.73 | 8.97 | 11.56 | 10.14 | 9.83 |
| 结垢量/g | | 0.0016 | 0.0014 | 0.0012 | 0.0015 | 0.0014 | 0.008 | 0.0012 | 0.0013 | 0.0015 | 0.0012 |
| 阻垢率/% | | 81.81 | 84.09 | 86.36 | 82.95 | 84.09 | 90.90 | 86.36 | 85.22 | 82.95 | 86.36 |

由表3-5-6可以看出，将阻垢剂2号、3号和6号进行不同比例复配后，油井采出水的失钙率、失镁率明显有所降低，其中复配阻垢剂2号+3号+6号（1:1:3）加入后，其失钙率为5.33%，失镁率为8.73%，阻垢效果最佳。同时，阻垢率可达90.90%，因此，

阻垢剂的最佳配比为 2 号 +3 号 +6 号（1：1：3）。

（3）复配阻垢剂的加量优选。

经过阻垢剂种类的筛选和复配后，筛选出了最佳的阻垢剂种类为 2 号、3 号和 6 号单剂，复配比例为 1：1：3（2 号 +3 号 +6 号）。因此，在其他实验条件相同下，对阻垢剂加剂量进行了筛选。以采出水的失钙率为考察对象，研究了当复配阻垢剂的加剂量为 15mg/L、25mg/L、50mg/L、75mg/L、100mg/L、125mg/L 和 150mg/L 时的阻垢效果，具体实验数据见表 3-5-11。

表 3-5-11 阻垢剂不同加剂量下的阻垢效果

| 项目 | | 阻垢剂不同加剂量下的效果 | | | | | | |
|---|---|---|---|---|---|---|---|---|
| | | 15mg/L | 25mg/L | 50mg/L | 75mg/L | 100mg/L | 125mg/L | 150mg/L |
| 离子含量 / mg/L | Ca$^{2+}$ | 539.15 | 549.28 | 539.41 | 531.55 | 528.55 | 525.05 | 519.75 |
| | Mg$^{2+}$ | 90.13 | 89.07 | 86.21 | 89.85 | 88.87 | 85.07 | 86.92 |
| | CO$_3^{2-}$ | 0 | 0 | 0 | 0 | 0 | 0 | 0 |
| | HCO$_3^-$ | 244.19 | 249.13 | 226.79 | 229.49 | 210.01 | 236.75 | 241.72 |
| | SO$_4^{2-}$ | 1606.74 | 1665.24 | 1582.04 | 1496.15 | 1575.94 | 1605.91 | 1485.49 |
| | S$^{2-}$ | 0.02 | 0 | 0.01 | 0.01 | 0.01 | 0 | 0.01 |
| | Cl$^-$ | 3879.48 | 3882.37 | 3947.68 | 3879.83 | 3904.62 | 3787.13 | 3958.71 |
| | Fe$^{3+}$ | 0.04 | 0.01 | 0.13 | 0.02 | 0.01 | 0.03 | 0.01 |
| | Fe$^{2+}$ | 0.03 | 0.02 | 0.21 | 0.02 | 0.01 | 0.02 | 0.02 |
| | Na$^+$+K$^+$ | 2622.48 | 2604.79 | 2615.35 | 2533.63 | 2585.9 | 2545.49 | 2603.41 |
| pH 值 | | 6.0 | 6.0 | 5.5 | 6.0 | 6.5 | 6.0 | 6.0 |
| 矿化度 /（mg/L） | | 8950.26 | 9039.90 | 8997.83 | 8760.53 | 8893.92 | 8785.45 | 8896.04 |
| 失钙率 /% | | 10.29 | 3.59 | 5.33 | 6.71 | 7.23 | 7.85 | 8.78 |
| 失镁率 /% | | 8.81 | 5.70 | 8.73 | 4.88 | 5.91 | 9.94 | 7.98 |
| 结垢量 /g | | 0.0012 | 0.006 | 0.008 | 0.008 | 0.001 | 0.0011 | 0.0011 |
| 阻垢率 /% | | 86.36 | 93.18 | 90.90 | 90.90 | 88.63 | 87.50 | 87.50 |

由表 3-5-7 可以看出，随着复配阻垢剂加剂量由 15mg/L 增大至 150mg/L 时，采出水的失钙率和失镁率先降低后逐渐增大，当加剂量为 25mg/L 时，其阻垢效果最佳，失钙率为 3.59%，失镁率为 5.70%，可见其对采出水的阻垢效果较好。同时，在加剂量为 25mg/L 时，阻垢率可达 93.18%，因此，最佳的加剂量为 25mg/L。

2）复配阻垢剂的阻垢性能评价

由于 CO$_2$ 驱区块的结垢垢型均为 CaCO$_3$ 垢，利用前期针对 CaCO$_3$ 垢研发的 25mg/L

的 2 号 +3 号 +6 号（1：1：3）复配阻垢剂对站场三相分离水样和喂水泵水样进行室内静态实验，通过加药前后水样的失钙率和失镁率含量变化对复配阻垢剂的性能评价。具体数据见表 3-5-8。

表 3-5-12　$CO_2$ 驱区块加药前后失钙率和失镁率变化

| 编号 | 离子含量 /（mg/L） | | | | 失钙率 / % | 失镁率 / % | 结垢量 / g | 阻垢率 / % |
|---|---|---|---|---|---|---|---|---|
| | 加药前 | | 加药后 | | | | | |
| | $Ca^{2+}$ | $Mg^{2+}$ | $Ca^{2+}$ | $Mg^{2+}$ | | | | |
| 1 号 | 1951.9 | 255.91 | 1595.18 | 204.2 | 18.28 | 20.21 | 0.0022 | 75 |
| 2 号 | 5076.8 | 59.71 | 4492.24 | 52.62 | 11.51 | 11.87 | 0.0011 | 87.5 |
| 3 号 | 1895.78 | 165.64 | 1579.15 | 143.43 | 16.70 | 13.41 | 0.0019 | 78.70 |
| 4 号 | 12064.08 | 274.03 | 10981.92 | 258.17 | 8.97 | 5.79 | 0.009 | 89.77 |
| 5 号 | 593.19 | 84.87 | 549.28 | 89.07 | 3.59 | 5.70 | 0.006 | 93.18 |

由表 3-5-8 可以看出，添加复配阻垢剂后，三相分离水样和喂水泵水样中钙镁离子与加药前相比变化不大，失钙率与失镁率较小，为 10% 左右，且阻垢率保持在 85% 以上，可见加入阻垢剂后，能有效地抑制水样中钙镁离子的流失，减小水样的结垢速率。

## 三、$CO_2$ 驱腐蚀监、管、控一体化集成装置

### 1. 腐蚀速率在线监测系统

腐蚀在线监测系统——电感探针模块由腐蚀探针、数据采集器、工业控制机、无线网关、路由器、腐蚀监测系统软件、密封填料函等组成，如图 3-5-15 所示为腐蚀在线监测系统——电感探针模块构成示意图；系统可通过厂内数据库服务器接入企业局域网服务器，使监测数据实现厂内局域网浏览。

电感探针可以制作成不同形式，不同的探针配以相应的探针接出装置，把探针安插于被测介质环境。常规结构探针常用形式如图 3-5-16 所示，通过适配装置把探针与数据采集器连接，给数据采集器提供 DC24V 工作电源，并以 RS485 的数据传输形式接收数据采集器的测量数据信号，就可以实现电感探针产品的应用。

### 2. $CO_2$ 泄漏腐蚀监测管理设备

$CO_2$ 泄漏腐蚀监测管理设备主要由 $CO_2$ 检测器、电磁阀、泵、控制主机、干燥剂以及通信设备组成。整个监测管理设备由泵提供动力，将需检测气体（$CO_2$）输送至检测气室；气路控制系统通过控制电磁阀的开关实现对多路土壤气 $CO_2$ 浓度的分别监测，并根据程序分别输出各气路 $CO_2$ 浓度；干燥剂主要用于除去气体中的水分；通信设备分别将监测到的信号传输到监控设备。这些配件组合后集成在一个监测机箱，形成 $CO_2$ 泄漏腐蚀监测管理设备。

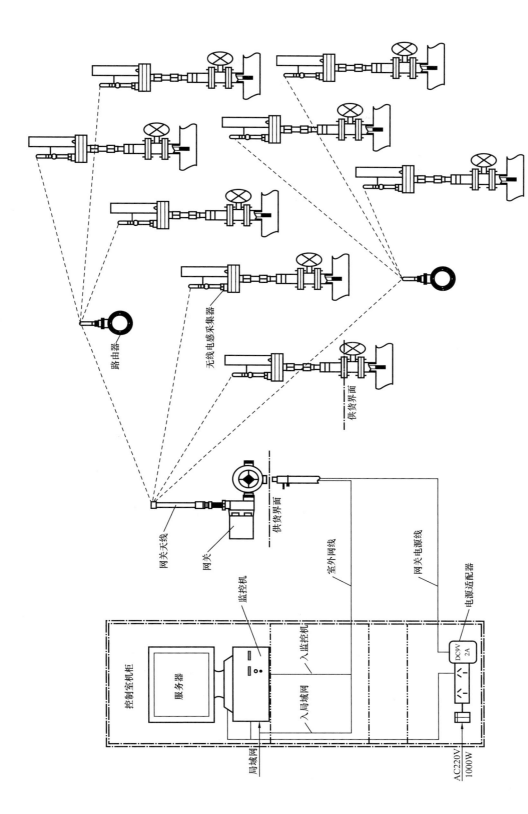

图 3-5-15 腐蚀在线监测系统——电感探针模块成示意图

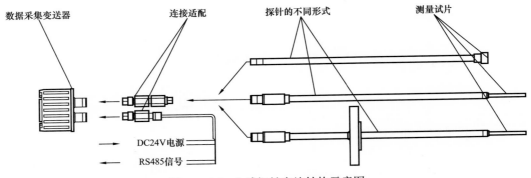

图 3-5-16  电感探针实施结构示意图

### 3. 橇装阴极保护站

**1）设备构成**

橇装阴极保护站设备构成见表 3-5-13。

表 3-5-13  橇装阴极保护站设备组成表

| 编号 | 名称及规格型号 | 计量单位 | 数量 |
|---|---|---|---|
| 1 | 深井辅助阳极 | 套 | 1 |
| 2 | 橇装阴极保护设备 | 套 | 1 |
| 3 | 橇装阴极保护站核心配件 | 套 | 1 |
| 4 | 智能测试桩 | 套 | 1 |

**2）阴极保护接线原理图**

阴极保护接线原理如图 3-5-17 所示。

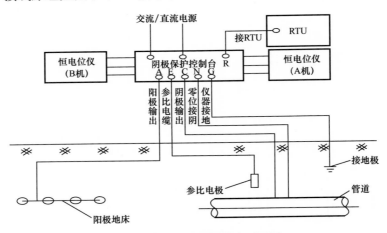

图 3-5-17  阴极保护接线原理图

**3）现场安装**

变频恒电位仪现场安装效果图如图 3-5-18 所示，图 3-5-19 所示为高硅铸铁阳极。

图 3-5-18　变频恒电位仪安装图

图 3-5-19　高硅铸铁阳极

### 4. 小结

通过在站场内管道上设置监测点，检测和收集井场采出液腐蚀速率数据，收集土壤、大气腐蚀数据，监测 $CO_2$ 泄漏数据，共设置监测点 10 处，涵盖了站场来液、存储设备、处理后采出液腐蚀速率，腐蚀监测范围大于 80%，如图 3-5-20 所示。

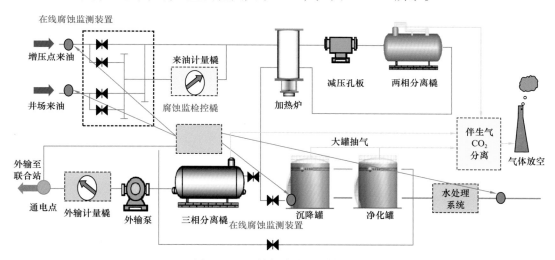

图 3-5-20　站场腐蚀监测流程图

# 第四章 低渗透油藏 $CO_2$ 驱油实践

长庆油田在油藏、流体介质及地形地貌等方面与其他油田相比差异较大，在注水开发过程中暴露出一些开发问题：注水能力下降、存水率低、地层能量不足，裂缝沟通程度逐渐变高，波及程度不断变差，递减加剧，水驱效果变差。2017 年以来，长庆油田在黄 3 区长 8 油藏开展了 $CO_2$ 驱油现场试验，对油藏、井筒和地面开展了相关配套，通过多年的现场试验，压力保持水平和递减率等指标均达到了预期目标。

本章围绕黄 3 区 $CO_2$ 驱试验区，从地理位置选择、周边碳源配套情况等方面，讲述长庆油田黄 3 区长 8 油藏的基本特点、$CO_2$ 驱试验区的油藏基本情况、注水开发过程中存在的问题及 $CO_2$ 驱现场试验工艺配套，对试验效果进行了分析，对现场配套工艺进行评价，为低渗透油田开展 CCUS 工作提供依据。

## 第一节 $CO_2$ 试验区基本概况

本节从姬塬油田黄 3 区的地理位置、碳源配套、油藏特征、开发现状及地面集输工艺现状等方面进行了介绍。

### 一、地理位置

黄 3 区长 8 油藏 $CO_2$ 试验区位于陕西省定边县与宁夏回族自治区盐池县交界处，交通便利，距离宁夏回族自治区宁东煤炭工业园和陕西靖边气田开发区及榆林煤炭工业园距离 150~280km，碳源充足，见表 4-1-1。

表 4-1-1 黄 3 区周边碳源企业生产情况统计表

| 序号 | 生产企业 | 排放量 / ( $10^4$t/a) | $CO_2$ 含量 /% |
|---|---|---|---|
| 1 | 神华宁夏煤业集团甲醇厂 | 150 | 80~98 |
| 2 | 神华宁夏煤业集团制烯烃项目、煤制油项目 | 2079 | 67~82 |
| 3 | 宁夏德大气体开发科技有限公司 | — | 99.9 |
| 4 | 宁夏石化公司 | 45 | 10~20 |
| 5 | 庆阳石化公司 | 160 | 12.6 |
| 6 | 西安长庆化工咸阳石化有限公司 | 65 | 13.7 |

### 二、油藏基本概况

试验区隶属于长庆姬塬油田，位于黄 3 区长 8 油藏西北部，纵向上发育侏罗系延 9

和延 10 及三叠系长 2、长 4+5、长 6 和长 8 等油藏，油藏埋深为 1900～3200m，地质条件复杂，地层水矿化度较高，平均达到 80g/L，最高达到 124g/L，井筒及地面集输系统结垢严重，其中井筒以碳酸钙垢为主，地面集输系统以钡锶垢为主，防治难度较大。

黄 3 区 $CO_2$ 试验区油藏埋深 2750m，平均油层厚度 13.0m、孔隙度 8.3%、渗透率 0.27mD，具有"低孔隙度、低渗透率、低地层压力"的特征，储层非均质性强，已进入中含水开发期（综合含水 55.7%），面临着有效驱替系统难以建立、压力保持水平低、注采矛盾突出、水驱提高采收率空间有限等问题。

### 三、开发现状

黄 3 区长 8 油藏于 2009 年开始试验开发，2010—2012 年规模开发，主要采用同步、超前注水开发，井网形式为 480m×150m 菱形反九点，初期单井产能 2.6t。截至 2017 年 6 月，黄 3 区长 8 油井开井数 432 口，日产液水平 1400.6t，日产油水平 616.8t，单井产能 1.52t，综合含水 52.3%，平均动液面 1916m，注水井开井 147 口，日注水平 3405m³，单井日注 25.3m³，月注采比 2.14，采出程度 6.23%，如图 4-1-1 所示。

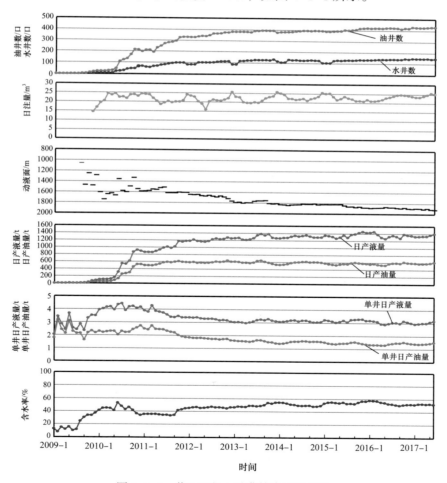

图 4-1-1　黄 3 区长 8 油藏综合开采曲线

$CO_2$ 驱试验区 9 个井组 37 口采出井，平均单井日产液 $2m^3$，日产油 0.78t，综合含水 55.7%，综合递减 9.82%，采出程度 5.4%，注采比 1.88。油区地表为黄土高原丘陵地形，沟壑纵横，梁峁参差，地面海拔 1100~1731m。

黄 3 区长 8 油藏水驱控制程度逐步上升，水驱动用程度自 2013 年以来呈下降趋势，2017 年水驱储量控制程度为 98.3%，水驱动用程度为 64.4%，如图 4-1-2 所示。

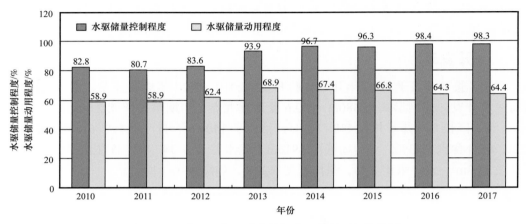

图 4-1-2　黄 3 区长 8 油藏历年水驱状况对比柱状图

受欠注井和断层影响，黄 3 区压力保持水平较低，2016 年地层压力 15MPa，压力保持水平仅 69%。在平面上压力分布不均，区块边部和断层发育区压力较低。通过近年来精细油藏管理，两项递减持续下降，自然递减由 2010 年的 23.6% 下降到 11.5%，综合递减由 23.5% 下降到 11.3%，如图 4-1-3 所示。

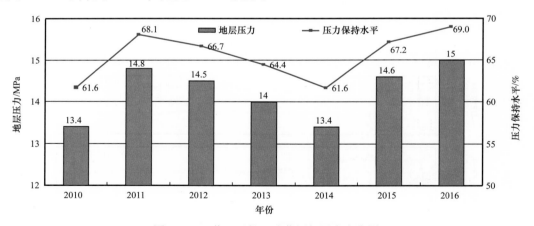

图 4-1-3　黄 3 区长 8 油藏历年压力变化图

## 四、试验区地面集输现状

试验区共计管辖井场 15 座，增压站 3 座，分别为沙 2 增、沙 7 增和沙 8 增，井组原油经 3 座增压点加热、气液分离、增压后输至姬五联合站，如图 4-1-4 所示。

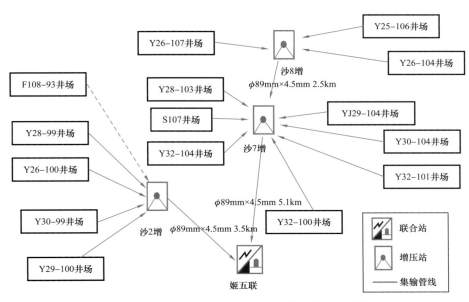

图 4-1-4  黄 3 区 $CO_2$ 试验区地面集输流程示意图

# 第二节  $CO_2$ 试验区现场配套

针对注 $CO_2$ 后，注入介质发生改变，$CO_2$ 受温度和压力改变，相态变化较大，$CO_2$ 遇水后存在弱酸性，与高矿化度地层水混合后，存在结垢和腐蚀风险等问题，本节重点从地面注入系统和井筒等方面介绍相关的工艺配套。

## 一、注气井工艺配套

依据 GB/T 22513—2013《石油天然气工业 钻井和采油设备 井口装置和采油树》，为保证安全注气，按井口安全系数 1.5 计算，参考吉林油田注气井，选择 CC 级 35MPa 注气井口，套管头采用 35MPa 卡瓦式标准套管头，油管选用 P110 气密封螺纹油管，封隔器选用 Y441 气密封封隔器。

### 1. 井口选型

根据 GB/T 22513—2013《石油天然气工业 钻井和采油设备 井口装置和采油树》，注入井选择 CC 级 ZQ65/35 注气井口，压力等级 35MPa，温度级别为 L-U（-46～+121℃）。图 4-2-1 所示为注气井井口结构示意图。

### 2. 套管头及底法兰选型

选用 CH9-5/8X5-1/2-35 卡瓦式标准套管头，承压 35MPa，密封橡胶耐温 -46～121℃。将原井套管底法兰换为承压 35MPa 底法兰，保证密封性和压力等参数满足注气作业的要求。

### 3. 连接方式

井口采用表层套管 + 套管头连接，均为 API 短圆螺纹，螺纹密封用 API 脂密封，套管头密封方式为橡胶密封，承压 35MPa。

### 4. 注气管柱设计（自下而上）

注气阀（坐封球座）+ 提升短节 + 油管 + 弹性扶正器 + 封隔器 + 弹性扶正器 + 循环滑套 + 提升短节 + 油管 + 油管挂 + 井口（井口 200m 处配置油管腐蚀监测环 1 只，封隔器下配置 1 只油管腐蚀监测环）。综合油管钢级选择、防腐要求和价格等因素，从安全与经济角度考虑，现场采用 P110 气密封螺纹油管。油管下井过程中，对油管螺纹进行气密封检测，并涂抹油管密封脂。

### 5. 封隔器选型

针对不同井况，开展 Y445 和 Y441 两种不同类型封隔器试验，结合现场实际情况，通过不断优化，最终研发了适合长庆油田注气井配套的 Y441 封隔器。图 4-2-2 所示为注气井井筒配套示意图。

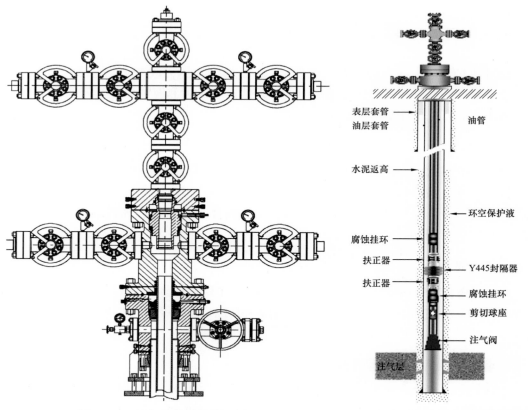

图 4-2-1　注气井井口结构示意图　　　　图 4-2-2　注气井井筒配套示意图

## 二、采出井配套

### 1. 井口选型

根据 GB/T 22513—2013《石油天然气工业－钻井和采油设备 井口装置和采油树》，采出井选择 CC 级 KY65/21 采油井口，压力等级 21MPa，温度级别为 L–U（–46～+121℃），配套 13.8MPa 防腐双级防喷密封盒。为满足无基础抽油机生产需求，井口高度不超过 0.91m，井口配套放空阀门，并连接流程管线至放空池中，用于气窜状态下应急泄压。

### 2. 井筒及配套

由于低渗透油藏普遍无自喷能力，采用抽油机有杆泵生产方式，同时考虑 $CO_2$ 驱对油井存在腐蚀和气体影响等因素，有针对性地对井下管串及关键采油配套工具进行防腐、防气配套。

采油管柱设计（自上而下）："油管 + 腐蚀挂环 + 防气抽油泵 + 泄油器 + 气液分离器 + 腐蚀挂环 + 防砂筛管 + 丝堵"。抽油泵选用强启闭防气泵，泄油器选用耐腐蚀防喷泄油器，抽油杆采用 H 级扶正抽油杆（选用 KH 级抽油杆时，要求采用 4330 材质）。采油过程中应用清防蜡、清防垢、防气、防腐、防断脱等配套技术；长庆油田自主研发的镀层防腐油管 + 一体化缓蚀阻垢技术，现场适应性较好，经中国腐蚀与防护学会专家组评定，达到国际先进水平。

黄 3 试验区 37 口采出井均进行了防气配套，抽油泵效由 25.3% 提升至 33.0%。其中防气泵配套 28 口井，抽油泵效由 26.2% 提升至 32.2%；防气泵 + 井下气液分离器配套 6 口井，抽油泵效由 22.5% 提升至 35.7%；气举有杆泵一体化管柱配套 3 口井，抽油泵效由 23.1% 提升至 34.5%。

### 3. 油管选型

井下的 $CO_2$ 腐蚀情况错综复杂，虽然油田采用的防腐油管种类较多，但大面积推广应用的主要是涂层防腐油管和镀层防腐油管，涂层油管耐腐蚀性能比镀层防腐油管差，因此镀钨油管将是今后一段时间内井下防 $CO_2$ 腐蚀油管的主要选择。

镀钨油管采用电镀技术在油管表面生成 20～55μm 厚的镍钨合金镀层，镍钨合金镀层由外到里分 3 层，依次是非晶态结构、层状结构和柱状结晶，外层电极电位最高，内层次之，中间层最小，由于结晶状态不同，柱状孔隙与片状孔隙不易重合在一点上，孔隙率减小，腐蚀概率下降，在腐蚀介质中，中间层作为阳极，首先发生保护性腐蚀，然后内层发生腐蚀，有效保护了基体，所以镀钨油管具有明显的抗蚀性能，在高 $CO_2$ 环境下，与 P110 油管相比，镀钨油管缓蚀速率达 96%，镀钨油管可适用于气密性要求高的注采管柱，可在 250℃ 以下的湿热环境中长期使用。

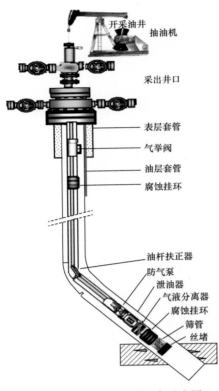

图 4-2-3　采出井井筒配套示意图

试验区使用镍钨合金镀层油管总计使用 10 口井，相比非涂层油管，因油管故障引起的检泵周期延长 2 年多，应用效果较好。

图 4-2-3 所示为采出井井筒配套示意图。

### 三、地面工艺配套

在吉林油田 $CO_2$ 驱油试验的基础上，长庆油田自主设计、研发地面橇装设备，配套建设液态 $CO_2$ 储罐。2017 年 7 月完成 3 口井试注，2018 年 11 月完成 9 口井注入，平均单井日注 15～20t。2020 年建成了黄 3 综合试验站，形成了"伴生气 $CO_2$ 捕集、分离、脱水、多级增压、丙烷制冷、液化提纯、循环注入"长庆油田工艺模式。

黄 3 综合试验站工艺流程图如图 4-2-4 所示，试验区采出井采出液汇聚至试验站总机关，通过两相分离器和三相分离器等设备将采出液中油、水、含 $CO_2$ 伴生气进行分离，纯油通过外输泵输至联合站，水通过两级气浮＋过滤装置处理合格后回注至注水井。含 $CO_2$ 伴生气首先通过膜分离脱碳、变压吸附装置将 $CO_2$ 进行分离，浓度可达到 95% 以上；其次，通过压缩一体化装置增压、分子筛脱水一体化装置脱水；最后通过提纯一体化装置提纯、液化，输至 4 具液态 $CO_2$ 储罐。注入泵储罐液态 $CO_2$ 通过注入阀组，分配至各个注入单井。

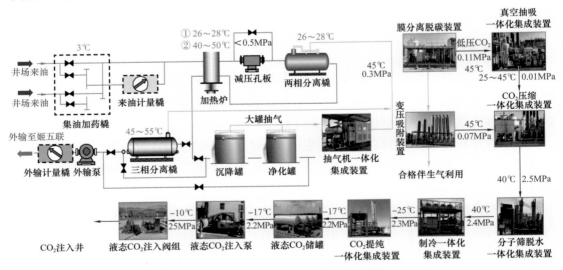

图 4-2-4　黄 3 综合试验站工艺流程

### 1. $CO_2$ 注入一体化集成装置

液态 $CO_2$ 由储罐进入喂液泵,通过喂液泵增压至注入泵,注入泵升压后经过流量计,然后通过配气阀组到注入井。设计压力 25MPa,设计理论排量 5～5.8$m^3$/h。为满足现场 9 口井生产需要,2018 年配套建设 2 台注入装置,满足了试验区 9 口井注入需求。实际运行压力 20MPa 左右,日注入量 155t,如图 4-2-5 所示。

图 4-2-5　$CO_2$ 注入一体化装置图

### 2. 液态 $CO_2$ 储罐

建成液态 $CO_2$ 卧式储罐 8 具,设计容积 50$m^3$/ 具,整体罐容达到 400$m^3$,满足雨雪天气应急能力。储罐内胆材质为 16MnDR,外胆材质为 Q245R,夹层保温材料为 T-60D 型珠光砂,配套阀门为低温不锈钢球阀,储罐主要进出口均设 2 套阀门,如图 4-2-6 所示。

图 4-2-6　液态 $CO_2$ 储罐图

### 3. 抽气一体化集成装置

大罐来气首先进入抽气缓冲罐缓冲、分离,进入抽气压缩机增压,经抽气空冷器冷却后,分两路,一路出橇去伴生气分液器,另一路作为抽气缓冲罐补气气源。抽气缓冲罐分离出的凝液,利用凝液泵增压后送至去污油回收装置,如图 4-2-7 所示。

图 4-2-7　抽气一体化集成装置图

### 4. 变压吸附和真空抽吸一体化集成装置

含 $CO_2$ 伴生气进入变压吸附装置，首先经缓冲罐分离掉其中的液滴，后直接进分离器除去气体中的油雾，出来的气体直接进入吸附塔中正处于吸附工况的塔内，在多种吸附剂组成的复合吸附床的依次选择吸附下，一次性除去甲烷及烃类以外的 $CO_2$ 杂质，得到的伴生气经压力调节阀稳压后送去燃气管网。来自吸附床的逆放步骤的逆放解吸气，直接进入解吸气缓冲罐，然后经调节系统与抽真空步骤产生的真空解析气混合后至放空管线，如图 4-2-8 所示。

图 4-2-8　变压吸附一体化集成装置图

### 5. 压缩一体化集成装置

变压吸附装置来气（$CO_2$ 含量不小于 95%）进入压缩装置经过入口过滤器和入口分离器后进入压缩机，分二级增压，增压后的气体经过油气分离器和空冷器后进入分子筛脱水装置，如图 4-2-9 所示。

### 6. 分子筛脱水一体化集成装置

来自压缩装置的气体进入分子筛脱水装置进行脱水，水露点控制到 −40℃后进入提纯一体化集成装置。分子筛采用双塔流程，一塔吸附，另一塔再生，连续运行。吸附流程：增压后气体经过前置过滤器，去除液滴和固体杂质后，进入分子筛脱水塔吸附脱水，脱水后的干气经过后置过滤器后进入下游装置。再生流程：再生气最初取自脱水后干气，后续取自提纯塔塔顶不凝气，经过电加热到 $180\sim220℃$ 后自下而上进入再生塔底部，将分子筛吸附的水解析出来，与再生气一起进入冷却器冷却到 $40℃$ 后进入分离器分离出游离水，再生饱和湿气进入分子筛装置入口，如图 4-2-10 所示。

图 4-2-9　压缩一体化集成装置图

图 4-2-10　分子筛脱水一体化集成装置图

### 7. 制冷一体化集成装置

制冷一体化集成装置主要利用丙烷压缩机将丙烷增压后，经过冷凝和节流膨胀后温度降低，进入提纯装置的冷箱换热后继续进入丙烷压缩机增压，以达到循环制冷的目的，如图 4-2-11 所示。

### 8. 提纯一体化集成装置

来自分子筛脱水装置的气体，进入再沸器作为热源，换热后进入冷箱冷却至 $-25℃$ 液化后进入提纯塔，塔底液体 $CO_2$（$CO_2$ 含量不小于 99%）进入已建的 $CO_2$ 储罐，塔顶不凝气经过冷箱回收冷量后进入放空系统，如图 4-2-12 所示。

图 4-2-11 制冷一体化集成装置图

图 4-2-12 提纯一体化集成装置

### 9. 配电和自控通信集成装置

该新建配电一体化集成装置由变压器、配电单元和变频单元等构成,为新建站场用电设备供电,如图 4-2-13 和图 4-2-14 所示。

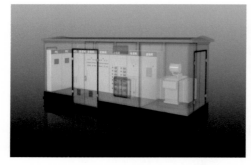

图 4-2-13 配电集成装置三维图

图 4-2-14 自控通信集成装置外形图

# 第三节 $CO_2$ 驱试验效果评价

黄 3 区 $CO_2$ 驱现场试验于 2017 年 7 月开始注 $CO_2$，先期开展 3 口井试注，2018 年 11 月实现了"9 注 37 采"整体试验规模，单井日注量 15～20t，高峰期日注液态 $CO_2$ 量达到 155t，截至 2022 年 1 月底，累计注入液态 $CO_2$ 量 $15.4×10^4$t，完成总设计量的 28.8%（0.061PV）。

## 一、开发指标为 $CO_2$ 驱油效果

### 1. 开发指标

（1）地层能量得到了快速补充。

试验区油藏压力保持水平大幅提升。注气前压力监测 14 口，平均压力 15.1MPa，压力保持水平 72.2%；2017 年 7 月开始注气后，压力监测 21 口，测试 41 井次，平均压力 18.1MPa，压力保持水平 86.8%，地层能量得到了快速补充，如图 4-3-1 所示。

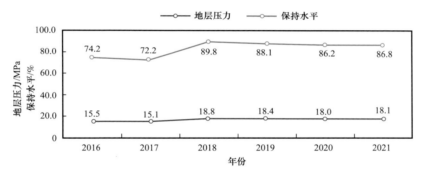

图 4-3-1 黄 3 区长 8 油藏 $CO_2$ 试验区压力变化曲线

（2）油藏剖面动用程度得到提高。

试验后进行剖面监测 7 口，与注气前相比，油藏剖面动用厚度由 93.3m 增大到 99.0m，动用程度由 75.0% 提高到 79.6%，从监测结果来看，$CO_2$ 驱剖面较水驱剖面纵向波及更加均衡，见表 4-3-1。

表 4-3-1 $CO_2$ 试验区注气前后注气剖面变化情况统计表

| 井号 | 层位 | 油层厚度 / m | 射孔厚度 / m | 注气前 | | | 注气后 | |
|---|---|---|---|---|---|---|---|---|
| | | | | 吸水厚度 /m | 水驱动用程度 /% | 备注 | 吸气厚度 /m | 动用程度 /% |
| Y27-101 | 长 $8_1^1$ | 6.6 | 5.0 | 4.8 | 72.9 | | 5.0 | 75.8 |
| Y 29-101 | 长 $8_1^1$ | 8.1 | 5.0 | 4.0 | 48.8 | | 5.0 | 61.7 |
| | 长 $8_1^2$ | 7.1 | 6.0 | 0.0 | 0.0 | 下段不吸水 | 6.0 | 84.5 |

续表

| 井号 | 层位 | 油层厚度 /m | 射孔厚度 /m | 注气前 | | | 注气后 | |
|---|---|---|---|---|---|---|---|---|
| | | | | 吸水厚度 /m | 水驱动用程度 /% | 备注 | 吸气厚度 /m | 动用程度 /% |
| Y 29-103 | 长 $8_1^1$ | 13.5 | 12.0 | 12.2 | 90.5 | | 12.0 | 88.9 |
| | 长 $8_1^2$ | 9.3 | 8.0 | 8.3 | 88.7 | | 8.0 | 86.0 |
| Y 31-101 | 长 $8_1^1$ | 14.6 | 9.0 | 10.5 | 71.9 | | 9.0 | 61.6 |
| Y 27-105 | 长 $8_1^1$ | 12.1 | 9.0 | 8.9 | 73.6 | | 9.0 | 74.4 |
| | 长 $8_1^2$ | 5.3 | 5.0 | 4.9 | 92.5 | | 5.0 | 94.3 |
| Y 31-103 | 长 $8_1^1$ | 11.9 | 12.0 | 12.8 | 107.1 | | 12.0 | 100.8 |
| | 长 $8_1^2$ | 6.9 | 8.0 | 7.3 | 105.1 | | 8.0 | 115.9 |
| | 长 $8_2^2$ | 18.2 | 10.0 | 10.2 | 55.8 | | 10.0 | 54.9 |
| Y 29-105 | 长 $8_1^1$ | 10.8 | 10.0 | 9.6 | 88.8 | | 10.0 | 92.6 |
| 合计 | | 124.4 | 99.0 | 93.3 | 75.0 | | 99.0 | 79.6 |

（3）试验区油藏开发形势持续变好。

截至 2022 年 1 月，试验区注气前单井产能由 0.78t 提高到 0.97t，采油速度由 0.57% 提高到 0.64%，油井综合含水由 55.7% 下降至 46.4%，含水上升率由 6.3% 下降至 0.1%，地层压力由 15.1MPa 提高到 18.1MPa，注气前后剖面动用程度由 75.0% 提高到 79.6%，年递减由 9.8% 下降至 5.2%，开发指标明显改善，如图 4-3-2 和图 4-3-3 所示。

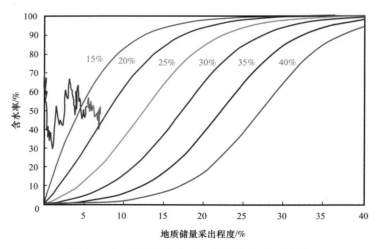

图 4-3-2　试验区含水率与采出程度关系曲线

### 2. $CO_2$ 驱油效果

与注气前相比，试验区 $CO_2$ 驱整体表现为"两升一稳"生产态势，即日产液和日产油上升，含水率相对稳定，如图 4-3-4 所示。

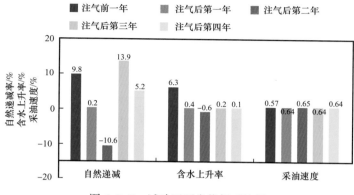

图 4-3-3 试验区开发指标对比图

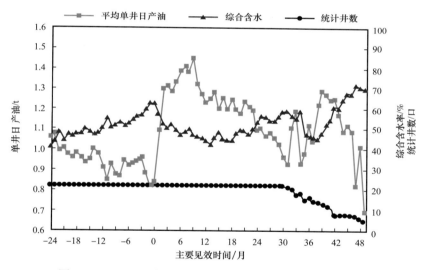

图 4-3-4 $CO_2$ 驱先导试验见效井按转注时间拉齐生产曲线

历史见效 29 口，其中主向井见效 14 口、侧向井 15 口，见效率 78.0%，平均见效周期 142 天；截至 2022 年 1 月，累计增油 $1.8 \times 10^4$t、降水 $1.5 \times 10^4$m³。

$CO_2$ 驱增油幅度大，见效井平均单井产量是见效前的 1.8 倍，综合含水下降 15%。$CO_2$ 驱见效快，63.6% 的井在注入 1～2 个月内快速见效。$CO_2$ 驱有效期长，68.2% 的见效井长期持续有效。

中心井增油效果尤为突出，平均单井产量是见效前的 3.2 倍，含水保持稳定。随着试验的推进，增油效果持续增强，如图 4-3-5 所示。

与水驱相比，注 $CO_2$ 后，注气井对应部分二线井见效：开井数 7 口，与注气前相比，日产油由 5.76t 上升至 9.54t，日增油 3.8t，历史见效 6 口，均为侧向井，见效率 75.0%。

截至 2022 年 1 月，见效井 4 口，见效率 62.5%，日增油 5.9t，累计增油 3786t、降水 1071m³，如图 4-3-6 所示。

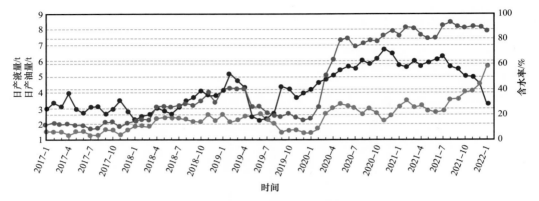

图 4-3-5　中心井 Y30-102 井生产曲线

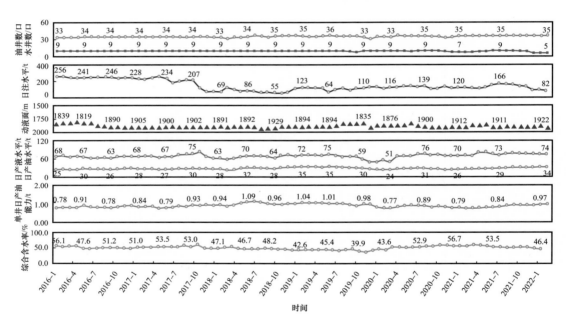

图 4-3-6　黄 3 区长 8 油藏 $CO_2$ 先导试验区采出井综合开采曲线

## 二、埋存效益

试验区长 8 油藏的直接盖层长 7 层发育厚度 95～115m，如图 4-3-7 所示，且裂缝不发育，封闭性好，泄漏风险小。已累计注入液态 $CO_2$ 量 $15×10^4$ t，实现了 $CO_2$ 安全有效封存，通过现场试验，证实了 $CO_2$ 驱油是实现碳减排的有效途径，为国家碳达峰、碳中和目标实现提供了技术路线。

## 三、气窜井影响因素与对策

$CO_2$ 气体黏度低、密度小，气窜机理复杂，众多因素会导致 $CO_2$ 驱油过程中发生过早窜流现象，严重影响 $CO_2$ 驱开发效果。将气窜影响因素分成 3 类：第 1 类是储层发育特征，包括储层非均质性、渗透率、孔隙度、有效厚度、裂缝发育程度、油藏温度等因素；第 2 类是原油物性，包括原油黏度、原油密度、最小混相压力等因素；第 3 类是注采井生产参数，包括注采井距、注入强度、井底流压、井网类型、连通程度、采出程度等因素。

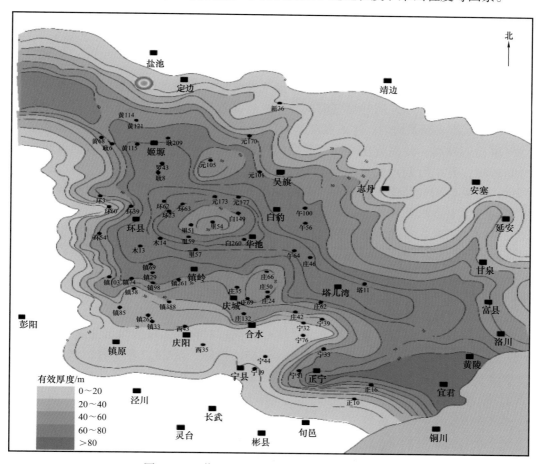

图 4-3-7　黄 3 区长 8 油藏长 7 盖层有效厚度图

### 1. 储层发育特征

非均质性方面，纵向上，高渗透层吸气能力较好，导致 $CO_2$ 气体主要流入高渗透层，气体推进不均匀；平面上，$CO_2$ 前缘以指进方式穿入原油中，导致 $CO_2$ 气体短时间内突破，严重影响注气开发效果。渗透率方面，储层渗透率越大，$CO_2$ 气体扩散速度越大，气体指进越严重，突破时间越短；渗透率越低，$CO_2$ 指进越弱，驱替前缘越均匀。孔隙度方面，与渗透率影响相似，孔隙度越大，气窜越严重。有效厚度方面，在注入强度相同的情况下，有效厚度越大，气窜时间越晚，气窜程度越弱；在注入速度相同的情况下，有效厚度越大，气窜程度越弱。裂缝发育程度方面，裂缝发育规模越大，越易形成气体流通优势通道，使油井见气早，气油比上升快，易产生气窜。

### 2. 原油物性

原油黏度方面，原油黏度越小，气体突破时间越短，气窜时间越早，且程度越重。原油密度方面，密度对气窜影响程度较弱，原油密度较大时，气窜程度略有加重。最小混相压力方面，最小混相压力越大，$CO_2$ 气体越不易与原油形成混相或混相面积较小，油井见气时间越短；最小混相压力越小，$CO_2$ 气体越容易与原油形成混相，气窜时间越晚。

### 3. 注采井生产参数

注采井距方面，当注采井距过大时，油气井无法建立有效的驱替压差，油井见气时间较长；注采井距过小，油井见气时间较短，容易过早气窜。注入强度方面，注入强度越小，$CO_2$ 驱替前缘越均匀；注入强度越大，油层吸气量和注入压力越大，气体指进越严重，气窜程度越高。井底流压方面，井底流压较低时，开采前期气体扩散速度较慢，气窜时间较晚，开采后期产气量急剧增加；井底流压较高时，开采前期见气时间较早，气窜严重，开采后期气油比增幅缓慢。井网类型方面，反九点法井网见气时间较晚，气窜程度较弱；反七点法井网次之，五点法气窜最早且最严重。连通程度方面，连通程度越弱，气窜时间越晚；连通程度越强，气窜时间越早。采出程度方面，采出程度较高时地层亏空较大，地层压力明显下降，当地层压力低于最小混相压力时，原油呈近混相或非混相状态，气体容易早期突破，产生气窜；当地层压力高于最小混相压力时，原油与 $CO_2$ 实现混相，气体突破时，气体突破时间晚，气窜时间晚。

通过对黄 3 区油藏地质资料分析及室内实验表明，前期注水开发已形成了优势通道，注气存在气窜风险，根据注采工程方案，注 $CO_2$ 前，对存在尖峰状吸水井进行剖面调整。注 $CO_2$ 过程中，根据不同气窜程度，开展不同防治措施。至 2022 年 1 月，试验区共开展气窜防治 5 井次，其中防气窜 4 井次，气窜治理 1 井次，见表 4-3-2，应用效果良好。截至 2021 年 12 月，共出现见气井 4 口（一线井 3 口，二线井 1 口），未发生大面积气窜。保证了试验区安全平稳、高效运行。

表 4-3-2　$CO_2$ 驱 5 口防气窜调剖情况统计表

| 实施阶段 | 储层特点 | 调剖体系 | 工艺特点 |
|---|---|---|---|
| 第一阶段（3 井次） | 水驱形成优势通道 | 常规调剖 | 以防为主，体系不耐酸、需起下管柱 |
| 第二阶段（1 井次） | 水驱形成优势通道 | PLS-1 耐酸凝胶 + 体膨颗粒 | 以防为主，体系耐酸、需起下管柱 |
| 第三阶段（1 井次） | 发生气窜 | 耐酸纳米凝胶颗粒 | 气窜治理，体系耐酸，在线注入 |

# 第四节　$CO_2$ 试验现场生产管理

针对黄 3 区 $CO_2$ 驱项目成立了油田公司级、采油厂级和作业区级共三级管理机构。长庆油田成立了以科技人员为主的提高采收率项目组，采油厂成立了以机关科室、采油工艺研究所和地质研究所为主的现场实施组，负责项目的整体组织实施与管理；作业区成立了黄 3 区 $CO_2$ 注采队，负责现场生产运行、日常维护。建立了厂 $CO_2$ 驱先导试验"三级培训制度"（厂部—作业区—注入站）、"三级监督制度"（监理公司—厂部—作业区），以及现场可视化标准管理（站内重要区域设置多个警示牌，在储罐区、注入区加装安全防护栏，在卸储区道路粉刷车辆行驶导线及警示线）。

结合 $CO_2$ 驱现场实际，建立了管理规定、规章制度、操作规程等 46 项，规范现场管理。例如：《长庆油田分公司黄 3 区二氧化碳驱试注站应急预案》《黄 3 区块 $CO_2$ 驱注入站现场 HSE 检查标准》《二氧化碳驱气窜井风险防控措施》《长庆油田分公司第五采油厂黄 3 区二氧化碳驱井下作业管理细则》《长庆油田公司第五采油厂二氧化碳驱安全生产和环境保护管理细则》等。同时，根据现场生产实际，建立了日报、周报等 9 项生产报表，每日跟踪现场动态，每周分析试验区效果，定期开展实施效果分析。

结合长庆油田油藏特点、井筒状况、地面现状、管理模式，针对 $CO_2$ 驱油与埋存地质、井筒、地面、项目管理存在安全环保风险问题，研究鄂尔多斯盆地低渗透油藏 $CO_2$ 长期地质埋存、注采工程、地面工程等方面的监测、安全防护、评价技术等，为规模化 $CO_2$ 驱油与埋存提供安全保障，使项目整体技术达到国际先进水平，形成了 $CO_2$ 驱油与埋存项目安全环境评价、监控技术及 HSE 管理规范，建立了立体式防护体系。

## 一、监测及资料录取

为做好试验区生产动态跟踪和效果评价，制订了详细的生产资料录取管理规定，采油井必须录取工作制度、生产时间、油管（套管）压力、单量❶、含水量、含盐量、动液面（示功图）等资料。注气井必须录取注气时间、泵压、管压、油管（套管）压力、注气量等资料。为监测采油井口 $CO_2$ 浓度变化，每旬用手持式 $CO_2$ 浓度测试仪进行井口 $CO_2$ 浓度测试，并建立台账。进行产液剖面、吸水剖面、吸气剖面、测压力恢复、高压物性、腐蚀和井况等监测资料录取。日常的资料录取必须做到全面、准备、真实，并建立日报、周报和月报。

### 1. 工艺实施效果评价相关资料录取要求

做好注入前对井筒井况的检测与资料录取分析。对注入压力及对应一线、二线油井动态数据的需每日录取一次。所有注入井注入前必须测吸水剖面和吸水指示曲线，注入后每半年再测一次进行对比；实时监测记录井口注入压力和注入量。

### 2. 采出井资料录取要求

产油量、产水量和综合含水率监测每天进行一次，动液面和示功图每 10 天测试一次，动液面测试仪需用氮气枪。产出液 pH 值每 5 天检测一次，产出液中原油组分、地层水离子含量每 30 天检测一次，当产出气中检测出 $CO_2$ 或 pH 值异常时，每 10 天检测一次。

---

❶ 单量是指单井产液量的计量。

### 3. 环境 $CO_2$ 监测要求

1）注采井 $CO_2$ 浓度监测

利用便携式监测仪，每5天对油井进行一次监测。当发现 $CO_2$ 产出时，每天监测一次；油井产出气监测：注气前对油井产出气组分进行一次分析，注气后每30天对产出气组分进行一次检测，发现 $CO_2$ 产出时，每10天进行一次取样，分析产出气组分变化。

2）大气监测

在黄3综合试验站及井组不同区域安装 $CO_2$ 浓度数字化监测装置，距离地面上0.5m和1.5m处安装 $CO_2$ 采集探头，通过SCADA系统实施监测 $CO_2$ 浓度，对比背景值监测数据，确定 $CO_2$ 是否已经泄漏至大气中，判断 $CO_2$ 泄漏的严重程度。

3）土壤监测

当 $CO_2$ 泄漏进入土壤层时会在土壤中进行蓄积，将使得土壤气中的 $CO_2$ 浓度发生变化，故通过对土壤气中 $CO_2$ 浓度进行监测，可以对 $CO_2$ 泄漏情况进行预警并确定泄漏对土壤环境造成的影响。在黄3综合试验站及井组不同区域安装 $CO_2$ 浓度数字化监测装置，距离地面下1.0m、1.5m和2.0m安装 $CO_2$ 采集探头，通过SCADA系统实施监测 $CO_2$ 浓度。

4）地下水监测

为了保障地下水安全，在黄3综合试验站周边水源井安装 $CO_2$ 浓度数字化监测装置，距离地面350m和650m处安装 $CO_2$ 采集探头，通过SCADA系统实施监测 $CO_2$ 浓度，对比背景值监测数据，确定 $CO_2$ 是否已经泄漏至地下中。

## 二、生产运行管理

### 1. 黄3区综合试注站资料岗、注入岗和中控室管理

（1）在岗期间穿戴劳动保护用品，持证上岗，当班期间禁止脱岗、睡岗、窜岗和酒后上岗；禁止容留与工作无关的人员在岗停留。

（2）对外来人员单位、姓名、入站时间、入站事由和离站时间进行详细登记。

（3）对进出站车辆的车型、车号、进出时间和进出所运物品进行检查和登记，同时检查车辆是否有防火帽。

（4）做好六防工作，即防火、防盗、防毒、防破坏、防爆炸、防恐，做到亲巡逻、勤检查，发现问题应及时汇报。

（5）辖区内地面清洁无杂草，各个房间内物品按照定置管理进行摆放，门窗、暖器及室内各种设施保持清洁完好，辖区内无安全隐患。

（6）系统内各种设备、阀门和仪器仪表齐全，灵活好用，工艺管网不渗不漏，设备、阀门按要求每月保养一次，仪器仪表、消防器材定期校检。

（7）严格遵守各项操作规程，按生产要求平稳控制各节点参数（温度、压力、流量、液位），发现参数波动时应及时处理、汇报，保证每月生产任务能按质按量完成。

（8）中控室岗位员工全面负责整个生产区块的调度任务，要全面掌握整个生产区块的生产状况，及时发现问题，及时告知各岗位员工处理并上报领导，保证生产的正常运行。

（9）按照《巡回检查表》内容要求进行巡检，每小时巡检一次，将巡检情况记录在巡回检查表，将发现问题记录在交接班记录上，并采取措施处理，处理不了的上报站领导，同时采取应对及防护措施。

（10）报表、台账、设备运转记录、交接班记录和巡线记录等应及时填写，要求字迹工整，严禁涂改。电脑上显示数据认为不准确时，填写现场录取数据，并在报表备注栏写清楚。

（11）每月进行两次安全应急演练，能熟练使用正压式空气呼吸器、消防器材、便携式 $CO_2$ 报警器等设备。

（12）做好交接班工作，每班都要对生产状况、设备运行情况、主要生产和技术参数以及设备及环境卫生等进行详细的交接，并填写在交接班记录上，以便划分责任。

（13）岗位配置座机应放在值班室内，不准任何人移到别处。

### 2. 采出井套管压力控制管理

（1）班站员工必须按照要求定期录取油管和套管压力，保证资料的及时准确。

（2）对于套管压力逐渐升高超过 2MPa 的采出井应重点监测，并及时组织相应岗位员工定期释放套管压力，控制套管压力在 2MPa 以下，在释放套管压力时，操作人员必须穿戴好劳保用品，侧身缓慢打开阀门，禁止人员站在套管口。

（3）套管压力较高且通过放套管气仍然无法降低套管压力的采出井，结合作业下入控套阀，控制套压在 2MPa 以下。

### 3. 加药控制管理

#### 1）药品管理

（1） $CO_2$ 驱办公室下发到注采队的药剂，注采队领导签字并出据收条留做备份。

（2）注采队防腐防垢剂必须入库，工程技术员必须建立药剂出入库台账。 $CO_2$ 驱办公室不定期抽检库存与台账是否相符。

（3）冬季药品在使用前必须入室缓冻。不能因药品冻结而影响正常加药。

（4）每日对药剂认真盘点，做到账、实对口，并以周报和月报格式报至 $CO_2$ 驱办公室。

（5）药品及空桶必须入库并摆放整齐。各种药剂及空桶摆放必须挂有标牌，因药品保管不善，造成丢失或变质失效的，按价赔偿。

#### 2）加药管理

（1）加药人员在兑药和现场加药时，必须严格按照长庆油田第五采油厂编制的《采出井加药操作规程》进行防腐防垢加药。

（2）注采队必须坚决落实下达的防腐防垢工作方案，不执行或因非客观因素严重影响落实的，一经查出，严肃处理。

（3）缓蚀剂配液必须用清水，防止节流阀堵塞。

（4）加药完成后应锁好箱门，以防被盗。

（5）驻井工每天需准确记录平衡罐液位计（箱体侧面透明窗可见）读数，并与前几天数据进行对比，若发现3天内液面无变化，或者10天内液面下降不到50%，应该立即上报到队里，注采队技术员应将情况及时反馈到 $CO_2$ 驱办公室。

（6）加药人员必须随身携带加药周期表及加药工记录本，并严格按照下发的加药周期表按井、按时、按量、按标准加药。

（7）加药人员加药完毕，必须如实、认真填写加药工记录本，不得弄虚作假，同时加药人员必须妥善保管加药工记录本，用完后上交给工程技术员保管，备案存档12个月以上，以备查阅。

（8）加药人员和采油人员若发现其他异常情况，也应及时报给队里，由队里反馈至 $CO_2$ 驱办公室。

（9）相关加药记录形成报表，连同采出井日报一同上报，同时 $CO_2$ 驱办公室需要每周将报表传给 $CO_2$ 驱先导试验项目小组负责人员。

### 4. 仪表使用管理

（1） $CO_2$ 区先导试验试验区所属井站设计、配备和使用计量及自控仪表，应在油田公司计量及自控仪表准入范围内，要有《制造计量器具许可证》，应符合国家及行业有关配备规范，技术上具有先进性，能够满足 $CO_2$ 区先导试验试验区生产需要。

（2） $CO_2$ 驱先导试验项目小组每年组织所属单位，对 $CO_2$ 驱先导试验区在用计量及自控仪表的故障、损坏、运行、准确性、售后服务等情况进行分析评价，并形成《使用情况报告》报 $CO_2$ 驱先导试验项目小组领导，作为 $CO_2$ 驱先导试验区选型参考。

（3）新购置的计量器具，要有出厂合格证或出厂检定证，现场使用和安装前须经属地计量检定机构检定合格，并执行质量监督抽查制度。

（4）生产单位需要更换新型仪表时，提前填写《物资申请计划表》、经 $CO_2$ 驱先导试验项目小组领导批准后方可实施。

（5）根据在生产、经营和科研中的作用，以及检测参数的性质和重要程度，计量及自控仪表划分为强制检定计量器具、A类计量器具、B类计量器具和C类计量器具进行管理。

① 强制检定计量器具：列入《中华人民共和国强制检定工作计量器具目录》并直接用于贸易结算、安全防护、医疗卫生、环境监测方面的计量器具。

② A类计量器具：用于量值传递的计量标准器（装置）及配套的计量器具，用于与外部进行计量交接结算的计量器具，用于生产工艺、产品质量和科研过程中关键参数检测的计量器具，产品质量监督检验机构、实验室用于对外提供公证数据的计量器具。

③ B类计量器具：用于内部经营管理、核算的计量器具，用于生产过程控制中重要参数检测用的计量器具，天然气和 $CO_2$ 专用计量器具。

④ C类计量器具：用于辅助生产、准确度有一定要求的计量器具，或用于生产工艺过程中、准确度无严格要求的计量器具，与设备配套、不便拆卸及要求准确度较低的计量器具，对指示测量参数起中间传递测量作用的计量器具，低值易损耗的计量器具，用

于指示测量的工具类计量器具。

（6）强检和 A 类仪表，$CO_2$ 驱办公室、注采队均要建立台账和检定计划，$CO_2$ 驱办公室重点监督管理；B 类仪表，由注采队仪表技术员建立台账和检定计划，$CO_2$ 驱办公室只掌握具体数量，管理主要由注采队负责；C 类仪表，由注采队建立台账和检定计划，$CO_2$ 驱办公室只掌握具体数量，管理主要由注采队负责。

### 5. 安全管理

（1）坚持日常检查和定期检查。作业区每月组织一次安全检查；$CO_2$ 驱项目组每周进行一次安全检查；岗位员工每班（天）进行一次安全检查，$CO_2$ 试注站自查自改情况，要如实地在 HSE 检查记录中反映出来，以备上级部门对照检查作依据。

（2）安全检查前要制订检查方案，依据 HSE 管理规范、标准和要求，明确检查内容和标准。对检查过程中发现的事故隐患，应责令排除。重大或较大事故隐患排除前或在排除过程中无法保证安全的，应将作业人员从危险区域内撤出，责令暂时停产停业或者停止使用，重大或较大事故隐患排除后，经审查同意，方可恢复生产经营和使用。对检查中发现一时不能立即排除的事故隐患，应当制订防范和监控措施，按期完成整改。

（3）检查结束要召开现场讲评会，检查人员要填写《HSE 不符合通知单》；受检单位应在规定期限内积极组织进行整改，并按照规定上报整改结果。检查人员应将检查情况向上级报告，并跟踪、落实整改情况。

### 6. 用电安全及消防防火管理

（1）所有供电设备和用电设备的金属外壳、金属支架接地，零线重复接地；引线、接地桩、连接体的材料、截面积的选用、连接的可靠程度及阻值必须符合现定要求，以防在运行中绝缘击穿漏电伤人；同一供电点的保护"接地、接零"必须统一，即在同一台变压器供电器线上所接的各用电设备金属外壳的保护究竟采用保护接地还是接零，必须选用统一的一种保护线方式，不允许在同一台变压器供电系统选用两种保护接线方式。

（2）不准私拉电线，私接各种电源插座、开关，不准私用电炉；装拆电线和安装电气设备，应由电工实施，避免发生触电和短路事故。

（3）消防重点单位确定检查的人员和内容，应每周自查 1 次，并实行每日防火巡查制度，根据季节变换、节假日防火特点和自身实际，适时开展消防安全专项检查。防火巡查的主要内容一般包括：员工遵守防火安全制度情况，纠正违章违规行为；安全出口和疏散通道是否畅通无阻，安全疏散标志是否完好；各类消防设施器材是否在位、完整并处于正常运行状态；及时发现火灾隐患并妥善处置等。

（4）新入厂人员必须经过总公司、项目部、钻井队和班组安全教育培训，转岗和复工上岗人员进行钻井队或班组级安全教育，各级安全教育培训必须有消防安全内容。

### 7. 安全防护设施管理

（1）本规定所规定的安全检测仪器是指固定式气体检测仪、便携式四合一气体检测仪等，安全防护设施是指正压式空气呼吸器、充气泵等。

（2）安全检测仪器及防护设施管理、使用遵循"谁使用，谁负责"的原则。$CO_2$ 试注站负责建立本队安全设施和检测仪器台账，维护保养、检查和使用，确保其完整性并做好记录，对职工进行日常使用须按照规定的项目、内容做好监测记录，准确记载使用、损坏、校验、测试等情况，保存期至少一年。

（3）所有使用安全防护设施和检测仪器的人员都须经相应的技术培训，熟悉其性能和操作规程，严禁违章操作。

（4）正压式空气呼吸器确保随时可以正常使用。正压式空气呼吸器应存放在清洁、卫生、人员能迅速取用的安全位置，不得乱摆乱放；使用时要轻拿轻放，以避免损坏，保证仪器和设施的清洁完好。

（5）安全检测仪器及防护设施的日常检查、维护保养和使用应严格按照操作说明书进行，每月至少检查一次，并将检查结果记录在案，检查记录至少应保留一年。四合一气体检测仪无论用否，每周必须充电一次。$CO_2$ 试注站不得私自购买安全检测仪器和防护设施，也不得私自外借他人。

（6）产品如出现故障，应及时报告 $CO_2$ 项目组，由项目组联系厂家进行维修，操作人员不得私自拆卸、变动参数。在质保期内维修费用由供应厂家承担。质保期满后，如因保管不善和使用不当造成损坏的，维修费用由责任单位承担；自然损坏的由采油厂统一承担。

### 8. 属地管理

（1）各单位进入 $CO_2$ 试注站现场必须主动接受现场安全教育、安全提示、安全培训，实施工作安全分析和工作循环检查，查找、分析和评价操作规程缺陷和不安全行为，规范作业人员行为。同时，岗位人员要结合责任区域划分，树立"我的区域，我负责"的意识，确保本岗区域人、物受控管理。

（2）进入作业现场的各单位对进入有限空间作业、高处作业、动火作业、动土作业和临时用电作业、吊装作业、检维修作业等高危作业要严格执行作业许可、认可制度。

（3）职工家属来队探亲，由 $CO_2$ 试注站书记先进行营地安全教育后方可入住，严禁进入作业现场，探亲的人数不得超过 3 人，时间不得超过 10 天。同时，要安排好职工家属探亲期间的生活和住宿工作，与职工签订《职工家属探亲期间的安全责任书》，明确其安全责任，增强职工家属的自我安全防护能力。

（4）严禁作业区当地村民等无关外来人员进入作业现场和营区，确因生产需要协调解决问题的，仅限单位主要负责人在营区与其接触，协商无果应及时向上级汇报，避免引起纠纷，激化矛盾。

（5）作业区当地政府进行各类检查时，应提供身份证明确认，在场干部立即汇报作业区，并且在 $CO_2$ 试注站当班人员的陪同下，方可进入许可的安全区域，并执行安全管理规定。

## 三、数字化监控

### 1. $CO_2$ 驱数字化监测平台

依托长庆油田 SCADA 系统，研发了 $CO_2$ 驱数字化监测平台，对 $CO_2$ 驱油试验区与 $CO_2$ 吞吐试验区的注入、采出数据资料进行统一集中管理。实现了注采井油压、套压、含水、动液面、功图计产液量，以及站点运行温度、压力、排量、罐位、$CO_2$ 浓度等关键生产参数的实时监控。主要功能模块如图 4-4-1 所示。

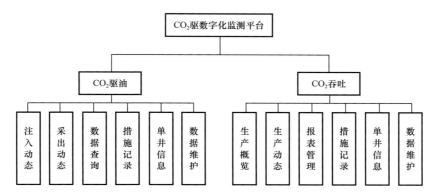

图 4-4-1　$CO_2$ 驱数字化监测平台功能模块

平台涵盖 $CO_2$ 驱油与 $CO_2$ 吞吐两种生产模式的注采数据监测。

$CO_2$ 驱油部分包含注入动态、采出动态、单井信息、措施记录、数据查询、数据维护等 6 大功能，部分功能界面如图 4-4-2 所示。

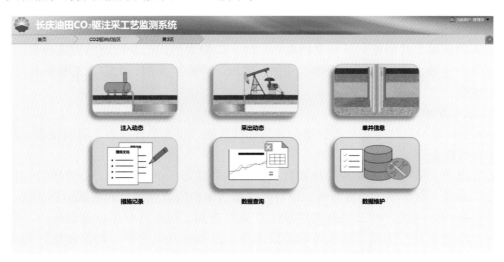

图 4-4-2　$CO_2$ 驱油主功能界面

$CO_2$ 吞吐部分包含生产概览、生产动态、报表管理、措施记录、单井信息、数据维护等 6 大功能，部分功能界面如图 4-4-3 所示。措施记录、单井信息和数据维护等模块与 $CO_2$ 驱油中相同模块功能一致，对象为吞吐井及邻井。

图 4-4-3　$CO_2$ 吞吐主功能界面

1）生产概览

$CO_2$ 吞吐试验区块资料文档的管理及查阅功能。支持文档的上传与下载。

2）生产动态

$CO_2$ 吞吐试验区块吞吐井与邻井的井位图显示，实现吞吐井与邻井生产数据（日产液量、日产油量）曲线绘制。

3）单井信息

注入井和采出井管柱结构图、井身信息、生产数据曲线展示及设计方案文档的上传与下载。显示 30 天内注入井压力、温度和瞬时流量等工况曲线，以及采出井动液面、含水率、日产液量和日产油量等生产曲线。

4）措施记录

注入井和采出井措施记录与文档发布功能。以报表形式记录措施的实施井号、时间、措施概要内容等，措施包括：检串、酸化、酸压、冲砂、调剖、大修、工程测井、封井、气窜治理等。

5）报表管理

$CO_2$ 吞吐试验区块生产动态数据与效果统计功能，包含每日报表、阶段报表、吞吐采油效果比对报表。

每日报表：吞吐井、邻井的日报数据，包括井状态、油管压力、套管压力、日产液量、日产油量、含水率、动液面等，以吞吐井组为单位的数据统计和曲线绘制功能。

阶段报表：一线井和二线井的阶段生产数据查询，包括井状态、油管压力、套管压力、日产液量、日产油量、含水率和动液面等，以吞吐井组为单位的数据统计和曲线绘制功能。

采油效果比对报表：对 $CO_2$ 吞吐采油效果进行统计，包括试验前后的日产液量、日产油量、含水率和动液面等，同时对生产时间、日增液量、日增油量、累计增液量和累计增油量进行统计。

6）数据维护

试验场站、注入橇、对象等的管理功能。可进行试验区块的底图、属性编辑、对象配置等。实现驱注站内对象（管、泵等）、注入井、采出井的管理（增删改查）及报警上下限设定。

2. 数字化资料管理

站内液态 $CO_2$ 储罐主要监控参数有液位、罐压、温度及罐区 $CO_2$ 浓度；注入区主要监控参数有注入泵进出口压力、排量、温度；注入阀组主要监控单井注入量、管压、温度。所辖 17 座井场均已按照数字化建设标准建设完成，能够实现功图采集、计产和分析，实时监控井口压力；通过不断研究及优化，17 座井场建成套管气气体组分监测装置，可实时监控采出井套管气中 $CO_2$、$H_2S$ 和 CO 及可燃气体的浓度；部分井场建成单量一体化集成装置，可进行井组及单井的液、油、气计量，实现注 $CO_2$ 后的气液比监控。

1）注入动态

注入站及注入井的数据查询与曲线展示，包含生产监控、报表查询、注入井工况等 3 项子功能。

生产监控：注入站及注入阀组各位置流量、压力和温度等生产参数的实时监测，具备异常报警功能。

报表查询：注入站、注入阀组及注入井的压力、温度和流量等参数数据查询，并可导出为 Excel 报表。

注入井工况：注入井的注入压力、注入温度、瞬时流量和累计流量等实时及日汇总数据的报表展示，同时支持曲线绘制。

2）采出动态

采出井的数据查询与曲线展示，包含井位分布、区块日报和井组日报共 3 个子功能。

井位分布：注入井、采出井井位布置及显示。

区块日报：采出井单井及区块的采出日报数据，支持单井及区块为目标的曲线绘制。

井组日报：按注入井组关系显示日注入与产出数据报表，支持以井组为目标的曲线绘制。

3）数据查询

注入井和采出井任意时间段、任意生产单元的日报数据查询功能，提供单井曲线数据绘制和 Excel 报表导出。

## 四、数字化配套设备

### 1. $CO_2$ 驱采出井加药装置

为了防止 $CO_2$ 驱油过程中套管、泵及采油管柱腐蚀及结垢，需要研发 $CO_2$ 驱采出井加药装置向油套环空中投加药剂。目前，吉林油田 $CO_2$ 驱试验井区所采用的加药装置只能单机对单井加药，但长庆油田 $CO_2$ 驱试验井区丛式井众多，针对这一特点及成本考虑，采用"自动化控制＋一机多井小间隔轮巡加药＋自限式电伴热保温"的多井口自动加药主体工艺，研制了 $CO_2$ 驱采出井多井口加药装置，该装置支持一机多井加药，并可数据远传和远程控制，同时配备液晶面板可实现就地自动控制设置，双药箱同时支持水基和油基两种类型药剂的投加。

1）技术思路

在集输站点远程控制终端上通过远程控制软件将设置好的加药参数以指令的形式，通过油区的无线网络发送到选定的井场，经井场网桥转发至加药机，加药机控制箱内的 PLC 依据指令要求的加药量和加药间隔时间，按照"一机多井小间隔轮巡加药"的加药规则，自动控制液压隔膜泵动作，并按指令要求控制相应的高压电磁球阀开启，将药箱内的药剂输送至指定油井油套环空，同时，加药机上的 PLC 将采集到的加药记录和药箱液位数据通过无线网络远传至集输站点终端，从而实现井口加药数据的采集、监测和控制，如图 4-4-4 和图 4-4-5 所示。

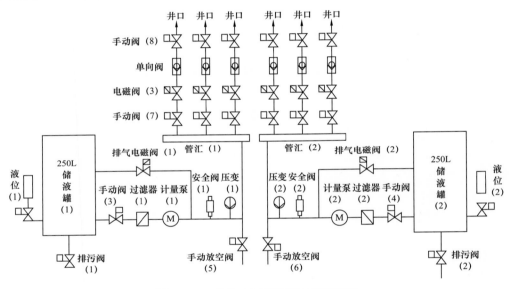

图 4-4-4　多井口加药装置工艺流程图

2）系统构成

$CO_2$ 驱高气油比井井口加药装置主要由药罐、隔膜泵、高压电磁球阀、汇管、防爆控制柜、安全阀、PLC、无线通信模块和继电器等组成，如图 4-4-6 所示。装置整体采用橇装式结构，在橇上安装彩钢板房，整个橇封装起来，便于保温和吊装运输。

加药装置设计为 6 井式，分为两路加药通道，可对不同井口加两种不同药品，每路流程可以为 3 口采出井进行间歇式轮巡加药，应用隔膜泵可将油基或水基缓蚀阻垢剂两种不同药品加压注入采出井口油套管环空中，注入量可设定。加药泵出口安装安全阀，根据井口套管压力大小调节安全阀工作压力。装置连接井口前设有单向阀，为防止井口压力过高反吐。

加药装置由西门子 PLC 控制单元控制，两路流程，每路流程 3 路出口阀轮换分时导通，按照导通时间控制加药量，轮流导通时间周期通过参数设置。装置设计有保护功能，当液位超过设置的上下报警值、泵出口压力超过报警值时停泵，现场发出报警信号，同时向控制中心发出报警信号。装置具备温控功能，设备容器和管线安装电加热装置，在冬季开启电加热装置，保证药剂温度在规定的范围内。

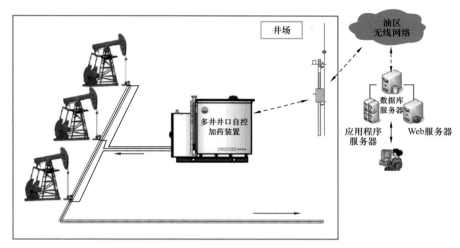

图 4-4-5　多井口加药系统工艺流程示意图

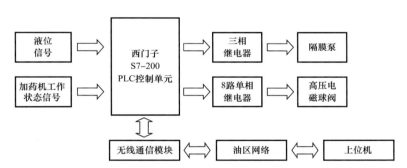

图 4-4-6　加药装置控制系统框架

3）主要技术参数

$CO_2$ 驱采出井加药装置主要技术参数见表 4-4-1。

表 4-4-1　$CO_2$ 驱采出井加药装置主要技术参数表

| 最大管辖井数 / 口 | 加注速度 / L/h | 自动加注方式 | 工作环境温度 / ℃ | 注入压力 / MPa | 储液罐容积 / L | 控制方式 | 保温措施 | 防护等级 | 防爆等级 |
| --- | --- | --- | --- | --- | --- | --- | --- | --- | --- |
| 6 | 0～5.6 | 一机多井轮巡加药 | −30～60 | 6.4 | 500 | 轮巡自动加药、远程、就地手动控制 | 电加热器、电伴热带和保温棉 | IP65 | ExdⅡ BT4 |

4）现场应用

该装置为橇装结构，现场只需做简单水平处理，就可以吊装完成放置，但需要提前规划井口与加药装置管线接口的位置，方便随后的管沟挖置，如图 4-4-7 和图 4-4-8 所示。

图 4-4-7　多井口加药装置现场应用　　　　　图 4-4-8　管沟挖置现场施工

### 2. $CO_2$ 驱低温仪表配套

仪器仪表在系统运行工况监控、计量、安全监控等方面发挥着重要的作用，$CO_2$ 驱试验过程中，常用的仪表有压力变送器、温度变送器、流量计、kpa 液位计，在工艺条件正常情况下，流量仪表应在全量程的 1/3～2/3 之间，其他仪表应在全量程的 20%～80% 内使用。与常规采油作业相比，这些仪表均属于特殊类低温仪表，需定期开展仪表校验和维护，表 4-4-2 为黄 3 综合试验站在用仪表统计表。

表 4-4-2　黄 3 综合试验站在用仪表统计表

| 序号 | 类型 | 型号 | 数量／个 | 安装位置 | 备品型号 | | | |
| --- | --- | --- | --- | --- | --- | --- | --- | --- |
| | | | | | 完整产品型号规格 | 量程 | 供电 | 电气输出 |
| 1 | 压变 | CYB0511-403S | 11 | 十阀组 | MDM3051S-SH | 0～40MPa | 24V DC | 4～20mA |
| 2 | | CYBF70522DS1 | 2 | 3# 橇 | MDM3051S-SH | 0～40MPa | 24V DC | 4～20mA |
| 3 | | FKGT04VC-LUCBY-BAY | 1 | 2# 橇 | FKGT04VC-LUCBY-BAY | 0～6MPa | 24V DC | 4～20mA |
| 4 | | FKGT05VC-LUCBY-BAY | 4 | 2# 橇 | FKGT05VC-LUCBY-BAY | 0～32MPa | 24V DC | 4～20mA |
| 5 | | 3051TG4A | 4 | W1#-W4# 储罐 | MDM3051S-SH | 0～3MPa MAX：5MPa | 24V DC | 4～20mA |
| 6 | | ACD-102C | 14 | 井口 | 数字压力变送器 4～20mA+RS485 带上、下限报警数字表头 LCD 0.5%F.S | 0～1MPa 0～6MPa 0～25MPa | 24V DC | 4～20mA |
| 7 | | 3051TG4A | 11 | 加压站（3 个站） | MPM483-SH | | 24V DC | 4～20mA |

| 序号 | 类型 | 型号 | 数量/个 | 安装位置 | 备品型号 | | | |
|---|---|---|---|---|---|---|---|---|
| | | | | | 完整产品型号规格 | 量程 | 供电 | 电气输出 |
| 8 | 压变 | ACD-102C | 18 | 加压站（3个站） | 数字压力变送器 4～20mA+RS485 带上、下限报警数字表头 LCD 0.5%F.S | 0～1MPa 0～6MPa 0～25MPa | 24V DC | 4～20mA |
| | 小计 | | 65 | | | | | |
| 9 | 温变 | ACT-102C | 1 | 十阀组 | MTM4831-SH | -50～80℃ | 24V DC | 4～20mA |
| 10 | | CWF2124H | 2 | 3#橇 | MTM4831-SH | -50～50℃ | 24V DC | 4～20mA |
| 11 | | W4052 | 3 | 2#橇 | MTM4831-SH | -40～100℃ | 24V DC | 4～20mA+HART |
| 12 | | 644HAK5J6M5 | 8 | W1#-W4# 储罐 | MTM4831-SH/WSS-SH | -50～85℃ | 24V DC | 4～20mA |
| 13 | | MHY-700-01 | 14 | 井口 | MTM-SH-ZP | -40～80℃ | 24V DC | 4～20mA |
| 14 | | MHY-700-01 | 18 | 加压站（3个站） | MTM-SH-ZP | -40～80℃ | 24V DC | 4～20mA |
| | 小计 | | 46 | | | | | |
| 15 | 流量计 | ACF-1 | 11 | 十阀组、3#橇 | ACF（ACD-3Q）膜盒差压流量计多参量变送器（计算仪）ACF-1-P4-E4 | 0～50kPa 0～25MPa | 24V DC | 4～20mA |
| 16 | | 3051SWV3M12G4R2000A1AC21M5T1 | 3 | 2#橇 | 3051SWV3M12G4R2000A1AC21M5T1 | 0～62.2kPa | 24V DC | 4～20mA+HART |
| | 小计 | | 14 | | | | | |
| 17 | kPa液位计 | 3351DP5E22M4B3 | 4 | W1#-W4# 储罐 | MDM3051S-SH | 差压 0～50kPa 工作压力 10MPa | 24V DC | 4～20mA |
| | 合计 | | 129 | | | | | |

仪表的日常维护保养是设备维护的基础工作，必须做到制度化和规范化。做到定期点检，以确定仪表实际精度的优劣程度。

（1）压力变送器：压力变送器选型参数确认主要包括产品精度、量程范围、供电、输出、介质温度范围、显示；螺纹接口以及其他特殊需求，对于低温介质测量：升温盘管以及相关手阀需要备注清楚。

（2）温度变送器：温度变送器选型参数确认主要包括产品精度、量程范围、供电、输出、测量管道压力范围、显示、螺纹接口、探杆长度、冷端长度、盲管选配以及其他特殊需求。对于介质测量：配套盲管便于现场后期维护、校验以及安全操作。

（3）流量计：低温型流量计一般选择差压（多参量）流量计，其产品特性：集差压传感器、静压传感器、温度传感器、流量计算于一体，可配合差压式节流检测装置（V 锥、喷嘴、孔板、均速管阿牛巴等）构成一体化差压流量计。针对所测量介质的数学模型进行运算，直接显示所测介质的体积或质量的瞬时流量和累计流量。具有静压补偿和温度补偿技术，精度高，稳定性好；节流装置结构易于复制，简单、牢固，性能稳定可靠。

其原理如下：

节流装置测量流量原理是依据著名的伯努利流体力学原理，在管道中安放一节流件，有流体流过节流件时，会在节流件两侧产生一个压力差（差压 $\Delta p$），这时的流量（$Q_V$）与差压的平方根成正比，即：

$$Q_V = AC / \mathrm{sqr}\left(1 - \beta^4\right) \varepsilon d^2 \mathrm{sqr}\left(\Delta p / \rho\right) = k\left(\Delta p\right)^{1/2} \qquad (4-4-1)$$

其中

$$\beta = d/D$$

式中　$A$——常数；

$\quad\quad\ \ C$——流出系数；

$\quad\quad\ \ \beta$——直径比，mm/mm；

$\quad\quad\ \ d$——节流件孔径，mm；

$\quad\quad\ \ D$——压差式流量计的直径，mm；

$\quad\quad\ \ \varepsilon$——可膨胀性系数；

$\quad\quad\ \ \Delta p$——节流件前后的差压，Pa；

$\quad\quad\ \ \rho$——工况下流体密度，$kg/m^3$；

$\quad\quad\ \ k$——系数。

在选型过程中要确认的参数包括：管道的口径（管径 × 壁厚）；介质（密度等）；工作温度（最高温度、最低温度、工作温度）；工作压力（最大压力、最小压力、工作压力）；流量（最大流量、最小流量、工作流量）；其他：产品精度、供电、输出、显示、连接方式以及其他特殊需求。

## 五、$CO_2$ 驱油 QSHE 管理

针对 $CO_2$ 驱过程中存在的泄漏、冻伤和窒息等安全环保风险，开展了 $CO_2$ 驱地面系统泄漏危害及评价方法研究，模拟了泄漏状态主要安全因素及变化规律，形成了泄漏风险评价图版，指导现场安全生产。

### 1. $CO_2$ 组分监测技术

与常规采油现场对比，$CO_2$ 驱油现场存在高压刺漏、低温冻伤、窒息等风险，现场

操作和作业人员应按 GB 39800.1—2020《个人防护装备规范 第 1 部分：总则》及 SY/T 6565—2018《石油天然气开发注二氧化碳安全规范》有关规定发放防护手套、护目镜等劳保用品，并根据 $CO_2$ 驱区域特点需求，施工作业人员应按相关规定佩戴劳保用品上岗作业。

为监测试验区油井套管气中 $CO_2$ 浓度变化，长庆油田自主研制了套管气体组分在线监测装置。采用红外光谱气体在线监测技术，组分在线监测仪由组分积算表头和气体检测腔室组成。在流量监测流程中提取少量气体，引入 $CO_2$ 组分分析仪，进行组分监测。为保障组分仪长期可靠运行，需要少量、干燥清洁气体在常压下运行，应用调节阀进行套管气流量调节，气体经干燥瓶引入，出口放空，确保常压。$CO_2$ 组分监测装置由干燥瓶、组分仪两部分组成，如图 4-5-9 和图 4-5-10 所示。

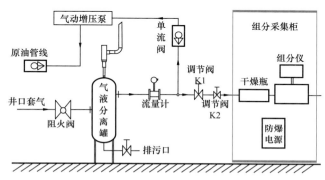

图 4-4-9  $CO_2$ 组分监测装置流程图

图 4-4-10  气体组分检测仪图

1）气体组分检测仪参数

（1）检测气体：$CO_2$，$H_2S$，CO，EX（可燃气体）；

（2）量程：定制为现场测量数据的 5～10 倍；

（3）检测精度：≤±3%FS；

（4）响应时间：$T_{90} \leqslant 20s$；

（5）恢复时间：$\leqslant 30s$；

（6）输出信号：RS485（RTU）；

（7）报警方式：现场声光报警，报警点可设置；

（8）工作环境：$-30 \sim +80℃$；

（9）工作电压：24V；

（10）防爆形式：本安型 Ex ia Ⅱ CT6 Ga；防护等级：IP65。

2）组分检测操作要求

（1）用 $\phi 6mm$ 不锈钢管在流量监测流程中取少量气体；

（2）调节阀进行流量调节，K1 为主调节，K2 为微调；

（3）气体引入干燥瓶，过滤气体中的液体及杂质，保证组分仪正常工作；

（4）出口放空，确保常压。微小流量：0.4～0.8L/min，安全环保。

3）设计参数

根据计算的参数和承压要求，设计旋进漩涡流量计，由流量传感器和积算仪组成。流量传感器由表体部件、漩涡发生器部件、漩涡检出传感器、压力传感器、气体矫正器部件、温度传感器组成。流量积算仪由温度和压力检测模拟通道、流量传感器通道以及微处理器单元组成，并配有外输出信号接口，输出各种信号。流量计中的微处理器按照气态方程进行温压补偿，并自动进行压缩因子修正，气态方程如下：

$$Q_N = \frac{p_a + p}{p_N} \times \frac{T_N}{T} \times \frac{Z_N}{Z} Q_V \qquad (4-4-2)$$

式中　$Q_N$——标况下的体积流量，$m^3/h$；

　　　$Q_V$——工况下的体积流量，$m^3/h$；

　　　$p_a$——当地大气压力，kPa；

　　　$p$——流量计取压孔测量的表压，kPa；

　　　$p_N$——标准状态下的大气压力，取 101.325kPa；

　　　$T_N$——标准状态下的绝对温度，取 293.15K；

　　　$T$——被测流体的绝对温度，K；

　　　$Z_N$——气体在标况下的压缩系数；

　　　$Z$——气体在工况下的压缩系数。

4）$CO_2$ 驱资料录取规范和效果分析方法

全面和准确的资料录取是 $CO_2$ 试验正常运行和效果分析的保证及依据，资料录取必须做到全面、准确、真实。并建立日报、周报和月报。

（1）工艺实施效果评价相关资料录取要求：做好注气前对井筒井况的检测与资料录取分析。对注入参数及一线和二线油井动态数据，每日录取一次。所有注气井注入前必须测吸水剖面和吸水指示曲线，注气后每半年进行测试；实时监测记录井口注入压力和注入量。

（2）采出井资料录取要求：每日录取产液量、综合含水率及套管气气体组分监测结果；每 5 天检测产出液 pH 值；每 10 天测试动液面、示功图。每 30 天检测产出液中原油组分、地层水离子含量，当产出气中检测出 $CO_2$ 含量或 pH 值异常时，需根据情况进行加密检测。

（3）环境 $CO_2$ 监测要求：在试验区重点区域安装固定式 $CO_2$ 气体监测仪，实时监测环境中 $CO_2$ 含量数据；定期开展土壤 + 地层水中 $CO_2$ 含量检测，确保环境零污染。

### 2. 质量管理

为满足试验区的注入要求，液态 $CO_2$ 质量要求、技术标准需要满足：

（1）液态 $CO_2$ 产品纯度不低于 99%；

（2）满足 GB/T 6052—2011《工业液体二氧化碳》指标要求；

（3）硫化氢含量≤20mg/m³；

（4）一氧化碳含量≤30mg/m³；

（5）液态 $CO_2$ 交接压力≥2.0MPa；

（6）温度<−20℃。

### 3. 安全管理

1）$CO_2$ 泄漏应急预案

（1）发生 $CO_2$ 泄漏事故后，由现场第一发现者或知情人员立即对站内配电柜总电源开关进行合闸，切断站内所有有用电系统。

（2）当班员工应及时准确地向现场负责人（站长）、$CO_2$ 试注站安全员、生产运行科值班室依次逐级汇报。汇报事故时间、地点、原因、主要部位、泄漏源基本情况，同时要汇报泄漏范围，严禁越级汇报。

（3）现场负责人接警后立即启动应急反应程序并全面处理现场各种复杂情况。查清 $CO_2$ 泄漏原因，设法从室外切断泄漏源点的连通流程，以防止倒流和扩大范围。

（4）进入泄漏源点切换或关闭流程需穿戴好正压式空气呼吸器等防毒护具，准备好切换流程所用工具。

（5）当室外和室内切换流程未能控制 $CO_2$ 泄漏时，由当班人员向生产运行科室求援，简单汇报现场情况，同时打开本站大门做好接车准备。

（6）现场负责人在保证自身安全的情况下制订方案，采取措施，直到 $CO_2$ 泄漏得到有效控制后，由应急指挥处理组长或副组长根据情况适时解除应急状态通知、清点人数，清理事故现场和恢复生产。

（7）在应急期间值班人员应根据现场情况灵活处置，随时监测现场 $CO_2$ 浓度，当 $CO_2$ 浓度上升或达到危险浓度时（$CO_2$ 浓度达到 10%）必须立即撤离现场，关闭泄漏点附近阀门时必须两人以上并穿戴正压式空气呼吸器进行操作。

2）$CO_2$ 窒息预案

（1）发生 $CO_2$ 中毒险情后，由现场第一发现者或知情员工向现场负责人报警，现场负责人接警后立即启动应急反应程序并全面处理现场种种复杂情况。

（2）现场负责人指挥岗位员工选择身体强壮的男同志每组至少两人，穿戴好正压式空气呼吸器等防毒护具后进入中毒区域将中毒人员救离现场并立即实施人工呼吸等常规抢救措施。

（3）将中毒人员救离现场后，由现场负责人或岗位员工立即对站内配电柜总电源开关进行合闸，切断站内所有用电系统。

（4）同时，当班员工应及时观察现场固定式有毒有害气体检测仪报警情况，并根据现场情况做出判断是否应当撤离现场。

（5）当班员工应及时准确地向现场负责人（站长）、$CO_2$ 试注站安全员、生产运行科值班室依次逐级汇报。同时简单汇报现场自理结果和伤者受伤概况，伤情严重时由当班人员在公路边紧急拦车求助（同时打开本站大门做好接车准备），以最快速度将伤者送出抢救。

（6）穿戴好正压式空气呼吸器等防毒护具的人员（至少两人）再次进入中毒区域，查找泄漏源点，采取堵截措施，若泄漏源点无法堵截，请示生产运行科值班室后，立即组织现场人员撤离并及时清点人数。

（7）中毒人员送救途中应密切注意其伤情变化，出现伤情恶化时迅速采取进一步抢救措施；现场负责人必须始终守候在伤者左右。

（8）中毒人员送达最近的医疗救护机构后，负责人要随时掌握其伤情情况，配合医疗机构实施急救并做好下步转院的准备工作。

（9）中毒人员撤离现场后，其他人员撤离现场。在消防车现场监护下对前期未能堵截的 $CO_2$ 泄漏点及时切断气源，确保险情不继续蔓延和发生次生灾害；采用便携式气体测试仪随时监测中毒区域 $CO_2$ 浓度。

（10）在发生油气泄漏事故而无法在短时间内得到控制或有可能威胁当地居民安全时，要组织人员帮助居民撤离至安全地带，并立即告知当地乡政府请求支援。

（11）实施应急反应程序期间，现场负责人指定人员临时负责全站正常生产。

（12）应急状态解除后，及时通知抢险人员集合并清点人数，宣讲后续注意事项并恢复正常生产。

3）工伤与冻伤应急预案

（1）发生工伤或冻伤险情后，由现场第一发现者或知情人向现场负责人报警，接警后立即启动应急反应程序并负责处理现场各种复杂情况。

（2）现场负责人指挥应急小组成员或现场岗位员工迅速查明事故大致情况，检查伤者受伤情况并做出初步途中伤情判断，根据伤情判断迅速制订现场第一抢救方案（如止血、包扎等）进行现场急救。

（3）险情发生后由就近岗位值班人员向生产运行科值班室求援（由值班室负责调动医疗等有关部门、人员），简单汇报现场自理结果和伤者受伤概况；人员伤情严重时，在公路边紧急拦车求助（同时打开本站大门做好接车准备），争取以最快速度将伤者送出抢救。

（4）伤者送救途中密切注意其伤情变化，出现伤情恶化时迅速采取进一步抢救措施；现场负责人必须始终守候在伤者左右。

（5）伤者送达最近的医疗救护机构后，负责人要随时掌握伤者情况，配合医疗机构实施急救并做好下步转院准备工作。

（6）实施应急反应程序期间，现场负责人指定人员临时负责全站正常生产。

（7）伤者送离现场后，做好保护事故现场工作，其他人员撤离现场并及时清点人数。

（8）由应急指挥机构组长或副组长根据情况适时解除应急状态并组织恢复正常生产。

### 4. 管道完整性管理

由于石油和天然气具有易燃、易爆等理化性质，所以保障油气管道安全至关重要，一旦引发油气泄漏，轻则引发火灾，造成区域环境污染；重则发生爆炸，造成人员伤亡。油气管道运输作为最便宜、最便捷的运输方式，在油气运输行业应用极为广泛。然而油气管道管理领域的相关技术还不完善，油气管道会因外部环境、施工质量等影响因素而受损，从而造成火灾、中毒、爆炸等安全事故的发生，进而产生巨大的经济损失甚至造成大量人员伤亡。1950年以来，油气管道的应用领域逐渐扩展，相关技术飞速发展，给人类带来便利的同时，由于管道安全事故频繁发生也造成了不可估计的严重后果。

按照站场完整性管理5步循环法（数据采集→风险评价→检测评价→维修维护→效能评价）开展黄3 $CO_2$ 试验区完整性管理示范区建设。

（1）数据采集：完成黄3 $CO_2$ 试验区场站基本信息、设备设施基础数据、风险分析数据、检测数据、检维修数据采集。

（2）风险评价：完成黄3 $CO_2$ 试验站内1具300$m^3$沉降罐、1具300$m^3$净化罐、4具50$m^3$液态 $CO_2$ 储罐、1具两相分离器、1具三相分离器等半定量风险评价，完成站外集油、站内输油管线等半定量风险评价，完成站内2台输油泵、2台注入泵等半定量风险评价。

（3）检测评价：完成站内1具300$m^3$沉降罐、1具300$m^3$除油罐、4具50$m^3$液态 $CO_2$ 储罐腐蚀检测，1具两相分离器、1具三相分离器年度检验。

（4）维修维护：结合风险评价、检测评价结果，完成黄3$CO_2$试验站站内1具加热炉盘管更换、1具50$m^3$液态 $CO_2$ 储罐维护。

（5）效能评价：通过完整性管理，黄3 $CO_2$ 试验站管道失效率为0次/（km·a）、储罐失效率为0次/（具·a）、机泵失效率为0次/（台·a）。

尽管中华人民共和国科学技术部《中国碳捕集、利用与封存技术发展路线图（2019）》、亚洲开发银行《中国碳捕集与封存示范和推广路线图》等都认为，鄂尔多斯盆地是中国最佳的 $CO_2$ 捕集、驱油与埋存（CCUS）开展区域，但是因为特低渗透、低渗透储层的 $CO_2$ 驱油效率一直没有取得突破，因此制约了CCUS在这一区域的应用和推广。经过历时7年的科技攻关，长庆油田在定边黄3区块的 $CO_2$ 驱油与封存取得了目前接近国际水平的 $CO_2$ 驱油效率，形成了从地面工程、$CO_2$ 注入、油藏工程，到封存安全监测的 $CO_2$ 驱油与封存关键技术体系，建成了 $5 \times 10^4$t/a 规模的 $CO_2$ 捕集、驱油与埋存国家级示范基地。黄3区块的实践表明：

（1）$CO_2$ 驱油可大幅提高低渗油藏的采收率。

$CO_2$ 驱具有良好的注入性，能有效提高剖面动用程度。从注气井注入压力来看，注入压力 16～19.0MPa，与注气前注水压力 15～18.0MPa 相比，注入压力无明显上升，在井筒能够实现 $CO_2$ 超临界注入，$CO_2$ 由液态向超临界流体过渡深度为 900～950m（31.1℃，27MPa）。注入井平均井底流压 40.4MPa，$CO_2$ 平均密度 0.90g/cm³，注入井底流压较水驱降低。结合 $CO_2$ 相态图和密度随温度—压力变化图版，模拟井筒相态变化和密度变化，估算了注气后井底流压为 38～42.4MPa。与注水相比，注气井底流压降低 2～6MPa，注气井吸气能力较水驱有所提高。另外，对注气前注水井的吸水指数与注气稳定后吸气指数进行对比，吸气指数较吸水指数有所提高，在相同配注条件下，$CO_2$ 的注气能力是注水能力的 2.45 倍。气驱较水驱剖面动用程度提高，且能够保持稳定，通过注气前后 5 口井吸水剖面与吸气剖面对比，剖面动用厚度由 53.5m 上升至 59.0m，剖面动用程度由 69.9% 上升至 77.0%，3 年测试结果显示保持稳定。

黄 3 区注入 $CO_2$ 后地层压力由 15.1MPa 上升至 18.1MPa，高于试验区最小混相压力 16.1MPa，能够实现混相驱。在注气初期，注入主向井 360m、侧向井 200m 范围内 $CO_2$ 可与地层原油实现混相。利用压力资料确定最小混相压力（MMP）范围，综合数值模拟确定混相范围超过 50%。

（2）长庆油田未来提高采收率利器。

近年来，长庆油田持续快速发展，2021 年油气当量突破 6244×10⁴t，成为保障我国油气安全的压舱石。然而，长庆油田的新增探明储量大多为传统方法难以开采的低渗透、特低渗透油藏，$CO_2$ 驱油成为实现油田长期稳产和可持续发展的新途径、新方法，成为油田发展的新增长点。长庆油田的广大科研人员在借鉴"十二五"吉林油田、大庆油田和胜利油田 $CO_2$ 驱油与埋存研究、试验、推广的成果基础上，"十三五"期间组织攻关团队，针对长庆油田特低/超低渗透油藏的压力系数低、裂缝发育、矿化度高、地形复杂、敏感区较多等特征，围绕长庆油田 $CO_2$ 捕集、驱油与埋存技术示范工程，通过技术攻关，解决特低/超低渗透油藏 $CO_2$ 驱油的捕集输送、驱油效果、埋存能力、防腐防垢、气窜防治及安全监控等关键问题，形成长庆油田 $CO_2$ 驱油与埋存关键技术，对长庆油田提高采收率的实施提供技术支撑，为我国"十四五"低渗透砂岩油藏二次开发提供了技术储备。

黄 3 区块的试验研究表明，$CO_2$ 驱是复杂油藏提高采收率的利器，可提高采收率 10%～15%，在鄂尔多斯盆地乃至全国的低渗透、特低渗透油藏中都具有良好的应用前景。根据 $CO_2$ 混相驱潜力评价结果，鄂尔多斯盆地内长庆油田可达到混相—近混相条件的区块 116 个，覆盖地质储量 15.76×10⁸t，覆盖产量近 800×10⁴t，按照平均提高采收率 11% 测算，$CO_2$ 驱油可增加可采储量达 1.73×10⁸t，实现 $CO_2$ 埋存 6.3×10⁸t，经济效益与碳减排潜力巨大。

（3）践行国家碳达峰、碳中和目标。

CCUS 是应对气候变化和实现国家碳达峰、碳中和必需的关键技术，$CO_2$ 驱油则是 CCUS 实现规模化和效益化的驱动力。目前全世界 90% 以上的 CCUS 项目都是驱油与封存项目，因此 $CO_2$ 驱油封存是中国开展 CCUS 最核心的技术方向。$CO_2$ 驱油可保障原油增产是落实习近平总书记"能源的饭碗必须端在自己手里"指示精神的具体实践。通过驱油又可以实现 $CO_2$ 的永久封存，进而实现大规模减排，一举多得。黄 3 区块的 $CO_2$ 捕集、驱油与埋存示范，是长庆油田主动承担社会责任，贯彻新发展理念促进企业绿色低碳转型，实现高质量发展的具体实践。

当然，我国目前还处于 CCUS 技术发展的初期，与国际先进水平还有不小的差距。长庆油田正在黄 3 区块现有基础上，进一步扩大 $CO_2$ 驱油与封存的示范，力争突破更多的关键技术，降低 CCUS 全流程成本，努力赶超国际先进水平。

# 参 考 文 献

艾俊哲，梅平，郭兴蓬，2008. 用失重法研究 $CO_2$ 环境中的电偶腐蚀 [J]. 材料保护（2）：60-62.

曹映玉，杨恩翠，王文举，2015. $CO_2$ 膜分离技术 [J]. 精细石油化工，32（1）：53-56.

陈家琅，1989. 石油气液两相管流 [M]. 北京：石油工业出版社.

程杰成，雷友忠，朱维耀，2008. 大庆长垣外围特低渗透扶杨油层 $CO_2$ 驱油试验研究 [J]. 天然气地球科学，19（3）：402-409.

冯宝峻，芦文生，1986. 正韵律厚油层注气效果的数值模拟研究 [J]. 大庆石油地质与开发（1）：44-51.

冯巍，2015. 注 $CO_2$ 气驱提高采收率效果影响因素分析 [J]. 石化技术，22（9）：16.

高慧梅，何应付，赵淑霞，等，2014. 低渗透油藏 $CO_2$ 驱气窜影响因素分析及模糊评判预测 [J]. 中国海上油气，26（4）：63-66.

郭永刚，王景芹，2008. 超声波在石油化工中应用的研究进展 [J]. 当代化工，37（1）：5-10.

何江川，廖广志，王正茂，2012. 油田开发战略与接替技术 [J]. 石油学报，33（3）：519-524.

何应付，周锡生，李敏，等，2010. 特低渗透油藏注 $CO_2$ 驱油注入方式研究 [J]. 石油天然气学报（江汉石油学院学报），32（6）：131-134.

候光祥，2008. 输油管道中防除垢技术的研究进展 [J]. 内蒙古石油化工，21：15-16.

胡爱军，黄运贤，丘泰球，等，2001. 超声波防除积垢节能技术及设备的工业化应用 [J]. 应用化工，2001，30（5）：37-40.

胡文瑞，2009. 中国低渗透油气的现状与未来 [J]. 中国工程科学，11（8）：29-36.

黄焕东，陈定岳，2008. 浅谈城市燃气钢质埋地管道安全检测技术 [J]. 腐蚀与防护，29（6）：334-336.

江怀友，沈平平，卢颖，等，2010. $CO_2$ 提高世界油气资源采收率现状研究 [J]. 特种油气藏，17（2）：5-9.

李大建，刘汉斌，刘天宇，等，2019. 三种防气抽油泵适应性模拟评价 [J]. 石油地质与工程，33（4）：83-87.

李曼平，李玉杰，杨金峰，等，2020. 黄 3 区 $CO_2$ 驱技术研究与现场试验 [J]. 石油化工应用，39（5）：71-75.

李孟涛，单文文，刘先贵，等，2006b. 超临界二氧化碳混相驱油机理实验研究 [J]. 石油学报，27（3）：80-83.

李孟涛，杨广清，李洪涛，2007. $CO_2$ 混相驱驱油方式对愉树林油田采收率影响研究 [J]. 石油地质与工程，21（4）：52-54.

李孟涛，张英芝，单文文，2006a. 大庆瑜树林油田最小混相压力的确定 [J]. 西南石油学院院报，28（4）：36-39.

李孟涛，张英芝，杨志宏，等，2005. 低渗透油藏 $CO_2$ 混相驱提高采收率试验 [J]. 石油钻采工艺，27（6）：43-46.

李淑琴，程永清，1997. 声化学法除垢研究 [J]. 陕西化工（9）：22-23.

李向良，陈百炼，张亮，等，2013. 油田 $CO_2$ 驱油气井防腐工艺优化 [J]. 中国西部科技（5）：2-3.

李永太，刘易非，唐长久，2008. 提高石油采收率原理和方法 [M]. 北京：石油工业出版社.

李媛珺. 长庆油田特低渗透油藏二氧化碳驱提高采收率室内评价 [D]. 西安：西安石油大学，2019.

刘炳官，朱平，雍志强，等，2002. 江苏油田 $CO_2$ 混相驱现场试验研究 [J]. 石油学报，23（4）：56-60.

刘晴晴，叶佳璐，2021. 浅析 $CO_2$ 捕集储存技术研究 [J]. 环境科学与资源利用（18）：160-161.

刘伟，伊向艺，2008. 聚合物冻胶＋泡沫复合防窜体系在 $CO_2$ 气驱中的研究 [J]. 钻采工艺（4）：115-117，134，14.

刘新丽，2019. 油田集输管线集中除垢工艺研究与应用 [J]. 科学导报（科学工程与电力）（9）：62-65.

刘祖鹏，李兆敏，2015. $CO_2$ 驱油泡沫防气窜技术实验研究 [J]. 西南石油大学学报（自然科学版），37（5）：

117–122.

鲁国用，2019. 致密砂岩油藏$CO_2$驱两级封窜技术适应性实验研究［D］. 北京：中国石油大学（北京）.

陆峰，孙志华，钟群鹏，等，2003. 碳纤维环氧复合材料对铝合金应力腐蚀性能的影响［J］. 航空材料学报（1）：44–48.

陆峰，张晓云，汤智慧，等，2005. 碳纤维复合材料与铝合金电偶腐蚀行为研究［J］. 中国腐蚀与防护学报（1）：40–44.

罗宪中，李贵平，2004. 超声清洗领域新拓展—超声防垢［J］. 清洗世界，20（6）：10–14.

吕广忠，伍增贵，栾志安，等，2002. 吉林油田$CO_2$试验区数值模拟和方案设计［J］. 石油钻采工艺，24（4）：39–41.

吕祥鸿，许文研，2008. 模拟油田环境中P110钢的$CO_2$腐蚀行为［J］. 材料科学与工程学报，4（26）：535–539.

孟良，2013. 油田$CO_2$驱注入工艺技术［J］. 中国石油和化工标准与质量，11（21）：144–145.

戚建晶，李琼玮，周佩，等，2018. $CO_2$驱工况下油井缓蚀阻垢一体化剂的制备与性能评价［J］. 腐蚀与防护增刊（7）：194–198.

谈士海，周正平，吴志良，等，2004. 利用$CO_2$气驱开采复杂断块油藏"阁楼油"［J］. 石油勘探与开发，31（4）：129–131.

唐泽玮，姚斌，姬振宁，等，2020. 非晶态镍钨合金镀层油管的耐$CO_2$腐蚀性能［J］. 腐蚀与防护，10（41）：12–17.

田永芹，常炜，胡丽华，等，2016. API X65、316L不锈钢及Inconel 625间电偶腐蚀风险研究［J］. 表面技术，45（5）：128–134.

王凤刚，侯吉瑞，赵凤兰，等，2019. 低渗透裂缝性油藏两级封窜扩大波及体积技术［J］. 油田化学，36（3）：477–481.

王海妹，2018. $CO_2$驱油技术适应性分析及在不同类型油藏的应用——以华东油气分公司为例［J］. 石油地质与工程，32（5）：63–65.

王石头，谭俊领，雷欣慧，等，2018. 长庆超低渗透砂岩油藏$CO_2$驱油技术研究与进展 // 西安石油大学、陕西省石油学会. 2018油气田勘探与开发国际会议（IFEDC 2018）论文集［C］. 西安石油大学、陕西省石油学会：西安华线网络信息服务有限公司：12.

王世杰，2014. 二次压缩Y445型封隔器的研制［J］. 石油机械，42（11）：163–165.

王维波，余华贵，杨红，等，2017. 低渗透裂缝性油藏$CO_2$驱两级封窜驱油效果研究［J］. 油田化学，34（1）：69–73.

王振华，毕雯菁，2017. 中原油田二氧化碳驱潜力评价及现场实践［J］. 石油知识（3）：2.

王震，2010. 低碳经济与能源企业发展：第四届中国能源战略国际会议论文集［M］. 北京：石油工业出版社.

韦琦，2018. 特低渗油藏$CO_2$驱气窜规律分析与工艺对策研究［D］. 北京：中国石油大学（北京）.

韦琦，侯吉瑞，郝宏达，等，2019. 特低渗油藏$CO_2$驱气窜规律研究［J］. 石油科学通报，4（2）：145–153.

吴志勇，李雪源，赵黎宁，等，2012. 钛合金与铝合金及铝合金转化膜的电偶腐蚀研究［C］. 第九届全国转化膜及表面精饰学术年会.

夏惠芬，徐勇，2017. 低渗透油藏$CO_2$驱油机理及应用现状研究［J］. 当代化工，46（3）：472.

谢尚贤，韩培慧，钱昱，1997. 大庆油田萨南东部过渡带注$CO_2$驱油先导性矿场试验研究［J］. 油气采收率技术，4（3）：13–19.

谢尚贤，颜五和，2010. 大庆油田应用$CO_2$非混相驱油的可行性和技术界限研究［J］. 特种油气藏，17（2）：5–9.

徐宏妍，李智勇，2013. AZ91D 镁合金电偶腐蚀的研究［J］.中国腐蚀与防护学报，33（4）：298-305.

杨光璐，2008. 高 246 块二氧化碳非混相驱可行性分析及数值模拟［J］.油气地质与采收率，15（6）：56-58.

杨建华，宋红锋，史常平，等，2018. 濮城油田沙一油藏 $CO_2$ 驱注采工艺技术的应用［J］.清洗世界，34（8）：50-54.

杨军，张烈辉，熊钰，等，2008. $CO_2$ 吞吐候选油藏筛选综合评价方法［J］.断块油气田（3）：62-64.

杨胜来，李新民，郎兆新，等，2001. 稠油注 $CO_2$ 的方式及其驱油效果的室内实验［J］.石油大学学报（自然科学版），25（2）：62-64.

詹博拉，2020. 低渗透多层油藏 $CO_2$ 驱油影响因素分析研究［D］.北京：中国地质大学（北京）.

张奉东，王震亮，2010. 苏北盆地草舍油田 $CO_2$ 混相驱替实验与效果分析［J］.石油实验地质，31（3）：296-300.

张国安，路民旭，吴荫顺，2005. $CO_2$ 腐蚀产物膜的微观形貌和结构特征［J］.材料研究学报（5）：537-548.

张娟，2011. 陕北 W 油区延长组长 4+5 油藏注 $CO_2$ 驱油气窜规律研究及注气方式优选［D］.西安：西北大学.

张瑞霞，刘建新，王继长，等，2015，双作用 $CO_2$ 驱气密封隔器研究［J］.石油矿场机械，44（11）：34-37.

赵莉，刘琦，马忠诚，等，2020. 用于 $CO_2$ 地质封存的 pH 响应型智能凝胶封窜剂研究进展［J］.油田化学，37（2）：374-380.

赵明国，刘崇江，2006. $CO_2$ 注入方式对芳 48 油藏开发效果的影响［J］.新疆石油地质，27（4）：449-451.

赵习森，石立华，王维波，等，2017. 非均质特低渗透油藏 $CO_2$ 驱气窜规律研究［J］.西南石油大学学报（自然科学版），39（6）：131-139.

赵雪会，何治武，刘进文，何森，2017. CCUS 腐蚀控制技术研究现状［J］.石油管材与仪器，3（3）：1-6.

赵雪会，黄伟，张华礼，等，2019. 模拟油田 $CO_2$ 驱采出环境下管柱腐蚀规律研究［J］.表面技术，5（48）：1-8.

郑玉贵，姚治铭，柯伟，2000. 流体力学因素对冲刷腐蚀的影响机制［J］.腐蚀科学与防护技术，1（12）：36-40.

周建新，黄细水，黄晓荣，2003. 富民油田 $CO_2$ 混相驱提高采收率现场分析［J］.汉江石油学院学报，25（增刊）：136-142.

朱敏，杜翠薇，李晓刚，等，2013. 铜包钢在截面暴露条件下的电偶腐蚀行为研究［J］.腐蚀科学与防护技术，25（4）：265-270.

Ikeda A，Veda M，Mukai S. $CO_2$ behavior of carbon and Cr steels［J］. Corrosion，1984，40（3）：289-301.

Jiang H，Kang W，Li X，et al.，2021. Stabilization and performance of a novel viscoelastic $N_2$ foam for enhanced oil recovery［J］. Journal of Molecular Liquids，337：116609.

Kang W，Jiang H，Yang H，et al.，2021. Study of nano–$SiO_2$ reinforced $CO_2$ foam for anti–gas channeling with a high temperature and high salinity reservoir［J］. Journal of Industrial and Engineering Chemistry，97：506-514.

Koottungal L，2014. 2014 Worldwide EOR Survey［J］. Oil & Gas Journal，112（4）：79-91.

Leena K，2008. 2008 Worldwide EOR Survey［J］. Oil & Gas Journal，106（15）：47-59.

Shen H，Yang Z，Li X，et al.，2021. $CO_2$–responsive agent for restraining gas channeling during $CO_2$ flooding in low permeability reservoirs［J］. Fuel，292：120306.

Sun X，Bai B，Long Y，et al.，2020. A comprehensive review of hydrogel performance under $CO_2$ conditions for conformance control [J]. Journal of Petroleum Science and Engineering, 185: 106662.

Yang H, Iqbal M, Lashari Z, et al., 2019. Experimental research on amphiphilic polymer/organic chromium gel for high salinity reservoirs [J], Colloids and Surfaces A : Physicochemical and Engineering Aspects, 582: 123900.

Yin X, Kang W, Song S, et al., 2018. Stabilization mechanism of $CO_2$ foam reinforced by regenerated cellulose [J]. Colloids and Surfaces A : Physicochemical and Engineering Aspects, 555: 754–764.

Yoon–SeokChoi, 2013. Wellbore integrity and corrosion of carbon steel in $CO_2$ geologic storage environments : A literature review [J]. International Journal of Greenhouse Gas Control, 16 (S1): 570–577.

Zhang H, Yang H, Sarsenbekuly B, et al., 2020. The advances of organic chromium based polymer gels and their application in improved oil recovery [J]. Advances in colloid and interface science, 282: 102214.

Zhao F, Hao H, Hou J, et al., 2015. $CO_2$ mobility control and sweep efficiency improvement using starch gel or ethylenediamine in ultra–low permeability oil layers with different types of heterogeneity, Journal of Petroleum Science and Engineering, 133: 52–65.

Zhou B, Kang W, Yang H, et al., 2021. The shear stability mechanism of cyclodextrin polymer and amphiphilic polymer inclusion gels [J]. Journal of Molecular Liquids, 328: 115399.